岭南建筑丛书 • 第四辑

中国民居建筑研究历程及路径探索

赵紫伶◎著

中国建筑工业出版社

图书在版编目（CIP）数据

中国民居建筑研究历程及路径探索 / 赵紫伶著. --
北京：中国建筑工业出版社, 2022.12
（岭南建筑丛书. 第四辑）
ISBN 978-7-112-28174-9

Ⅰ. ①中… Ⅱ. ①赵… Ⅲ. ①民居—建筑艺术—研究
—中国 Ⅳ. ①TU241.5

中国版本图书馆CIP数据核字（2022）第219222号

本书构建纵向历时性线索，将民居研究过程纳入到建筑学科发展、时代意识环境、国内外学术思潮变迁等综合背景中，追溯中国民居建筑研究八十余年发展的整体历程。并通过构建横向因果线索，在梳理民居建筑研究方法基础上归纳研究学者的研究路径在三个不同历史时期的阶段性差异，深入解读和诠释研究路径转变的系列动因，提炼民居建筑研究路径的不同类型，揭示研究路径间的内涵差异等。本书访谈了十二位在民居建筑界有影响力的大家，以回顾和展望该研究领域。本书适用于高校、科研院所从事民居建筑、遗产保护、乡村振兴研究的相关实践者、理论研究者，地方政府、各部门开展民居调查、遗产保护、地方文化保护、乡村建设从业者，历史学研究者等阅读参考。

责任编辑：唐　旭　张　华
文字编辑：李东禧
书籍设计：锋尚设计
责任校对：孙　莹

岭南建筑丛书·第四辑
中国民居建筑研究历程及路径探索
赵紫伶　著
*
中国建筑工业出版社出版、发行（北京海淀三里河路9号）
各地新华书店、建筑书店经销
北京锋尚制版有限公司制版
北京中科印刷有限公司印刷
*
开本：787毫米×1092毫米　1/16　印张：15¼　字数：331千字
2023年3月第一版　　2023年3月第一次印刷
定价：**78.00**元
ISBN 978-7-112-28174-9
（40261）

总序

文化是人类社会实践的能力和产物，是人类活动方式的总和。人的实践能力是构成文化的重要内容，也是文化发展的一种尺度。而人类社会实践的能力及其对象总是历史的、具体的、多样的，因此任何一种地域文化都会由于该地区独有的自然环境、人文环境及实践主体的不同而具有不同的特质。

岭南文化首先是一种原生型的文化。它有自己的土壤和深根，相对独立，自成体系。古代岭南虽处边陲，但与中原地区文化交往源远流长，从未间断，特别是到南北朝、两宋时期，汉民族南迁使文化重心南移，文化发展更为迅速。虽然古代岭南人创造的本根文化逐渐融汇中原文化及海外文化的影响，却始终保持有原味，并从外来文化中吸收养分，发展自己。

其次，岭南文化带有“亚热带与热带性”。在该生态环境下，使岭南有着与岭北地区显著不同的文化特征。地域特点决定了地域文化的特色，岭南奇异的地理环境、独特的人文底蕴，造就了岭南文化之独特魅力。岭南文化作为中华民族传统文化中最具特色和活力的地域文化之一，拥有两千多年历史，一直以来在建筑、园林、绘画、饮食、音乐、戏剧、影视等领域独具风格特色，受到世人的瞩目和关注。岭南建筑作为岭南文化的重要载体，更是岭南文化的精髓。

任何地方建筑都具有文化地域性，岭南建筑强调的是适应亚热带海洋气候，顺应沙田、丘陵、山区地形。任何一种成熟的建筑风格形成，总离不开四项主要因素的制约，即自然因素、经济因素、社会因素和文化因素。从自然因素而言，岭南地区丘陵广布、水网纵横、暖湿气候本来就有利于花木生长，山、水、植物资源的丰富性，让这一地区已经具备了先天的优良自然环境，使得人工环境的塑造容易得自然之惠。从经济因素而言，岭南地区的发展步伐不一，也间接在建筑上体现出形制、体量、装饰等方面的差异。而社会因素和文化因素影响下的岭南建筑，不仅在类型上形成了多样化特征，同时在民系文化影响下，各地域的建筑差异化特征也得到进一步强化。生活在这块土地上的岭南人民用自己的辛勤和智慧，创造了种类繁多、风格独特、辉煌绚丽的建筑文化遗产。

因此，从理论上来总结岭南地区的建筑文化之特点非常必要，也非常重要。而这种学术层面的总结提高是长期且持久的工作，并非短时间就能了结完事。“岭南建筑丛书”第一辑、第二辑、第三辑在2005年、2010年、2015年已由中国建筑工业出版社出版，得到了业内外人士的关注和赞许。这次“岭南建筑丛书”第四辑的书稿编辑，主要呈现在岭南传统聚落、民居和园林等范畴。无论从村落尺度上对传统格局凝结的生态智慧通过量化的求证，探寻乡村聚落地景空间和人工空间随时间演变的物理特征，还是研究岭南乡民或乡村社区的营建逻辑与空间策略；无论探讨岭南园林在经世致用原则营造中与防御、供水、交通、灌溉等生产系统的关系以及如何塑造公共景观，还是寻求寺观园林在岭南本土化、地域化下的空间营造特征等，皆是丰富岭南建筑研究的重要组成部分。

就学科领域而言，岭南民居建筑研究乃至中国民居建筑研究，在长期的发展实践中，已逐渐形成该领域独特的研究方法。民居研究领域已形成视域广阔、方法多元等特点，不同研究团队针对不同研究对象和研究目的，在学科交叉视野下已发展出多种特征。实时对国内民居建筑研究的历程与路径特色进行总结和提炼，也是该辑丛书分册中的重要内容，有助于推进民居建筑理论研究的持续深化。

无论如何，加强岭南建筑的理论研究，提高民族自信心，不但有着重要的学术价值，也有着重大的现实意义。

于广州华南理工大学民居建筑研究所

2022年11月25日

前言

从20世纪30年代至今，民居建筑研究领域已逾八十余载的发展历程，研究成果无论于地域覆盖面，或于数量上均已形成较大规模。这期间，成果不断丰硕，方法不断多元。几辈学者由点及面、由浅入深地不断构建着民居研究的学术图景。支撑民居研究内容拓展、拓深发展的另一重要因素是依托于研究方法及路径的逐步演进。传统民居作为既具备历史价值又兼备使用价值的复合性空间载体，关乎“人”与“空间”的双重特性，以及二者长期互动后的相对稳态关系，且稳态关系又会在新一轮的历程中微妙地经历新一轮的变化。基于空间的复杂性和矛盾性，单一的研究方法已不足以解决民居研究中错综复杂的问题。随着学科间的交叉发展和深入，民居研究从早期单一建筑史层面的研究，不断扩展为多层次、立体式研究路径设计。

早期民居研究注重建构学方面的内容，后不断扩展与其他学科的交融。纵观民居建筑研究理论的发展，其整体变化主要体现为：研究内容的“点”“线”“面”逐层递进。即呈现从早期注重对民居单体体系与层次的解剖，转向聚落体系与层次的解剖，进而转向以“某一特征”为连续因子的聚落群组的结构体系与层次的解剖这一系列转变过程。一方面，以“某一特征”为连续因子的聚落群组研究以“跨地域”“线性”为主要特征，例如：以防卫体系为特征的军事聚落群；以茶马古道、丝绸之路为联系特征的商贾线路；以水路沿线、铁路沿线为联系特征的交通聚落群，以及以移民通道、文化走廊为联系线索的聚落群研究等。而跨区域带状面域的整体性研究，则通过不同研究团体的时空拓展，不断深化对研究体系的动态持续织补，从而呈现研究内容的网络化。另一方面，研究逐渐往纵深层次发展，内容逐渐由形制不断深入到谱系、源流等时空多维体系中进行探索。理论研究逐渐走向整体化、复杂化和细致化。

针对目前研究领域以“民居建筑”为研究对象的成果已经非常丰富，但其研究发展过程及研究路径一直未得到整理的现状，本书试图通过梳理各阶段建筑学科教育发展背景、时代意识环境、学术思潮变迁等外界影响因素，以及结合民居建筑研究内容的转变情况，综合分析民居研究各阶段的发展特征以及在方法路径选择上的集体倾向，并解读和诠释研究路径转变的各阶段诱因、提炼民居研究路径的内涵差异等。

对中国民居建筑研究历程的追溯，本书将民居研究纳入建筑学科教育的发展背景中进行分期探讨，清晰化展现民居研究从萌芽至繁盛的时代环境条件，以整体视野透视民居研究领域的发展历程。试图探索的问题主要有：民居建筑研究大致从什么时候起步？为什么它在中国建筑史的研究初始得不到重视？怎样的历史环境和事件促使它不断跃入人们的视野？为何民居研究的队伍会不断壮大？民居研究的发展究竟经历了哪些历史阶段？本书的第二章主要揭示这些问题。

对中国民居建筑研究路径的发展追溯与差异性解析，则通过建构纵向的历时性线索以及横向的因果线索复合式的立体交互研究网络，综合揭示民居研究路径探索应随阶段更替的特征显现。试图探索的问题主要有：早期的民居研究方法和官式建筑研究方法有何联系？初期的代表性民居文献主要从何种视角研究，关切的内容和研究的结构是怎样的？在早期研究中，研究者的方法路径选择又有何共同特征？这些特征对后期研究产生何种延续性和变革性观念影响？本书的第三章主要揭示以上问题。

而发展至拓展期，中外交流不断强化，特别有意思的是西方的现代建筑理论与后现代理论几乎同时叠加进而影响我们的建筑领域，我们既实践着现代理论在设计中的普遍运用，又吸收着后现代理论的批判精神。因此，我们并没有在极端现代主义里有过挣扎，而是一开始就面临着多种思潮的洗礼，呈现着各个领域里探索的自由。而这股理论对民居研究领域最大的影响即人本主义。人们开始更多地关注文化的多样性和差异性。民居的文化研究随之拓展了传统建构学的意义。然而，这也在方法上出现了新的趋向。这种趋向影响下的研究路径究竟呈现何种特点，是本书第四章探索的主要内容。

随着世界学科体系研究哲学从单线性向复杂化的转变，学科交叉的范式不断增强，民居研究亦走向多学科交叉，注重人与空间复杂性的聚合。该时期民居研究领域开拓出许多新的方法，在群学科交叉特性下究竟产生了哪些多元化的研究路径，是本书第五章探索的主要内容。

回望民居研究的发展历程，辅以词族分析的量化数据参考，可窥见在文化和空间两大领域民居研究主体的变化过程，统筹归纳民居研究的路径类型，并结合笔者对民居研究专家们的访谈记录，对民居研究进行回顾与展望。

目录

第一章

绪论

第一节

文化基石：民居之于民族文化挖掘与传承的重要性

无论时代如何变迁，民族文化的弘扬始终是每一个时代肩负的巨大责任。传统民居作为我国建筑文化的根基之一，曾积淀过绚烂多姿的民居文化传统。如何充分挖掘、提炼以及传承优秀的民居文化，成为当下每一位专业人士力图努力的理论及实践性研究方向。在超越百年的全球化洗礼下，文化同化现象不断扼杀着文化多样性和文化丰富性。我国民族文化底蕴极为深厚，文化根基深植于人民心中。民居作为传承了千百年历史的物质文化和非物质文化双重载体，不仅展示了我国精湛的建造技术，还充分反映了我国历史文化的源远流长。一方面，借助民居在持续发展语境中的历时性变化以及共时性区域差异，有助于解读历史各阶段的时代经济、社会形态、制度文化、心理面貌等非物质现象，成为时代特色和地域景象的最佳见证；另一方面，民居建筑研究对于民居文化在新时期的传承和发展具有深远的影响和借鉴价值。因而，无论从艺术、技术还是文化层面上进行的民居建筑研究，都具有深刻的时代意义和价值内涵。

随着国家的振兴，民族信心的增强，在新的国际政治和经济形势下，找到自身的文化定位，以树立文化自信和实现文化自强成为当下十分紧迫的任务。2017年3月24日，国务院办公厅转发《中国传统工艺振兴计划》文件，指出："振兴传统工艺，有助于传承与发展中华优秀传统文化，涵养文化生态，丰富文化资源，增强文化自信"。民居是匠师高超的手艺和智慧的结晶。民间建筑根据经济条件的不同，匠师往往需将用材发挥至极致，且需迎合气候、制度约束以及民俗心理等要求，磨炼了匠师的职业素质。传承千百年来精益求精的工匠精神，不仅能够发展民族文化，还有助于提升民族建筑工艺的有序传承。

民居的价值已凸显，然而，随着建设浪潮的步步推进，民居的损毁现象也异常严重。传统民居长期以来被视为经济落后的象征。而早期的有识之士已经意识到民居中蕴含的丰富价值，老一辈学者筚路蓝缕，抢救性地记录、调查和测绘了一批如今已不复存在的珍贵民居，并录入建筑图集或记录影像，为研究传统民居的丰富性积累了最珍贵的素材。可喜的现象是民居研究后继有人，一批又一批学者和建筑师积极加入民居建筑研究领域，不断充实着研究力量。针对我国幅员辽阔的地域视景，各地建筑院校几乎均有对民居感兴趣的研究者，对于各地域研究成果的形成发挥了积极作用，尤其促进了部分偏远地区的成果累积。

具有学科研究意义的民居建筑研究始于20世纪30年代。营造学社成员在古建筑调查过程中，对民居赋予了一定程度的关注，进而形成了早期民居研究文献的基础。早期对民居的关注内容虽然不多，然则促进了民居建筑研究的萌芽以及进一步发展。1949年，中华人民共和国成立后，受时代政策、教育发展等背景因素的影响，民居研究的重要性逐渐凸显，研究人数及团队不断增加、方法不断多元，研究数量倾向规模化。以“民居”为研究对象的文献数量呈现梯级递增式发展状态，极大地拓展了该领域的研究广度和深度，培养出一大批出色的民居研究人员和学术团队。中国民居建筑学术会议自1988年举办以来，建立了学术交流平台，汇集了众多民居领域的研究人士进行交流，促进了研究思维和方法的沟通与碰撞。历经八十余年的研究发展，民居建筑研究已在客观上形成一个独特的学科研究领域。

支撑民居研究内容拓展、拓深发展的另一个重要因素，是依托于研究方法的逐步进化。传统民居作为既具备历史价值又兼备使用价值的复合性空间载体，关乎“人”与“空间”的双重特性，以及二者长期互动后的相对稳态关系，且稳态关系又会在新一轮的历时过程中微妙地经历新一轮的变化。基于空间的复杂性和矛盾性，单一的研究方法已不足以解决民居研究中错综复杂的问题。随着学科间交叉的发展和深入，民居研究从早期单一建筑史层面的研究，不断扩展为多层次、立体式研究路径设计。学科间融合模式增强，使其研究面域及深度均得到极大拓展，构筑出立体的学科领域结构。而对于建筑学领域的研究而言，此结构的核心仍以建筑学为本体，其他学科为支撑体，共同揭示民居包罗万象的人类经济、社会、情感、心理、技术等复杂关系。

第二节

定位阐释：建筑学视域下“民居”“民居研究”之辨

一、早期“民居”一词

民居，至人类起初就倍受重视，因住居文化与人类的生活息息相关。与民居相关的“民宅”一词最早出现在《周礼》中。《周礼·地官司徒·大司徒》中有：“以土宜之法，辨十有二土之名物，以相民宅而知其利害，以阜人民，以蕃鸟兽，以毓草木，以任土事”。[①]（图1-2-1）《墨子·71章 杂守》中提到：“葆民，先举城中官府、民宅、室

① 周公旦. 周礼·地官司徒·大司徒。

患憂之則不解怠者災危凶憂謂若遭水旱之災歲凶年穀不登有無相濟是其相憂令不解怠也云度謂宮室車服之制者謂若典命云上公九命国家宮室車旗衣服礼儀及侯伯子男已下各依命數是其制度也云世事謂士農工商之事少而習焉其心安焉因教以能不易其業者案齊語云桓公曰成民之事若何管子曰四民者勿使雜處雜處則乱昔聖王處工就閑燕處士就官府處商就市井處農就田野又云士之子恒為士工之子恒為工商之子恒為商農之子恒為農少而習焉其心安焉是世事也云慎德謂矜其善德勸為善者民能矜矜然求其善德又相勸為善也云庸功也者此經云以庸制祿司士云以功詔祿庸即功其理同也云故書儀或為義杜子春讀為儀者不從故書讀從大宗伯九儀一命至九命作伯也

以土宜之法辨十有二土之名物以相民宅而知其利害以阜人

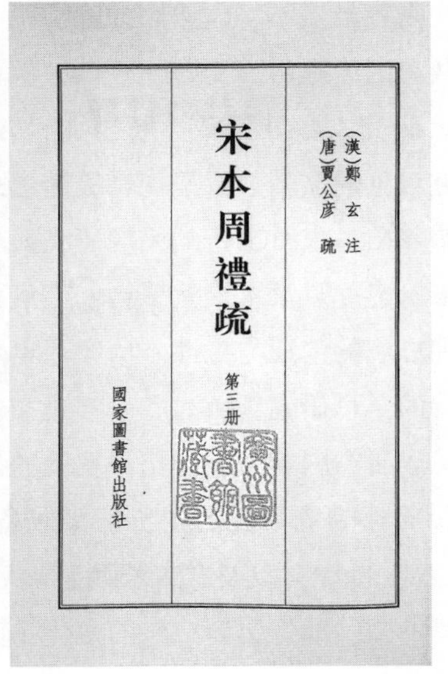

图1-2-1 《周礼·地官司徒·大司徒》中“民宅”一词

（来源：（唐）贾公彦，疏；（汉）郑玄，注. 宋本周礼疏（三）[M]. 北京：国家图书馆出版社，2019.）

署，大小调处，葆者或欲从兄弟、知识者许之”。[①]《魏书·列传·卷六十五》中有“刺史李世哲即尚书令崇之子，贵盛一时，多有非法，逼买民宅，广兴屋宇，皆置鸱尾，又于马埒堠上为木人执节”的记载。[②]《资治通鉴·隋纪·隋纪一》中提及：“帝命权分长安士民宅以俟之，内外修整，遣使迎劳；陈人至者如归”。[③]《续资治通鉴·宋纪·宋纪一百二十五》中：“至是殿中侍御史胡汝明，论‘庶寄居德安，诡占逃田，强市民宅’”。[④]《续资治通鉴·元纪·元纪一》中：“山中居民万馀家，世杰买富民宅，以居宋主，军士多病死”。古代文献中出现较多“民宅”一词的记载。[⑤]

然“民居”的提法在古人典籍中方可找出。元好问的《过晋阳故城书事》中“东阙苍龙西玉虎，金雀觚棱上云雨。不论民居与官府，仙佛所庐余百所”。[⑥]高明的《戏文·蔡伯喈琵琶记》中“并无仓廪盛贮，那有帐目收支？纵然有得些小，胡乱寄在民居”。[⑦]施惠的《戏文·幽闺记》中“遥望窝梁三两间茅檐屋，转弯环野径，休辞苦，暂安身，少避些风和雨。多管是村野民居”[⑧]……

从古文献的记载中，即可见“民居”一词在古代已与“官府”一词相应存在，已表

① 墨子·71章·杂守。
② 魏书·列传·卷六十五。
③ 资治通鉴·隋纪·隋纪一。
④ 续资治通鉴·宋纪·宋纪一百二十五。
⑤ 续资治通鉴·元纪·元纪一。
⑥ 元好问·过晋阳故城书事。
⑦ 高明. 戏文·蔡伯喈琵琶记。
⑧ 施惠. 戏文·幽闺记。

明其大众属性和功能属性，可简单理解为民众居住的地方。而关于“居”字被使用的范畴，在清末已有所扩展。“居”字常被借用于茶楼、饭馆等场所的名称中。例如“明湖居”即清朝末年济南的一处曲艺场。“陶陶居”亦是清光绪年间创建的茶点铺。“居”字所承载的内容及内涵较“宅”字更为宽泛。

早在1935年，发表于《中国营造学社汇刊》的《晋汾古建筑预查纪略》一文中，梁思成、林徽因先生已提及“民居”一词，如“民居喜砌砖为窑”。[①]20世纪三四十年代，梁思成、林徽因先生对山西地区的“窑居”进行研究，龙庆忠先生则对“穴居”进行研究，从名词上可见其研究居所的某种具体类型。1958年建筑历史学术讨论会上，“民居”一词被专家进行讨论。据陆元鼎先生回忆：“经各位历史研究领域专家的讨论，认为‘民间居住建筑’可由‘民居’这一简称进行代替。刘敦桢先生在讨论中亦认为‘民居’一词较为合适，可用于区分现代住宅。使用‘民居’来特指过去的住宅，在描述当代住宅中，即不用再称呼‘新住宅’，而可直接采用‘住宅’。”此后，“民居”一词遂在全国范围内广泛使用。[②]汪之力院长在此次会议的总结报告中提及：“根据到会同志的普遍反映，会议是成功的，收获很大。会议的第一个特点是民居的报告很多，范围很广，可以看出在研究建筑历史的道路上，已以民居为中心，进行调查。”[③]陈薇先生在总结刘敦桢先生主持的中国建筑研究室十二年来的住宅研究工作中，曾提及研究室工作内容经历过从“住宅研究”拓展到“民居研究”的转变。[④]

二、“民居”在“民居研究”领域中的语义延伸

从20世纪80年代开始，以“民居”命名的著作陆续出版，由中国建筑工业出版社出版的最早一批书籍已涉及许多地区的民居研究。由于该批书籍的资料多为20世纪五六十年代调查所得，书籍并非统一出版，时间上呈现先后的态势，但从该系列著作的解读中可发现，虽然其研究内容均统归于“民居”研究下，但其实质性内容已涉及更为宏观的民居群体层面。这可在《浙江民居》的序言中找到一些线索。“《浙江民居》的调研编写工作，自1961年开始，到1963年已脱初稿，此后因故研究工作中断，致使原稿未能及时出版。近年来，又重新恢复此项工作，鉴于原稿尚存在某些不足之处，为了进一步充实，又做了一次加工和增补工作，在规划方向增加了‘村镇布局’一章……”[⑤]

这在同一时期的其他书籍和论文中，也可看出研究内容拓展的端倪。关注到建筑组

① 林徽因，梁思成．晋汾古建筑预查纪略［J］．中国营造学社汇刊，1935，5（3）.

② 见附录：陆元鼎先生访谈。

③ 作者不详．汪之力院长在建筑历史学术讨论会上的总结发言［J］．建筑学报，1958（11）：4-6.

④ 陈薇．“中国建筑研究室”（1953-1965）住宅研究的历史意义和影响［J］．建筑学报，2015（4）：30-34.

⑤ 中国建筑技术发展中心建筑历史研究室．浙江民居［M］．北京：中国建筑工业出版社，1984.

群以及与周边环境关系这一现象是民居研究领域发展符合客观规律的写照。20世纪80年代后，“民居研究”突破过往对“传统住宅研究”的狭义理解，研究对象的范围已逐渐出现扩展。就这一现象，陈志华、楼庆西及李秋香先生创立了“乡土建筑研究组”，并提出“乡土建筑”概念，认为乡土建筑的研究范围不仅包括民居和祠堂，还包括其他建筑类型，如为乡村生活服务的寺庙、书院、戏台等其他建筑形式，并使用建筑文化圈的研究思想，提出将乡土建筑置于社会、文化发展的宏观背景中，从聚落层面对乡土建筑进行研究。“聚落的建筑大系统是一个有机的整体，我们力求把研究的重点放在聚落的整体上，放在各种建筑与整体的关系以及它们之间的相互关系上，放在聚落整体以及它的各个部分与自然环境和历史环境的关系上”。①

而常青院士则认为乡土建筑，不包含城市中富有传统特色的居住建筑，如北京胡同、上海里弄等，因而认为风土建筑更为广义。常青院士认为：“在中国传统建筑的民间体系研究中，‘民居’是对建筑类型而言，‘乡土建筑’是对乡村聚落而言，而‘风土建筑’是对城乡民间建筑而言，三者均属同一范畴。②”“风土建筑与作为建筑类型的‘民居’，以及作为乡村聚落的‘乡土建筑’虽属同一范畴，但相比之下，风土建筑的内涵更为宽泛，更为关注与环境条件相适应、在地方传统风俗和技艺中生长出的建筑特质。而‘风土建筑’和‘官式建筑’也并非两种建筑类型，而是传统建筑遗产的两大组成部分。‘官式建筑’数量很少，是按照国家规范、使用国库银两、征调役匠建造起来的上层建筑。‘风土建筑’则是乡绅百姓按照当地环境气候和风俗习惯自发建造和使用的民间建筑，浑身散发着浓郁的地方风气和土气，即文化和土地的味道，且许多至今还是活态遗产。这不正是与西方建筑界所追求的‘场所精神’（Genius Loci）相类似的概念么。”③

无论归于何种认识，专家们对其民间性、乡土性共同认识仍是一致的。民居在我国木构建筑体系中属于面大量广的典型存在。单德启先生认为乡土民居中包含了野性思维，并认为这种野性思维可突破文明思维，实现由周边向中心的突破。④其充分肯定了民居建筑的重要地位。常青院士用“风”“雅”“颂”之间的关系厘清了民间的、地方性的建筑是官式风雅建筑成型的源头问题。⑤各专家的解析均对“民居”研究的重要意义进行了提炼。

“民居”亦在各位学者的推动下，成为具有重要意义的研究内容。虽然，在概念上各有解析，然而，正如常青院士所言，民居、乡土建筑、风土建筑三者均属于同一范

① 陈志华. 乡土建筑廿三年［C］//中国建筑史论汇刊（第五辑）. 北京：中国建筑工业出版社，2012：355-360.

② 常青. 序言：探索我国风土建筑的地域谱系及保护与再生之路［J］. 南方建筑，2014（5）：4-6.

③ 见附录：常青先生访谈。

④ 单德启. 乡土民居和“野性思维”——关于《中国民居》学术研究的思考［J］. 建筑学报，1995（3）：19-21.

⑤ 常青. 风土观与建筑本土化 风土建筑谱系研究纲要［J］. 时代建筑，2013（3）：10-15.

畴。因此，可理解三者在内涵上各有差别，但就“研究领域”而言，三者之间的区别甚微。而从历史的发展角度来溯源这一研究范畴，“民居研究”因长期以来，被学界广泛使用，并起始较早，已成为这一领域的惯性称谓。基于这一领域的客观发展规律和事实，本书选取“民居研究”这一学术领域的成果作为主要研究对象，但无意于覆盖其他二者的系统内涵。

“民居研究”中的“民居”概念和内涵并不完全等同于“民居”。这是由于该领域的研究对象经历了从单体到群体、从民居到聚落的一系列客观发展事实。关于“民居研究”包含的内容，陆元鼎先生从学科发展的视角做出了概括：“（民居研究）在学科研究范围内，它从单体的民居建筑研究扩大到宅居、祠堂、会馆、书斋、书塾、庭园、桥梁、牌楼、水亭、水台等；在群体建筑方面，包含城乡、村镇、聚落、堡寨，只要是属于老百姓的用房，都在研究范围之内。”①

本书的重点主要是从民居研究领域的发展视角出发，对该领域的产生、发展、繁荣的客观发展阶段进行追溯，因而其本质是跟随“民居”研究这一理论发展进程来进行探讨。

三、研究范围界定

“中国民居建筑研究历程及路径探索”是以“建筑学”为学科背景，以“民居”的建筑历史与理论研究为研究范畴，探讨整体视野下集体式研究的发展历程以及其路径探索的阶段性特色等。由于民居建筑理论既包含以建筑历史为基础的研究，又包括民居改造更新等设计研究，两者的区别主要在于前者侧重于过去，后者侧重于未来。本书主要讨论的是基于建筑历史理论的研究部分。

针对民居建筑研究领域的历史理论研究方法特点，需要对路径的内涵进一步解读。“路径”不等同于“方法”，路径侧重于实现研究目标的动态手段，而方法则可从宏观方法视野以及微观方法手段两个层面进行理解。某一研究团队研究方法的运用可包含若干研究路径的综合运用，而某一研究路径下又可包含若干方法手段。由于具体方法手段在民居研究中的运用可据其手段间的核心本质差异而进行聚类归纳，便形成中观层次的“研究路径”。“研究路径”在民居研究不同发展阶段会显现一定程度的集体倾向性，因而它应随发展阶段的变化亦有不同的选择侧重，但并不意味着某一阶段仅采用这些路径。由于研究个体和群体之间的研究思维差异，各阶段的路径选择并非具有绝对而严格的界限，不同的路径在各阶段之间也会出现穿插使用。区分的目的仅是表明某一阶段某些路径受到某种外界影响因素而得到特别强化，以可清晰地展现其发展演进过程。

① 陆元鼎. 民居建筑学科的形成与今后发展［J］. 南方建筑，2011（6）：4-6.

将民居建筑的研究历程与路径探索进行双重建构，是因为研究历程的发展变化构成了路径探索演进的宏观背景与环境，路径探索亦是建构阶段特色并推进研究历程进一步演进的重要组成要素，因而，两者互为促进，不可分割探讨。

第三节

思路架构：纵横脉络交织，还原时空发展动态

本书从横、纵双向脉络深入研究，纵向上以时间脉络为轴，横向上以因果脉络为线，通过双重脉络的梳理，使民居建筑理论研究的阶段性以及研究路径发展特征得以清晰地展现。时间线索上首先梳理建筑学科发展环境中民居建筑研究如何萌芽、推进并持续进入高潮期，结合国内外颇具影响力的事件，从整体视角勾勒出民居研究发展的图景。在路径探索阶段，则以民居建筑理论研究方法的特征为基础，在整体梳理各时期研究路径的阶段性状态以及特征后，将其纳入学科发展背景、各时期政策指引以及导向变化、国内外学术研究思潮变化、研究方法与手段运用变化的多重视野，综合归纳出民居研究路径的整体变化规律，在多维分析的因果建构中，厘清集体研究路径选择的阶段性共性，并剖析形成各阶段特色的诱因，综合归纳各阶段的路径差异性，还原其时空发展动态。同时解读各阶段路径在开拓过程中的观念影响等。

综上所述，通过纵横脉络的交织，进行我国民居建筑理论的发展历程以及路径探索的历时性研究，是从本土语境基于我国民居研究自身发展特点的理论探索，而非西方话语体系下的理论建构，是其更好地与民居民族性、地域性、文化性的身份特征相吻合的体现。

第四节

纵观全域：我国民居建筑研究八十余载探索之地域概况

我国民居建筑研究队伍的面域分布广泛，华北、华南、华东、华中、西南、西北及东北地区都有以高校为主体，以及其他院所、设计院等共同构成的研究团体，研究成果

十分丰富，以下就国内民居研究分别从三方面进行综述：第一，全国各区域民居建筑研究概况；第二，对“民居建筑研究”的回顾；第三，民居建筑研究方法的讨论。

一、差异化：区域、院校、团队特色差异化的国内民居建筑研究

（一）全国民居建筑研究概况

1．华北地区民居建筑研究概况

华北地区以清华大学、天津大学、北京建筑大学等高校为代表，在民居及乡土建筑领域进行了积极的探索，构成了较为完整的民居研究学术梯队。北京老一辈建筑史研究者刘致平、王其明、孙大章等先生以及原建工部建筑科学研究院院长汪之力先生等深耕于民居研究领域，著写了诸多民居研究成果，如《中国居住建筑简史——城市、住宅、园林》①《北京四合院》②《中国民居研究》③《中国传统民居建筑》④等。吴良镛先生针对北京胡同片区的整治从整体观视角著写了《北京旧城与菊儿胡同》⑤。1989年，陈志华、李秋香、楼庆西等先生成立了乡土建筑研究组，带领团队对传统村落进行了广泛调查，使用乡土地域文化圈的视角进行研究，出版了《新叶村》⑥《诸葛村》⑦《郭洞村》⑧《乡土瑰宝系列：住宅（上）》⑨《中国乡土建筑初探》⑩等民居研究专著，并与贺从容、罗德胤、贾珺、陈颖、叶人齐、赵逵、吴正光、孙娜、马薇等专家一起完成了《中国民居五书》系列图书。单德启先生关注到了民居中的“形态”“生态”“情态”等问题，并提出“保护传统村落动态发展过程”的整体保护思路。在长期的乡村调查和研究过程中，出版了系列民居著作，如《中国传统民居图说》（丛书）、《中国民居》⑪等。单军教授对民族聚居地建筑地区性和民族性的关联性研究进行了探讨⑫，并对传统乡土与现代乡土之间地域性对话的关系做出了阐释。王路教授根系乡土进行村落文化景观再诠释等⑬。罗德胤长期关注堡、寨和戏台建筑，出版了《中国古戏台建筑》《蔚县古堡》《龙脊十三寨》等著作。

① 刘致平．中国居住建筑简史——城市、住宅、园林［M］．北京：中国建筑工业出版社，1990.
② 王其明．北京四合院［M］．北京：中国书店出版社，1999.
③ 孙大章．中国民居研究［M］．北京：中国建筑工业出版社，2004.
④ 汪之力，张祖刚．中国传统民居建筑［M］．济南：山东科学技术出版社，1994.
⑤ 吴良镛．北京旧城与菊儿胡同［M］．北京：中国建筑工业出版社，1994.
⑥ 陈志华，楼庆西，李秋香．新叶村［M］．石家庄：河北教育出版社，2003.
⑦ 陈志华，楼庆西，李秋香．诸葛村［M］．石家庄：河北教育出版社，2003.
⑧ 楼庆西．郭洞村［M］．北京：清华大学出版社，2007.
⑨ 陈志华，李秋香．乡土瑰宝系列：住宅（上）［M］．上海：生活·读书·新知三联书店，2007.
⑩ 陈志华，李秋香．中国乡土建筑初探［M］．北京：清华大学出版社，2012.
⑪ 单德启，等．中国民居［M］．北京：五洲传播出版社，2003.
⑫ 单军，吴艳．地域式应答与民族性传承：滇西北不同地区藏族民居调研与思考［J］．建筑学报，2010（8）：6-9.
⑬ 王路．纳西文化景观的再诠释——丽江玉湖小学及社区中心设计［J］．世界建筑，2004（11）：86-89.

以上研究均在民居建筑研究领域进行了开拓与创新。

天津大学的魏挹澧先生于1995年与方咸孚、王齐凯、张玉坤等专家合著出版了《湘西城镇与风土建筑》，对湘西地区的土家族、苗族等民居进行了深入调查，阐释了其城镇空间层次的“始”与“终”、“通”与“租”，以及“界”与“渗”等关系，并对湘西民居的平面类型进行了归纳。①此后，魏挹澧先生又多次于中国民居建筑学术会议论文集中阐述民居研究观点。黄为隽、尚廓、南舜熏等先生对广东、福建等民居进行调研，著写了《粤闽民宅》②。荆其敏教授于20世纪八九十年代著写了《中国传统民居百题》③《覆土建筑》《中国传统民居》等。张玉坤教授著写了《聚落·住宅——居住空间论》④，并带领团队对中国北方地区的堡寨聚落及民居进行了专题研究⑤，主持《中国北方堡寨聚落研究及其保护利用策划》《明长城军事防御体系整体性保护策略研究》等国家级课题，带领学生完成了一系列跨地域军事聚落群研究的硕博论文，并建立了明长城数据库系统，包括防御体系空间数据库、完整历史图像库和现存三维图像库。李哲教授采用低空测绘技术对古长城进行数据采集与记录。⑥谭立峰教授对堡寨聚落的演进机制进行分析，并从对比视角分析了海防型聚落与长城聚落的差异性。⑦梁雪教授对北京、天津、山东等地的民居进行研究，并解析了传统民居群落结构。⑧王其亨教授带领的团队主攻方向虽然不在民居研究，但其主导的古建筑测绘课程和方法对民居研究具有较大启示。

北京建筑大学的业祖润先生从村落整体的研究视角，对北京爨底下、焦庄户古村等进行了研究，著有《北京古山村：川底下》⑨《北京民居》⑩等。范霄鹏教授对民居建筑的三重建构脉络，以及传统村落空间类型及承载力等进行了深入研究。⑪北京交通大学青年学者潘曦探讨了文化人类学中结构功能主义在民居研究方面的运用等。⑫

2. 华南地区民居建筑研究概况

华南地区以华南理工大学、香港大学，以及台湾文化大学、台湾科技大学、华梵大学等高校为代表，借助于地理上的联密优势，在研究上交流频繁，在成果上有着互促繁

① 魏挹澧，方咸孚，王齐凯，等. 湘西城镇与风土建筑［M］. 天津：天津大学出版社，1995.

② 黄为隽，尚廓，南舜熏，等. 粤闽民宅［M］. 天津：天津科学技术出版社，1992.

③ 荆其敏. 中国传统民居百题［M］. 天津：天津科学技术出版社，1985.

④ 张玉坤. 聚落·住宅——居住空间论［D］. 天津：天津大学，1996.

⑤ 张玉坤，李严，谭立峰，等. 中国长城志：边镇·堡寨·关隘［M］. 南京：江苏凤凰科学技术出版社，2016.

⑥ 李哲. 建筑领域低空信息采集技术基础性研究［D］. 天津：天津大学，2008.

⑦ 谭立峰，刘文斌. 明辽东海防军事聚落与长城军事聚落比较研究［J］. 城市规划，2015，39（8）：87-91.

⑧ 梁雪. 传统民居群落的结构特点及其运用［M］//中国传统民居与文化（第二辑）. 北京：中国建筑工业出版社，1992：167-175.

⑨ 业祖润，等. 北京古山村：川底下［M］. 北京：中国建筑工业出版社，1999.

⑩ 业祖润. 北京民居［M］. 北京：中国建筑工业出版社，2009.

⑪ 范霄鹏. 民居建筑的三重建构脉络——西藏高原乡土聚落的生境［C］//中国民族建筑研究论文汇编. 中国民族建筑研究会，2008：98-104.

⑫ 潘曦. 建筑与文化人类学［M］. 北京：中国建材工业出版社，2020.

荣的交流优势。由于南岭山脉阻隔了岭南地区与以北地区的交流，在历史上岭南地区形成了当地的地域文化，又因这一带的气候特征以湿热为共同特征，民居在材料选用及技术手段上较为接近。因此，岭南文化圈辐射范围内的汉式民居特征有着许多关联，成为以上各高校进行深入交流的基础。但同时，又因各地所受外来文化影响程度不同、历史移民环境不同，其建筑特征上的分异也较为明显，少数民族地区特色则更为不同，这又造就了各个团体在研究中的重心、方法、倾向不同，各自形成相应的研究特色。

华南理工大学以陆元鼎教授为首的研究团队多年来致力于民居研究领域，不仅在学术研究上发展了"民系民居研究"思路①，于研究方法上赢得了突破，同时在组织全国力量推进民居研究的道路上亦做出了巨大贡献。

20世纪30年代，华南理工大学（华南工学院）的龙庆忠（龙非了）先生便发表过《穴居杂考》一文，影响深远。20世纪50年代开始，陆元鼎先生在广泛的民居调查基础上，逐渐确立了以"民居研究"为全身心投入的研究方向。从1988年开始，陆先生的著作相继出版，如《中国美术全集·民居建筑》②《广东民居》③《中国民居建筑》④等。陆先生指导硕博士生完成了一系列以民系民居综合研究法进行南方民居研究的论文。针对南方汉族五大民系，从历史移民、社会文化、地域环境及类型学等综合视角剖析了五大民系文化影响下的传统民居空间特征、结构形式以及装饰特点等，着重区别民系间的民居建筑差异。其中，郭谦、戴志坚、潘安、王健、刘定坤等学者分别对湘赣民系、闽海民系、客家民系、广府民系和越海民系进行了深入的研究。余英学者则从方法论的视角对东南区系研究方法做了细致探讨及案例剖析。陆琦教授对广东民居及宅园特征进行了深入的理论研究，著写了《广东民居》和《岭南造园与审美》⑤，提炼出岭南文化影响下的民居与私家宅园营造特色，并带领团队对中国民居建筑研究领域发展、传统村落可持续发展等内容进行了深入研究。此外，唐孝祥教授从美学视角的切入⑥、潘莹教授从民系对比的视角切入⑦、程建军教授对开平碉楼的修缮研究、彭长歆教授对近代广州骑楼的研究⑧、冯江教授的广府宗祠研究以及肖大威教授从文化地理视角指导的系列硕博论文等分别在民居建筑研究领域进行了开拓与创新。同时，吴庆洲教授、肖大威教授、郑力鹏教授在民居的防灾研究上也著有不少理论研究成果。此外，广东地区其他院校和设计院的朱雪梅教授、汤国华教授、杨宏烈教授、谭金花学者、吴国智高级建筑

① 陆元鼎. 南方民系民居的形成发展与特征［M］. 广州：华南理工大学出版社，2019.

② 陆元鼎，杨谷生. 中国美术全集建筑艺术篇：民居建筑［M］. 北京：中国建筑工业出版社，1988.

③ 陆元鼎，魏彦钧. 广东民居［M］. 北京：中国建筑工业出版社，1990.

④ 陆元鼎，杨谷生. 中国民居建筑［M］. 广州：华南理工大学出版社，2003.

⑤ 陆琦. 广东民居［M］. 北京：中国建筑工业出版社，2008.

⑥ 唐孝祥. 传统民居建筑审美的三个维度［J］. 南方建筑，2009（6）：82-85.

⑦ 潘莹，卓晓岚. 广府传统聚落与潮汕传统聚落形态比较研究［J］. 南方建筑，2014（3）：79-85.

⑧ 彭长歆. "铺廊"与骑楼：从张之洞广州长堤计划看岭南骑楼的官方原型［J］. 华南理工大学学报（社会科学版），2006（6）：66-69.

师的研究内容皆丰富了民居建筑研究的视域和广度。桂林市规划设计院的李长杰先生带领院成员深入广西地区调研，在长达六年的准备基础上出版了《桂北民间建筑》①。

香港大学的龙炳颐先生长期关注香港文化古迹的保护问题，于1991年著写了《中国传统民居建筑》并由香港区域市政局出版②。香港大学许焯权先生多次带领建筑系的学生奔赴潮州古城进行测绘研究。③香港另一位建筑师李允鉌先生深爱中国传统建筑文化，著写了《华夏意匠：中国古典建筑设计原理分析》④，该书从礼制、文化等视角总结了中国木构建筑形成的内在原因，并结合中国文字阐述了建筑的构造发展过程等，从新的视角为民居研究拓宽了思路。

台湾地区的民居学者李乾朗、阎亚宁、徐裕健、徐明福、王镇华、王维仁等学者长期关注台湾地区的民居发展及遗产保存等问题。李乾朗先生著写了《金门民居建筑》⑤《台湾建筑史》⑥等一系列专著，从史学、美学、民俗学等角度对台湾民居进行了长期的观察与研究，且于20世纪便开始从大木结构上探讨台湾建筑与内地建筑的渊源，认为台湾的汉族民居源自闽、粤。⑦李乾朗、阎亚宁、徐裕健等共同著写的《台湾民居》⑧，则对台湾民居的特点进行了综合而详细的阐释，并对台湾民居特点形成的原因进行了深层次解读。王维仁教授对澎湖合院的住宅形式及其空间结构转化进行研究，并探讨了形式和涵构的观念性模型，剖析了"外力向形变"转化的空间动力关系。⑨徐明福教授著写的《台湾传统民宅及其地方性史料之研究》⑩配合地域性的社会文化组织特性，以地方为研究区，进行史料研究。李乾朗、徐裕健、阎亚宁、徐明福、傅朝卿等学者合作著写的《台闽地区传统工匠之调查研究》⑪试从对民间工匠的调查，厘清台湾地区匠师的留存情况，以及各工种分布情况等。

由陆元鼎先生及同仁发起的全国性民居会议——中国民居建筑学术会议，第一次会议于1988年在华南理工大学（华南工学院）召开。起初，每两年举办一届，中间的隔年则召开海峡两岸传统民居理论（青年）学术研讨会，后来每年举办一届。截至2020年年

① 李长杰. 桂北民间建筑［M］. 北京：中国建筑工业出版社，1990.

② 龙炳颐. 中国传统民居建筑［M］. 香港：香港区域市政局，1991.

③ 许卓权. 潮安古巷区象埔寨新民居设计方案［M］//中国传统民居与文化（第四辑）. 北京：中国建筑工业出版社，1996：154-160.

④ 李允鉌. 华夏意匠：中国古典建筑设计原理分析［M］. 天津：天津大学出版社，2005.

⑤ 李乾朗. 金门民居建筑［M］. 台北：雄狮图书公司，1978.

⑥ 李乾朗. 台湾建筑史［M］. 台北：雄狮图书公司，1979.

⑦ 李乾朗. 从大木结构探索台湾民居与闽、粤古建筑之渊源［C］//中国传统民居与文化（第七辑）——中国民居第七届学术会议论文集. 中国建筑学会建筑史学分会民居专业学术委员会，中国文物学会传统建筑园林研究会传统民居学术委员会，中国文物学会传统建筑园林委员会，1996：18-22.

⑧ 李乾朗，阎亚宁，徐裕健. 台湾民居［M］. 北京：中国建筑工业出版社，2009.

⑨ 王维仁. 澎湖合院住宅形式及其空间结构转化［D］. 台北：台湾大学，1987.

⑩ 徐明福. 台湾传统民居及其地方性史料之研究［M］. 台北：胡氏图书公司，1990.

⑪ 李乾朗，徐裕健，阎亚宁，等. 台闽地区传统工匠之调查研究［M］. 台中：东海大学建筑研究中心，1993.

底，中国民居学术会议已召开二十五届，海峡两岸传统民居理论（青年）学术研讨会共召开十一届。三十二年的会议举办历程将全国各地、各高校、各设计单位以及其他民居研究者们集聚于共同学术平台上进行交流，促进了我国学者就中国伟大的人类文明深入到民居建筑主题中进行共同探讨，极大地推进了该领域研究的进展。在陆元鼎先生的主持下，各地学者参与到民居专著的编写工作中，出版了一系列影响力深远的民居丛书：《中国民居建筑丛书》共19分册，《中国民居建筑年鉴（1988–2008）》、《中国民居建筑年鉴（2008–2010）》《中国民居建筑年鉴（2010–2013）》《中国民居建筑年鉴（2014–2018）》共4册，《中国民族建筑概览——华南卷》《中国民族建筑概览——华东卷》2册，《中国古建筑丛书》共35分册。目前，各地专家分省编写的《中国传统聚落保护研究丛书》也已出版发行。

3．华东地区民居建筑研究概况

华东地区的高校以东南大学、同济大学等为代表，于民居研究发展初期，便开展调查，其工作对民居研究的发展起到了奠定性作用。刘敦桢先生于20世纪三四十年代在营造学社时期便开始对住宅进行调研，通过深入研究，著写了《中国住宅概说》[①]，该书于1957年出版，对后期该领域的研究视野和方法产生了深远的影响。此后，刘先生又联合前上海华东建筑设计公司在东南大学（南京工学院）建立了中国建筑研究室。该室成员对皖南、福建等地区的民居进行了深入调研，出版了由张仲一等先生著写的《徽州明代住宅》[②]以及张步骞先生完成的《闽西永定客家住宅》等研究内容。此外，郭湖生、刘叙杰、潘谷西先生亦指导了多篇硕博论文进行相关研究。此后，王文卿先生叠加自然、地理、气候等多重要素对民居的地域性差异进行区划探索。[③]朱光亚先生则从大木结构入手，对木构体系进行区划研究。[④]张十庆教授提出了以流域进行区划的建筑文化单元和谱系研究思想。[⑤]龚恺教授在对棠樾、瞻淇、渔梁、豸峰、晓起等古村落的调查基础上，以聚族村镇为主线著写了《徽州古建筑丛书》[⑥]。陈薇教授先后对中国建筑史研究的发展进行了阶段性总结，同时对中国建筑研究室选定住宅方向进行研究的背景进行了阐述，并对十二年发展历程中研究室的工作内容进行了回顾。[⑦⑧⑨⑩⑪]段进院士借用三种数

① 刘敦桢．中国住宅概说［M］．北京：建筑工程出版社，1957.

② 张仲一，曹见宾，傅高杰，等．徽州明代住宅［M］．北京：建筑工程出版社，1957.

③ 王文卿，陈烨．中国传统民居的人文背景区划探讨［J］．建筑学报，1994（7）：42–47.

④ 朱光亚．中国古代木结构谱系再研究［C］//全球视野下的中国建筑遗产——第四届中国建筑史学国际研讨会论文集《营造》第四辑，2007（6）：365–370.

⑤ 张十庆．当代中国建筑史家十书：张十庆东亚建筑技术史文集［M］．沈阳：辽宁美术出版社，2013.

⑥ 龚恺．徽州古建筑丛书——瞻淇［M］．南京：东南大学出版社，1996.

⑦ 陈薇．中国建筑史研究领域中的前导性突破——近年来中国建筑史研究评述［J］．华中建筑，1989（4）：32–38.

⑧ 陈薇．天籁疑难辨、历史谁可分——90年代中国建筑史研究谈［J］．建筑师，1996（4）：79–82.

⑨ 陈薇．历史在我们周围——21世纪中国建筑史研究谈［M］//当代中国建筑史家十书：陈薇建筑史论选集．沈阳：辽宁美术出版社，2015：348–358.

⑩ 陈薇．走向“合”——2004–2014年中国建筑历史研究动向［J］．建筑学报，2014（Z1）：100–107.

⑪ 陈薇．“中国建筑研究室”（1953–1965）住宅研究的历史意义和影响［J］．建筑学报，2015（4）：30–34.

学母结构——“群”“序”“拓扑”来解析古镇空间结构与形态。[①]此外，董卫教授采用数字新技术对传统聚落进行研究等[②]。

同济大学陈从周等先生自20世纪50年代即开始对苏州民居进行调研，将苏州民居与园林特色进行结合，出版有《苏州旧住宅参考图录》[③]，后于2003年出版了《苏州旧住宅》[④]。路秉杰、阮仪三、沈福煦等先生对聚落及民居研究的硕博论文进行了指导。常青院士著写了《西域文明与华夏建筑的变迁》[⑤]，以丝绸之路的文化传播路径为线索，探讨了西域文明在传播中对华夏建筑产生的具体影响以及引发的变化，并带领团队以风土建筑为研究对象，将“血缘”“地缘”和“语缘”为纽带的民系方言人群的聚居分布关系作为背景，依据“聚落”“宅院”“构架”“技艺”和“禁忌”等五个方面的风土基质来探讨风土建筑谱系问题，构建了风土建筑谱系研究系统。李浈教授对传统建筑木作的营造工具进行了系统的研究，著有《中国传统建筑木作工具》[⑥]《中国传统建筑形制与工艺》[⑦]等。青年学者潘玥的“西方风土建筑理论研究”对中国民居研究亦有启示作用。

浙江大学王竹教授结合文脉、产业、生活等内容对传统村落进行多维视角的思考，为村落的动态发展模式提供思路[⑧]。此外，王仲奋对浙江东阳民居以及婺州民居营建技术的研究[⑨⑩]、洪铁城对东阳明清住宅的研究[⑪]，以及丁俊清、杨新平对浙江民居等的研究均丰富了浙江民居的研究成果。[⑫]

福建片区，早期中国建筑历史研究室（北京）进行过调查研究，20世纪五六十年代，中国建筑研究室（南京）对闽西永定县客家住宅进行过调研。20世纪70年代末，黄汉民先生选定福建民居作为硕士论文选题对象，并著写了《福建民居的传统特色与地方风格》[⑬]一文。后于设计院工作期间，仍不间断民居调查及写作工作，相继出版了《福建圆楼成因考》[⑭]《福建民居》[⑮]《客家土楼民居》[⑯]《中国传统民居——福建土楼》[⑰]等著作。

① 段进，季松，王海宁．城镇空间解析：太湖流域古镇空间结构与形态［M］．北京：中国建筑工业出版社，2002.

② 董卫．一座传统村落的前世今生——新技术、保护概念与乐清南阁村保护规划的关联性［J］．建筑师，2005，（3）：94-99.

③ 同济大学建筑工程系建筑研究室．苏州旧住宅参考图录［M］．上海：同济大学教材科，1958.

④ 陈从周．苏州旧住宅［M］．上海：生活·读书·新知三联书店，2003.

⑤ 常青．西域文明与华夏建筑的变迁［M］．长沙：湖南教育出版社，1992.

⑥ 李浈．中国传统建筑木作工具［M］．上海：同济大学出版社，2004.

⑦ 李浈．中国传统建筑形制与工艺［M］．上海：同济大学出版社，2010.

⑧ 王竹，徐丹华，王丹，等．客家围村式村落的动态式有机更新——以广东英德楼仔村为例［J］．南方建筑，2017（1）：10-15.

⑨ 王仲奋．东方住宅明珠——浙江东阳民居［M］．天津：天津大学出版社，2008.

⑩ 王仲奋．婺州民居营建技术［M］．北京：中国建筑工业出版社，2014.

⑪ 洪铁城．东阳明清住宅［M］．上海：同济大学出版社，2000.

⑫ 丁俊清，杨新平．浙江民居［M］．北京：中国建筑工业出版社，2009.

⑬ 黄汉民．福建民居的传统特色与地方风格［D］．北京：清华大学，1982.

⑭ 黄汉民．福建圆楼成因考（油印本）［M］．福州：福建省建筑设计院，1988.

⑮ 黄汉民．福建民居［M］．台北：台湾汉声杂志社，1994.

⑯ 黄汉民．客家土楼民居［M］．福州：福建教育出版社，1997.

⑰ 黄汉民，马日杰，金柏苓，等．中国传统民居——福建土楼［M］．北京：中国建筑工业出版社，2007.

20世纪八九十年代、高鈴明、王乃香、陈瑜先生以及黄为隽、尚廓、南舜熏等先生分别出版有《福建民居》[①]和《粤闽民宅》[②]。戴志坚教授于2000年完成博士论文《闽海系民居建筑与文化研究》并出版[③]，并著有《闽台民居建筑的渊源与形态》《福建民居》[④]等。关瑞明教授对福州民居建材细节进行研究。[⑤]此外，李秋香、方拥先生等亦对福建民居进行了研究，促进了该领域的发展。

江西地区的黄浩先生于20世纪70年代开始，对景德镇明代建筑进行调查，80年代转向对整个江西省区域进行民居调查研究，写成《江西天井式民居》（内部资料），此后一直深入民居研究领域，著有《江西民居》。[⑥] 南昌大学姚糖教授著有《江西古建筑》[⑦]。万幼楠专家长期关注赣南民居，对闽粤赣边界的客家民居源流及成因进行了探讨。[⑧]

4．西南地区民居建筑研究概况

西南地区以重庆大学、昆明理工大学等为代表，较早开展了对西南地区的民居研究。重庆大学辜其一、叶启燊先生带领中国建筑历史研究室重庆分室邵俊仪、余卓群、白佐民先生等沿成渝线，分赴阿坝、甘孜藏区及周边地区进行四川汉族民居和四川藏族民居的调研工作，形成多篇调查报告，后出版有《四川藏族住宅》等。[⑨]李先逵先生对干阑式苗居建筑[⑩]、四川民居[⑪]等的研究、张兴国教授对川东南丘陵地区传统场镇的研究[⑫]、龙彬教授从山水营建视角对民居的研究[⑬]，以及几位教授指导的博硕论文均拓展了民居研究的维度。

昆明理工大学历来以“民居”研究作为建筑学办学的重要方向，以朱良文先生、蒋高宸先生为代表，以及翟辉、王冬、杨大禹、柏文峰、车震宇等教授，共同对西南地区，尤其是西南少数民族地区的民居研究进行持续的调查与研究，深刻揭示了西南少数民族地区民居的特性。朱良文先生于20世纪80年代带领师生测绘的丽江古城资料成为丽江成功申报《世界遗产名录》的资料基础。为了更好地保护丽江古城，朱先生数逾百次地往返于昆明与丽江古城之间，协调各种保护工作。此外，朱先生于20世纪80年代著有

① 高鈴明，王乃香，陈瑜．福建民居［M］．北京：中国建筑工业出版社，1987.
② 黄为隽，尚廓，南舜熏，等．粤闽民宅［M］．天津：天津科学技术出版社，1992.
③ 戴志坚．闽海民系民居建筑与文化研究［M］．北京：中国建筑工业出版社，2003.
④ 戴志坚．福建民居［M］．北京：中国建筑工业出版社，2009.
⑤ 关瑞明，吴子良，方维．福州传统民居中福寿砖的特征及其应用［J］．建筑技艺，2018，（12）：100-101.
⑥ 黄浩．江西民居［M］．北京：中国建筑工业出版社，2008.
⑦ 姚糖，蔡晴．江西古建筑［M］．北京：中国建筑工业出版社，2015.
⑧ 万幼楠．赣南客家民居素描——兼谈闽粤赣边客家民居的源流关系及其成因［M］//中国传统民居与文化（第四辑）．北京：中国建筑工业出版社，1996：122-128.
⑨ 叶启燊．四川藏族住宅［M］．成都．四川民族出版社，1992.
⑩ 李先逵．干栏式苗居建筑［M］．北京：中国建筑工业出版社，2005.
⑪ 李先逵．四川民居［M］．北京：中国建筑工业出版社，2009.
⑫ 张兴国．川东南丘陵地区传统场镇研究［D］．重庆：重庆大学，1984.
⑬ 龙彬．中国古代山水城市营建思想研究［M］．南昌：江西科学技术出版社，2001.

《丽江纳西族民居》[①]，在持续研究中，相继出版了《传统民居价值与传承》[②]《丽江古城传统民居保护维修手册》[③]，以及与杨大禹教授合著的《云南民居》[④]等著作，其研究成果中的傣族民居著作以泰文出版。蒋高宸先生从1988年起连续四年调查了29个县的22个民族地区，在此基础上从居住文化着手，研究云南民居的四大文化谱系，著有《云南民族住屋文化》[⑤]等。翟辉教授深入民居使用系统，研究了云南闪片房中的火塘及烟道构造智慧，探讨传统智慧的当下意义。[⑥]王冬教授从社会学视角对云南少数民族村落的族群、社群与乡村聚落营造进行了专门的研究。[⑦]杨大禹教授关注住屋模式的形成过程和传统文化的关系，探讨云南民居文化的历史转换问题，并根据古建筑分类，从历史文化以及人文特点等视角对云南古建筑进行剖析，著有《云南古建筑》[⑧]等。

此外，西南交通大学的季富政教授对巴蜀民居以及四川羌族民居的研究丰富了西南地区民居研究成果。[⑨] 西南民族大学毛刚教授探讨了西南历史聚落聚居模式与山地的关系。[⑩]设计院专家对西南地区民居研究的贡献亦较为显著。云南省设计院的王翠兰、陈谋德、饶维纯等先生于20世纪60年代，组织设计院力量，全力奔赴云南各少数民族地区调查民居，后出版有《云南民居》[⑪]以及《云南民居续篇》[⑫]。木雅·典吉建才建筑师著有《西藏民居》[⑬]等。贵州省建筑设计院罗德启先生于20世纪90年代出版有《贵州侗族干阑建筑》[⑭]，此后又出版《贵州民居》[⑮]等著作。此外，庄裕光、陈荣华等先生亦有相关领域的探索。

5．西北地区民居建筑研究概况

早在20世纪五六十年代，西安建筑工程学院等针对陕西南部地区开展调研。陈耀东、陈振声、杨开元等对兰州地区的民居，陈中枢、王福田对西北黄土建筑，韩嘉桐、袁必堃对新疆维吾尔族传统建筑分别进行了调查研究。“1980年12月，‘中国建筑学会窑洞及生土建筑调研组’对西北各省区及河南、山西的窑洞进行了普遍调查与测绘研

① 朱良文．丽江纳西族民居［M］．昆明：云南科技出版社，1988.
② 朱良文．传统民居价值与传承［M］．北京：中国建筑工业出版社，2011.
③ 朱良文，肖晶．丽江古城传统民居保护维修手册［M］．昆明：云南科技出版社，2006.
④ 杨大禹，朱良文．云南民居［M］．北京：中国建筑工业出版社，2009.
⑤ 蒋高宸．云南民族住屋文化［M］．昆明：云南大学出版社，1997.
⑥ 参考：翟辉教授在2020年民居会上的主题报告“乡土建筑的常识与见地”。
⑦ 王冬．族群、社群与乡村聚落营造——以云南少数民族村落为例［M］．北京：中国建筑工业出版社，2013.
⑧ 杨大禹．云南古建筑［M］．北京：中国建筑工业出版社，2015.
⑨ 季富政．巴蜀城镇与民居［M］．成都：西南交通大学出版社，2000.
⑩ 毛刚．生态视野·西南高海拔山区聚落与建筑［M］．南京：东南大学出版社，2003.
⑪ 云南省设计院．云南民居［M］．北京：中国建筑工业出版社，1986.
⑫ 云南省设计院．云南民居续篇［M］．北京：中国建筑工业出版社，1993.
⑬ 木雅·典吉建才．西藏民居［M］．北京：中国建筑工业出版社，2009.
⑭ 罗德启，等．贵州侗族干阑建筑［M］．贵阳：贵州人民出版社，1994.
⑮ 罗德启．贵州民居［M］．北京：中国建筑工业出版社，2008.

究。”“20世纪80年代由侯继尧、刘振亚、张壁田、刘树涛、郑士奇、刘舜芳、周若祁等一批教授，带领青年教师有计划地对陕西及周边的宁夏、甘肃、豫西等地区传统民居进行了广泛的测绘调研。”[①]20世纪80年代末，侯继尧与任致远、周培南、李传泽等先生对陇东、陕西、晋中、洛阳、郑州等地的窑洞进行了研究，集各地窑洞分布之特征，分析窑洞不同类型以及对窑洞进行结构计算，从自然、地理以及技术等视角著写了《窑洞民居》[②]。1993年，张壁田、刘振亚先生在对关中、陕南、陕北地区的调查基础上，对陕西民居的平面空间布局以及建筑造型等进行研究，并出版了《陕西民居》。20世纪90年代末，侯先生与王军教授共同著写了《中国窑洞》[③]。周若祁教授主持我国北方传统村落与民居研究，著有《韩城村寨与党家村民居》[④]。王军教授带领团队从生土技术视角，结合历史、文化，从可持续视角对西北绿洲聚落营造体系进行研究，并著有《西北民居》[⑤]。以侯继尧先生、王军教授等为代表的西安建筑科技大学民居研究者，一直重视技术与民居研究的结合。

刘加平院士立足于建筑环境视角，将古代关于“气”的学说视为对“空气质量”的转译，进而带领团队从民居建筑的室内外环境探索民居建筑的演变及发展，对民居的热稳定性、室内热、光环境以及空气品质等进行研究。[⑥⑦⑧⑨]刘克成、肖莉教授从“乡镇形态结构演变的动力学原理”视角，研究村落结构演变的动力机制。[⑩]此外，李军环教授对川西北嘉绒藏族传统聚落与民居建筑的研究；穆钧、胡冗冗教授从生土建筑改进的视角对民居的研究；雷振东教授对乡村聚落转型的研究以及靳亦冰教授对西北旱作区乡村聚落形态演进机制的研究共同推进了西北地区民居研究的发展。

此外，甘肃、新疆等地亦有丰富的民居研究成果。任震英先生于1980年在甘肃兰州成立了窑洞及生土建筑分会，就窑居的采光、防潮、保温、通风、抗震等问题进行了深入调查和研究。该分会组织了多次学术会议，积累了一批优秀的调研报告和专题论文。在新疆地区，新疆土木建筑学会与严大椿先生于20世纪90年代出版了《新疆民居》。[⑪]新疆维吾尔自治区住建厅原厅长陈震东先生从20世纪80年代开始深入新疆民居研究，著

---

① 王军．西北民居［M］．北京：中国建筑工业出版社，2009：52，281．

② 侯继尧，任致远，周培南，等．窑洞民居［M］．北京：中国建筑工业出版社，1989．

③ 侯继尧，王军．中国窑洞［M］．郑州：河南科学技术出版社，1999．

④ 周若祁，张光．韩城村寨与党家村民居［M］．西安：陕西科学技术出版社，1999．

⑤ 王军．西北民居［M］．北京：中国建筑工业出版社，2009．

⑥ 刘加平．古今建筑环境设计观的比较［J］．建筑学报，1996（5）：57-59．

⑦ 刘加平，张继良．黄土高原新窑居［J］．建设科技，2004（19）：30-31．

⑧ 刘加平．关于民居建筑的演变和发展［J］．时代建筑，2006（4）：82-83．

⑨ 刘加平，谭良斌，闫增峰，杨柳．西部生土民居建筑的再生设计研究——以云南永仁彝族扶贫搬迁示范房为例［J］．建筑与文化，2007（6）：42-44．

⑩ 刘克成，肖莉．乡镇形态结构演变的动力学原理［J］．西安冶金建筑学院学报，1994（增2）：5-23．

⑪ 新疆土木建筑学会，严大椿．新疆民居［M］．北京：中国建筑工业出版社，1995．

写有《伊犁民居概说》[①]《新疆民居》[②]等。

6. 华中地区民居建筑研究概况

20世纪50年代，贺业钜、杨慎初先生等对湖南民居进行了调查研究，并形成论文和研究报告。20世纪八九十年代，黄善言先生对湘西民居的典型案例进行研究[③]，并于民居学术会议论文集中发表多篇成果。此后，华中地区以华中科技大学、湖南大学等为代表的高校团体对两湖地区的民居进行了研究。华中科技大学李晓峰教授主持多个国家课题对鄂西土家族苗族民居以及汉江流域文化线路上的聚落进行了研究，与谭刚毅教授合作著写了《两湖民居》[④]，并著有《乡土建筑——跨学科研究理论与方法》等。谭刚毅教授的《两宋时期的中国民居与居住形态》深入剖析了宋代的社会制度、文化信仰、经济状态和技术条件是如何影响民居的形态以及转变过程[⑤]。赵逵教授结合川盐古道，根据生产与销售方式辨析了产盐聚落与运盐聚落两种不同类型聚落空间形态的差异性。[⑥]湖南大学柳肃教授著写了《湘西民居》[⑦]，并针对湖南侗族居民中的火铺屋和构架之间的关系进行了专门的探讨[⑧]。卢健松教授基于自发性视野对乡土建筑的生成机制，从地域性上进行了专门的阐释。[⑨]

7. 东北地区民居建筑研究概况

东北地区以哈尔滨工业大学为代表，对寒冷地区的民居进行了研究。侯幼彬先生从美学视角进行关注，对北方汉族地区的民居进行调研，出版有《中国建筑艺术全集·宅第建筑（北方汉族）》以及《中国建筑美学》等。周立军教授对黑龙江民居进行调查、持续关注东北民居在布局、平面、构造上对自然环境的适应性，以及民族迁徙历史对东北少数民族民居的影响，并与陈伯超、张成龙、孙清军、金虹等教授共同著写了《东北民居》[⑩]。此外，康健、金虹、孟琪等教授从声学角度对民居进行了相关探讨与研究。

高校的研究虽占绝大部分的成果比例，然而，整个过程中，其他设计单位、管理机构或出版机构等亦同样在该领域积极探索并贡献卓越，通过独立或合作等多种研究形式，充实了整个研究领域的发展历程。

而各个地域上是否呈现出不同的研究特质，可试图借助高校研究成果较为集中的优势，对于工作开展较早的一批团队进行相应分析，可微妙地发现其倾向上的差异性。

---

① 陈震东．伊犁民居概说［J］．新疆维吾尔自治区科协刊用，1990.

② 陈震东．新疆民居［M］．北京：中国建筑工业出版社，2009.

③ 黄善言．湘西典型民居剖析［M］//中国传统民居与文化．北京：中国建筑工业出版社，1992：148-151.

④ 李晓峰，谭刚毅．两湖民居［M］．北京：中国建筑工业出版社，2009.

⑤ 谭刚毅．两宋时期的中国民居与居住形态［M］．南京：东南大学出版社，2008.

⑥ 赵逵．川盐古道——文化线路视野中的聚落与建筑［M］．南京：东南大学出版社，2008.

⑦ 柳肃．湘西民居［M］．北京：中国建筑工业出版社，2008.

⑧ 李哲，柳肃．湘西侗族传统民居现代适应性技术体系研究［J］．建筑学报，2010（3）：100-103.

⑨ 卢健松．自发性建造视野下建筑的地域性［D］．北京：清华大学，2009.

⑩ 周立军，陈伯超，张成龙，等．东北民居［M］．北京：中国建筑工业出版社，2009.

如以清华大学为代表的研究团队长期致力于人居环境视野下的乡土建筑理论及其实践研究；东南大学团队以木构源流为依托的亚洲文化圈民居差异及联系研究；天津大学团队对军事防御性聚落的组织结构及空间特色的整体研究；同济大学团队基于基质提取的风土建筑谱系研究与传统营造工艺遗产的保护研究；华南理工大学团队围绕民系视角的民居及聚落景观特色的异质性研究；西安建筑科技大学团队从生态可持续视角的绿色民居营建经验研究；重庆大学针对西南多样化地势地形从山地适宜性视角对民居特色的提炼与诠释；哈尔滨工业大学针对寒地气候特质下的民居人文及物理环境研究；以及昆明理工大学基于民族丰富性的多民族民居文化比较研究等。随着研究的推进，研究团队不断丰富，其他团队亦做出重要贡献并形成相应特色，此处不一一列举。总之，各团队共同推进着民居研究领域的纵深发展，其研究内容及方法不断拓展，并逐渐呈现多元化发展趋势。

（二）“民居建筑研究”回顾类

除以“民居建筑”为主体研究对象外，对“民居研究”做出回顾与思考的亦有少量成果。刘叙杰先生在回忆刘敦桢先生带领中国建筑研究室进行民居研究时提到，在调研民居的过程中亦发现了珍贵的古建筑，以及苏州古典园林，可见民居研究对刘先生其他研究工作的促进作用。[①]金瓯卜先生回顾了我国民居建筑研究的历史阶段，并提及民居建筑研究机构在助推民居研究上发挥的积极作用。金先生提及的机构如：20世纪30年代的营造学社，50年代刘敦桢先生主持的中国建筑研究室，七八十年代陆元鼎先生组织的中国民居建筑研究会，80年代成立的以任震英先生为首的窑洞和生土建筑研究组，以及清华大学、天津大学、北京建筑工程学院和重庆建筑工程学院等院校成立的乡土建筑、生土建筑研究小组等。[②]

陆元鼎先生于不同时期针对不同阶段的民居研究的发展情况进行了回顾与展望。陆先生于1996年论述了中国传统民居研究的意义；2007年回顾了自中华人民共和国成立以来民居研究之不同时期，并指出早期的研究过于注重形象、结构、布局的记录，而较少关注影响民居形成的有关历史、文化、气候、习俗等问题，局限之处在于较多地反映为单纯建筑学层面的调查研究。这一现象在民居研究的发展过程中已慢慢有所改变，民居研究的范围开始逐渐扩大。陆先生提出民居研究的范围不应局限在“一村一镇或一个群体、一个聚落”，而应扩大到“一个地区、一个地域”，进而提出用“民系范围”来进行研究的思想。[③]2011年陆元鼎先生论述了民居学科有区别于其他学科的独特性，阐述了民居学科已具备的四个条件：“明显和独特的研究价值”“明确的研究方向和范围”“有一定队伍和学术团体”“有自身独特的研究观念和方法”，并认为民居研究已具备学科

① 见附录：刘叙杰先生访谈。

② 金瓯卜．对传统民居建筑研究的回顾和建议［C］//中国文物学会．世界民族建筑国际会议论文集．中国文物学会：中国文物学会，1997：21-25.

③ 陆元鼎．中国民居研究五十年［J］．建筑学报，2007（11）：66-69.

形成的条件。[①]

陈志华先生回顾了《乡土建筑廿三年》，提出了“乡土建筑”的研究思路和方法，认为应从完整文化圈的视角，对一个保存相对完整的聚落、聚落群或完整的建筑文化圈进行研究，[②]并提出应注重乡土建筑与历史作用下各式各样的环境关系，介于整体的、动态的联系中探寻聚落本身以及其中的建筑类型，从而剖析出建筑的发展演变过程，探寻源流以及清晰化地区间的互为影响过程等。[③]

陈薇教授回顾了中国建筑研究室十二年来在住宅研究上的工作。文章首先就中国建筑研究室选定“住宅”作为研究目标的背景进行了阐述，进而分析了研究工作中研究观念以及重心的转变。陈教授认为：此过程经由“民族形式”的提出到“民族特色”的强调；从“住宅研究”拓展到“民居研究”；从关注“大宅形制”到关注“乡土风格”的转向；从“民间建筑”到“建筑创作”源泉的转化。且认为中国建筑研究室的工作意义奠定了民居研究与官式建筑研究平起平坐的两条历史线索，在史学层面给予了民居研究充分的肯定。[④]

单德启先生与赵之枫教授于1999年回顾了其团队在中国民居研究方面不同的发展阶段，并论述了民居的本质与研究意义。[⑤]单先生指出民居研究思维不是单一的，而是多元综合的；不是静止的，而是流动的和跨越时空的；不是单向的，而是互动的，即互为因果的。[⑥]

戴志坚教授对闽海系民居研究进程进行了追溯，并在对已有成果梳理的基础上，认为当时出版的闽海系民居研究的论文、专著多偏向于实例介绍分析，缺乏将其与闽海系社会、语言、文化、风俗、宗族、自然环境等联系起来进行深入细致的分析，进而提出了闽海系民居研究框架，包括语言因素、环境因素、基本形制、构成要素四个方面。[⑦]

龙彬教授概括了近二十年来西南地区传统民居研究的核心力量，主要包括高等院校、设计院（所）以及行业协（学）会几大部分，并总结了近二十年西南地区传统民居研究特点，认为主要体现在民族多样性特色和注重实践性特色方面。[⑧]

历次全国民居建筑学术会议综述，亦对民居研究的发展情况做了概述。唐孝祥教授与陈吟学者对第十六届中国民居学术会议进行综述，针对研究方法、民居保护、现代创

---

① 陆元鼎. 民居建筑学科的形成与今后发展［J］. 南方建筑，2011（6）：4-6.

② 陈志华. 乡土建筑廿三年［A］//中国建筑史论汇刊（第五辑）［M］. 北京：中国建筑工业出版社，2012：355-360.

③ 陈志华，李秋香. 中国乡土建筑初探［M］. 北京：清华大学出版社，2012.

④ 陈薇. “中国建筑研究室”（1953-1965）住宅研究的历史意义和影响［J］. 建筑学报，2015（4）：30-34.

⑤ 单德启，赵之枫. 中国民居学术研究二十年回顾与展望［C］//建筑史论文集，1999：201-207，299-300.

⑥ 单德启. 乡土民居和“野性思维”——关于《中国民居》学术研究的思考［J］. 建筑学报，1995（3）：19-21.

⑦ 戴志坚. 闽海系民居研究的进程与展望［J］. 重庆建筑大学学报（社科版），2001（2）：22-26.

⑧ 龙彬. 西南地区传统民居研究近二十年之状况［C］. 中国民族建筑论文集. 2001：230-235.

作、灾后重建以及新农村建设等议题的最新研究成果进行了总结。[①]魏峰、郭焕宇、唐孝祥等学者在对第二十届民居会议研究成果进行综述的基础上，意识到民居研究的转型：由过去的宏观、粗放状态向微观、细致状态的转变，研究对象及研究视野逐渐扩展与深化、研究更具学理性和系统性的发展趋势。同时提出了民居建筑谱系框架已逐渐形成，但营造技术的研究框架体系尚需进一步完善的建议。[②]

（三）“民居建筑研究”视域、内容及方法思考

民居研究的方法、视域经历了一系列不断扩展的发展过程。早期的民居研究较为关注建筑单体。而陈志华先生提出“建筑文化圈”在乡土建筑研究中的研究思路，并认为乡土建筑研究，需扩大到一个相对大的范围内进行普查，最好是一个相对保存完整的聚落，能够构成一个生活圈。陈先生对乡土建筑的研究对象以及方法视野进行了阐述，并提出研究主体于一个建筑文化圈中应具有较高的典型性，有家谱、方志可供参考，最好在一个有特殊历史文化的地区内的观点。[③]

而陆元鼎先生则从移民视角将视域扩大到受历史移民过程影响较深的南方地区，提出民系民居综合研究方法，认为应注重传统民居建筑形成的客观规律，考虑人文、方言以及自然条件相结合的研究逻辑。从历史移民的时空转换上考虑地域、习俗、民族心理等对建筑形成的影响，进而分析不同民居分布概况以及各民系民居特征的异同和演变规律等。[④]

常青院士则强调从共时性上对全国视域内的风土建筑谱系特征进行研究，提出以风土区系为参照，通过“聚落”“宅院”“构架”“技艺”和“禁忌”等五个风土建筑的基质鉴定来研究建筑谱系的方法，探查建筑特征之间的横向联系以及相互影响等，并提出了建筑学与人类学相对应的五对概念范畴，即“变易性—恒常性”“空间形态—组织形态”“功能需求—习俗需求”“物质环境—文化场景”和“视觉感受—触觉感受”等地域风土聚落及建筑的认知及研究方法。[⑤]

李乾朗先生则结合美学、理性几何式分析方法，从民俗角度对台湾民居的美学范式、文化内涵、空间使用、营造技术、营造工具等特点进行了深入研究。[⑥]其剖解建筑的方法透过穿墙透壁式的空间呈现及解读，为理解传统建筑的构造和内涵等知识提供了新的视野。

① 唐孝祥，陈吟. 中国民居建筑研究的深层拓展与现代意义——第十六届中国民居学术会议综述［J］. 新建筑，2009（4）：138-139.

② 魏峰，郭焕宇，唐孝祥. 传统民居研究的新动向——第二十届中国民居学术会议综述［J］. 南方建筑，2015（2）：4-7.

③ 陈志华，李秋香. 婺源［M］. 北京：清华大学出版社，2010：2.

④ 陆元鼎. 从传统民居建筑形成的规律探索民居研究的方法［J］. 建筑师，2005（3）：5-7.

⑤ 见附录：常青院士访谈。

⑥ 见附录：李乾朗先生访谈。

张玉坤教授提出采用整体性研究方法，结合现代科学技术，针对古代防御性聚落和长城进行空地协同信息采集，并进行数字化制作与监测，为长城以及周边聚落的遗产保护方式创新了现代化的模式。

关于民居研究中应包含的内容及层级划分，学者们的认知都较为统一，大体认为可划分为三个层次。例如，蔡凌学者认为民居研究内容应包含的三个层次，分别是建筑、村落、建筑文化区。周立军教授对三个层级的划分分别为乡土建筑、聚落结构与文化区划。仅是学者们就每一层级下研究内容的阐述略有不同侧重。例如，对于建筑层次包含的内容，蔡凌学者认为应是对载体空间、事件、过程的研究，而村落层级的研究应包含村落形态、村落空间与村落历史的研究；而周立军教授强调了聚落研究层面不仅要从纵向上强调时间因素作用于聚落演变过程中的规律性，同时还应从横向上比较地域性的空间差异。关于第三个层次，蔡凌学者认为建筑文化区层次的研究是利用文化区、区域共同传统、文化变迁的理论进行综合区划的研究方式；周立军教授则认为文化区划应是利用诸如文化区域、区域共同传统、文化涵化等理论进行民居综合区划的一种研究方法。[①②]

余英学者阐述了从文化视角研究民居以及从社会视角研究民居之间的差别。他认为文化角度的研究是从文化特征以及集合体入手，社会角度的研究则从社会关系及结构入手。“文化”视角的研究主要从史料建立和文化诠释等方面深入，侧重民居的形制和形态。而“社会”视角的研究，则主要从社会组织和生活圈的诠释方面深入，侧重聚落的结构和形态。前者主要使用文化人类学方法，后者主要使用社会人类学方法。基于这一区分，他指出当时的民居研究普遍倾向于文化研究，而未重视社会视角的研究，从而，提出了“缀合”文化及社会双重视角的综合式研究方式。[③] 余英学者使用了区系划和类型学方法，从民系的角度进行东南区系民居研究，揭示了空间、社会、文化、地域综合联系在民系分布基础上的空间差异性。[④]

刘森林教授指出传统民居建筑研究的研究过程和主体内容受研究者的历史观、审美观、学术观等先验的价值标准的影响，受到特定历史时期社会总体价值趋势以及民居建筑研究自身薄弱机体等的制约。并提出了从事民居建筑研究应着力和偏重古典文献的释读与运用、实例遗存调查与考察、研究方法合理化、民居建筑构成与设计原理阐释、比较及分析、图像价值与视觉功能等内容。[⑤]

蒋高宸先生将华生（Watson）提出的“刺激反应行为论”引入云南民居文化研究框架中进行思考，将住屋文化的研究归结为：（1）对人的居住行为和构筑行为的研究。

① 蔡凌. 建筑—村落—建筑文化区——中国传统民居研究的层次与架构探讨［J］. 新建筑，2005（4）：4-6.

② 周立军. 民居研究［J］. 城市建筑，2011（10）：11.

③ 余英. 关于民居研究方法论的思考［J］. 新建筑，2000（2）：7-8.

④ 余英. 中国东南系建筑区系类型研究［M］. 北京：中国建筑工业出版社，2001.

⑤ 刘森林. 中国传统民间住宅建筑研究——思路、方法、视角与途径［J］. 上海大学学报（社会科学版），2008（4）：107-111.

（2）对相关的环境因素的研究。（3）对中间变量的研究。并将住屋文化的基本功能作了四点归纳：创造“安乐”居住环境的功能；体现审美追求的功能；反映婚姻制度与家庭观念的社会性功能；尊崇信仰、礼仪与制度，实现文化控制的功能等。[①]同时，蒋先生认为中国民居包含四大文化谱系，即“天幕谱系”“板尾谱系”“干阑谱系”“合院谱系”。[②]

卢健松教授与姜敏学者将自组织理论引入当代民居研究，认为自发性建造过程中受到三个不同层面影响因素的共同作用：共享信息、短程连接、使用者意志，不同层面的影响因素对建造过程的约束方式各有不同，并提出自发性建造所形成的群落其形态、结构、功能由组成群落的大量单体聚集后涌现出的共性特征为主体，不受特定规划指令的约束。[③]

此外，姜梅学者通过对欧美民居研究方法的分析，解析了从结构主义、类型学到现象学的变迁轨迹[④]，对于分析国内民居研究亦有参照作用。

李晓峰教授从跨学科视角，对乡土建筑研究理论与方法进行剖析，总结了社会学、人文地理学、传播学、生态学与乡土建筑研究的交叉性内容，分别详述了其交叉点聚焦的核心问题。例如，乡土建筑的社会学研究视角，主要聚焦于社会结构（组成）、社会文化、社会变迁等内容。乡土建筑的人文地理学研究视角，主要包括区域内聚落和建筑的形成和发展条件、特点和分布状况，以及从“人地关系”的视角总结地域性规律等。传播学的乡土建筑研究的结合主要体现在，人与建筑之间的关系通过乡土建筑这个信息媒介传递出来。乡土建筑与生态学的融合主要体现在依托生态学的基础理论，即系统——平衡论、循环论——再生论，适应——共生论等，从生态建设原则、资源利用、聚落系统适应力、聚落功能机制等生态聚居视角探讨传统聚落传承与发展等问题。[⑤]李教授从宏观层面对社会学、人文地理学、传播学、生态学与乡土建筑研究交叉的内容进行了全面的解析和阐释。

二、精深化：视域广博、精耕细作的国外民居建筑研究

欧洲等国家对民居的关注亦是受到早期经典建筑风格修复史的影响。尤嘎·尤基莱托（Jukka Jukilehto）提及：“19世纪和20世纪见证了欧洲修复的历史，从最初的罗马风和中世纪的哥特风，特别是在民族层面的觉悟；逐渐走向巴洛克的世界，最后到达非欧

① 蒋高宸. 多维视野中的传统民居研究——云南民族住屋文化·序［J］. 华中建筑，1996（2）：22-23.

② 蒋高宸. 广义建筑学视野中的云南民居研究及其系统框架［J］. 华中建筑，1994（2）：66-67.

③ 卢健松，姜敏. 自发性建造的内涵与特征：自组织理论视野下当代民居研究范畴再界定［J］. 建筑师，2012（5）：23-27.

④ 姜梅. 民居研究方法：从结构主义、类型学到现象学［J］. 华中建筑，2007（3）：4-7.

⑤ 李晓峰. 乡土建筑——跨学科研究理论与方法［M］. 北京：中国建筑工业出版社，2005.

洲文化。20世纪后半叶，人们的兴趣迅速扩展到历史群落，到乡土或大众的作品，最终扩展到历史与自然相结合的领域……”①20世纪60年代，美国学者伯纳德·鲁道夫斯基（Bernard Rudofsky）举办“没有建筑师的建筑”展览，展示各地区的民族建筑，引发了设计界的广泛关注。20世纪90年代，英国建筑历史学家保罗·奥利弗（Paul Oliver）著写《乡土建筑百科全书》，全书分三卷，共2500页，对乡土建筑的理论、原则、哲学以及特定文化和社会背景下如何运用以上原则进行了探讨。②2006年，奥利弗出版了《因地制宜：乡土建筑中的文化问题》，结合社会与文化因素研究乡土建筑③。美国学者那仲良（Knapp Ronald G）则从社会关系视角透视了中国乡土社会空间的教化意义。④而在民居的技术研究领域，早前，埃及建筑师哈桑·法赛、印度建筑师查尔斯·柯里亚、新加坡建筑师杨经文、伊朗建筑师哈利利⑤等均从气候角度考察、分析和总结了当地民居可用的经验借鉴和启示。乡土建筑领域在应对气候变化的国际主题下，相关研究既涉及从生物气候角度探讨乡土建筑更新战略、可持续发展等研究内容，亦有从智能化角度对房屋生态机体进行控制的相关理论和实践研究等。⑥⑦

邻国日本较早开始了建筑史研究，然而其早期的研究也多集中于宫殿等建筑的探讨。1935年后，日本住宅史的研究开始兴盛。日本对住宅的定义可以理解为除宫殿外的非地方性官式住宅。在日本，常常将天皇居所作为宫殿研究，而将军和贵族的宅第作为住宅类别研究，地方豪绅和平民住宅称为民家建筑。民家包含农家、町家、渔家等大众住宅。农家主要是位于农村地区的住宅，町家主要是位于城镇中的住宅，渔家主要是沿海渔民的住宅。⑧

20世纪中叶，日本学者柳田国男作了《民家史》研究（1948年）⑨。藤田元春发表《民家杂考》（1950）⑩、《日本民家的变迁》（1949）⑪等文章。关野克等对奈良市、福岛县的

① （芬兰）尤嘎·尤基莱托. 建筑保护史［M］. 郭旃，译. 北京：中华书局，2011：序.

② Paul Oliver. Encyclopedia of Vernacular Architecture of the World [M]. Cambridge: Cambridge University Press, 1997.

③ Paul Oliver. Built to Meet Needs: Cultural Issues in Vernacular Architecture [M]. London, Amsterdam: Architectural, 2006.

④ KNAPP Ronald G. China's Old Dwelings [M]. Honolulu：University of Hawaii Press, 2000.

⑤ Ziling Zhao, Qi Lu, Xinbo Jiang. An Energy Efficient Building System Using Natural Resources—Superadobe System Research [C]. Procedia Engineering. 121, 2015(9): 1179−1185.

⑥ Marco Sala, Antonella Trombadore, Laura Fantacci. The Intangible Resources of Vernacular Architecture for the Development of a Green and Circular Economy[J]. Sustainable Vernacular Architecture, 2019(3): 229−256.

⑦ M Beccali, V Strazzeri, ML Germanà, V Melluso, A. Galatioto. Vernacular and bioclimatic architecture and indoor thermal comfort implications in hot−humid climates: An overview [J]. Renewable and Sustainable Energy Reviews, 2018(2): 1726−1736.

⑧ 川本重雄. 从年代记走向历史著述——日本宫殿、住宅史研究的状况和课题［M］//王贵祥，贺从容. 中国建筑史论汇刊（第十二辑）. 包慕萍，译. 北京：清华大学出版社，2015：63−79.

⑨ 柳田国男. 民家史について（2）［J］. 建筑雑志（日），1948（4）：2−7.

⑩ 藤田元春. 民家杂考［J］. 人文地理（日），1950（2）：27−31.

⑪ 藤田元春. 日本民家の変迁［J］. 日本歷史（日），1949（9）：44−52.

民家进行了调查，著有《奈良民家抽出调查概要报告》(1950)[①]、《奈良市民家调查方法的实践——木屋耐久性状况调查研究》(1950)[②]、《基于民居年限的民居群考察：福岛县中村町案例》(1949)[③]等。从民家研究上进行思考的有太田博太郎的《民家史研究成果》(1955)[④]、大河直躬的《当前民家研究方向》(1966)[⑤]等。此外，野村孝文的博士论著《南西诸岛的民家研究》[⑥]也是该时期的重要成果。

日本学者注重精耕细作。张十庆教授评价日本史学研究治学特点时认为："善于考证、精于推敲"[⑦]。这种细腻的风格同样体现在日本民居研究的风气当中。日本学者的民居研究发展亦经历不同阶段的观念变化，川本重雄将其自身民居研究观念总结为从功能论—仪式和秩序观—空间观的转变过程，[⑧]即认为早期受到太田博太郎的影响，注重功能角度的论述，而后进一步研究发现，"仪式和社会秩序"的转变是诱使空间发生转变的激励因素，逐步发展了"仪式和社会秩序观"，此后，又从"空间观"角度探寻住宅空间演变规律等。这些历史观的转变，从侧面反映了日本学者对民居的探索不断走向深入的历程和发展状态。

① 关野克，伊藤郑尔．奈良民家抽出調査概要報告［R］．日本建築学会研究報告（日），1950（10）．

② 关野克，伊藤郑尔，小林文治．奈良市民家抽出調查方法の実際–木造住宅耐用状態の調査研究［R］．日本建築学会研究報告（日），1950（5）．

③ 关野克．家屋年龄による民家群の考察：福島縣中村町を例とし［R］．日本建築学会研究報告（日），1949（10）：134–137．

④ 太田博太郎．「民家史研究の成果」(意匠・歴史部会)(昭和30年度春季大会特集)［J］．建筑雑志（日），1955（7）：48–50．

⑤ 大河直躬．現在の民家研究の方向(日本の民家（特集))［J］．建筑雑志（日），1966（1）：1–4．

⑥ 野村孝文．南西諸島の民家の研究［D］．东京：东京大学，1959．

⑦ 张十庆．当代中国建筑史家十书：张十庆东亚建筑技术史文集［M］．沈阳：辽宁美术出版社，2013：26–27．

⑧ 川本重雄．从年代记走向历史著述——日本宫殿、住宅史研究的状况和课题［M］//王贵祥，贺从容．中国建筑史论汇刊（第十二辑）．包慕萍，译．北京：清华大学出版社，2015：63–79．

第二章

建筑学科发展背景下的民居研究推进历程

传统民居建筑研究一般归属于建筑学科，是其下的一个研究分支。因而，探讨民居研究的发展，有必要将之置于建筑学科的专业发展背景中，探索建筑学科发展背景下的民居研究推进历程。

第一节

未形成学科的实践式探索期

一、非同步性：木构体系完善≠著录体系完善

鸦片战争前，历经多个世纪的传承与积淀，我国木构建造体系的发展已逐渐趋于成熟、稳定。然而，木构体系的完善并不意味着著录体系的完善。无论是殿宇庙堂还是民居农舍，均缺乏相应的著作对其技艺、流程、施造风俗等进行细致的著录，更不必提及基于著作上的建造体系研究。因而，基于学科意义的研究尚未肇始，该阶段更多地体现为先民在不断创造中针对问题寻求解决方式的实践研究特质。

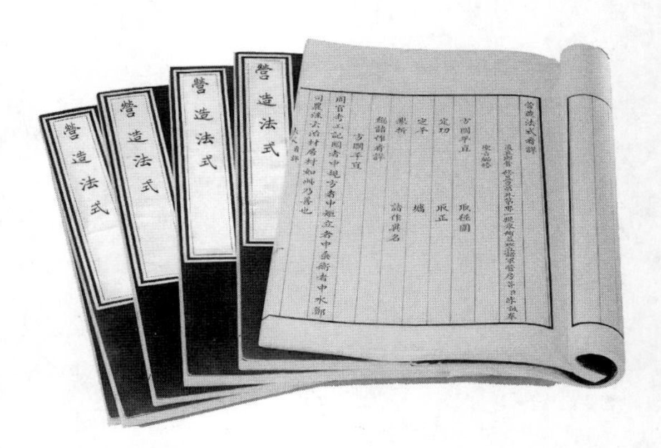

图2-1-1 《营造法式》
（来源：故宫博物院官网）

虽然官式建筑的做法在宋《营造法式》（图2-1-1）以及清工部《营造则例》中得以著录，但此仅是极少的文献代表，关于民居著录则少之又少。民间建筑的信息著录方式主要以族谱、县志等记载为主，其记录的内容多以建造年代、位置以及形态等内容为重点。对民居的材料、建构方式以及营造尺等内容则较少进行记录，这与我国古代营造体制、匠师地位以及文化素质、工艺传授方式有关。

二、双重制约："重农抑商"的意识形态与"世袭匠艺"的制度约束

虽然匠师地位在历史各朝代上有所变化，但整体上看，地位不高的情形一直占主导地位。由于"重本轻末"，即"重农抑商"的思想一直存在于我国封建社会中，匠人手工艺仍处于以农商为重的经济体系的末端。根据我国古代分工体制，从事与都城及建筑

营建相关的从业者从属“攻木之部”。据《考工记》记载，匠技被分为6门工艺，30个工种（图2–1–2）。虽然工匠之中亦有因技艺高超被统治者重用和提拔的特例，如吴县木匠蒯祥和“样式雷”家族等，但绝大多数工匠接受文化教育较少，且处在等级社会中的地位极其卑微。历史上匠籍制度对匠人身份的制约，使得“世袭匠艺”成为工匠技艺传承的主要方式。限于匠人的地位和文化素质的综合原因，我国大部分地区民间匠技和匠艺未能得以很好的记载。

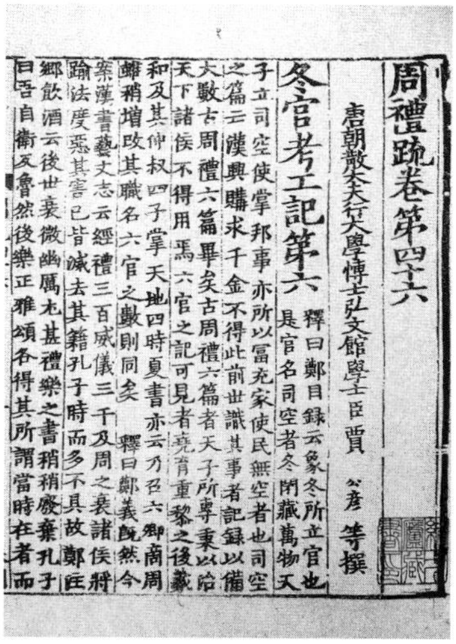
周禮䟽卷第四十六
唐朝散大夫行大學博士弘文館學士臣賈公彥等撰
冬官考工記第六

图2–1–2 《周礼·考工记》
（来源：（唐）贾公彦，疏；（汉）郑玄，注. 宋本周礼疏（十一）[M]. 北京：国家图书馆出版社，2019.）

正因缺乏系统的记载以及对建筑文化系统的专业研究，英国弗莱彻等外国建筑学者们在19世纪末认为中国建筑文化是世界建筑文化之中的细枝末节。其著作《比较建筑史》中的“建筑之树”一直备受东方建筑学者的争议。这亦成为我国著名建筑学家梁思成、林徽因、刘敦桢等先生为捍卫民族文化自信开始中国建筑史研究的强烈动力。

第二节

建筑学科体系建立下的民居研究初探期

一、近代背景：“西学”起与“西艺”兴

19世纪60年代，“师夷长技以制夷”的思想引导促进了我国向西方学习的发展历程。一批新式学堂得以建立。西式教育体系开始影响我国的学科设置。20世纪20～30年代，我国最早一批建筑系得以成立。源自不同海外教育体系的归国人员开始影响我国建筑史领域，其中对我国建筑史研究方法产生最显著影响的当属营造学社。

1862年，最早的新式学堂“京师同文馆”成立，其成立的主要目的是培养处理国际事务的外语人才。不久后成立的“福建船政学堂”，才真正开始从学习西学向学习西艺转变，实业教育随之兴起。1896年，刑部左侍郎李瑞棻上奏朝廷，正式提议设立“京师大学堂”（图2–2–1）。管理书局大臣孙家鼐就曾提议将大学分成十科[①]，其中工学科中制

① 田正平. 中国教育史研究（近代分册）[M]. 上海：华东师范大学出版社，2009：95.

图2-2-1　京师大学堂藏书楼
（来源：北京大学档案馆校史馆. 北京大学图史1898-2008［M］. 北京：北京大学出版社，2010.）

造格致与建筑学息息相关。1904年，清廷颁布了由张之洞制定的《奏定学堂章程》，其中在工科下设置了土木工学门和建筑工学门。虽然京师大学堂按照相应要求设置了建筑科目，但限于师资等原因，工作并未得到开展。①

二、依托学科：建筑学科建立及建筑史学兴

1923年，公立苏州工业专门学校的成立，开始了我国第一个高等专科院校建筑科教育。随后成立的东北大学建筑系和北平大学建筑系（1928年），以及勷勤大学建筑系（1932年）开始了我国早期建筑学教育。② 建筑历史的课程相应地设置在学科中。建筑学科的成立不仅吸纳了海外归国的学者来校任教，同时为我国的建筑人才培养提供了土壤。回国的留学群体分别来自欧洲各国、美国、日本等不同的培养体系。由于建筑教育培养体系的不同倾向，进而从不同程度上影响了他们对于传统建筑的训练。部分院校受到法国学院派体系的影响，强调从文艺复兴和古代罗马建筑中抽象古典美学构图原理进行基础训练，从很大程度上培养了建筑留学人员的古典审美情趣，提高了历史理解深度，为其后从事历史建筑研究奠定了坚实的基础。

20世纪40年代，时任教育部长的陈立夫先生认为当时大学学习的课程都是西方的内

① 钱锋. 现代建筑教育在中国（1920s-1980s）［D］. 上海：同济大学，2005：9.
② 钱锋. 现代建筑教育在中国（1920s-1980s）［D］. 上海：同济大学，2005：35.

容，使用的教材也都由西方引进，缺少本民族的教学内容。因此，他颁布了各高校统一执行的各学科必修课的课程标准，要求在新教材的编写上，特别注重中国历史方面的内容。[①]

三、微弱关注：史学研究已略及民居内容

随着建筑学科教育的建立，建筑史课程的开设，以及教材上对民族内容的强调，一系列举措均强化了建筑历史在学科中的重要性。同时，营造学社成员在该阶段的研究活动也异常活跃，为后期民居研究人才的培养奠定了基础。虽然，学社早期视野主要抢救式地关注官式建筑。但自20世纪30年代开始，在汇刊上已出现较为完整的民居研究内容。1934年龙庆忠先生在《中国营造学社汇刊》第五卷第一期上发表《穴居杂考》一文（图2-2-2）。文章从建筑学视角对我国传统民居中的穴居类型进行了文献和实地考证。龙先生剖析了上古时代穴居遗址的平面形式和尺寸，结合实地考察阐释了近代窑居演变出的一些新的空间形式、居住方式以及墙体户牖特点等。1935年林徽因和梁思成先生发表在《中国营造学社汇刊》第五卷第三期的《晋汾古建筑预查纪略》一文虽非以民

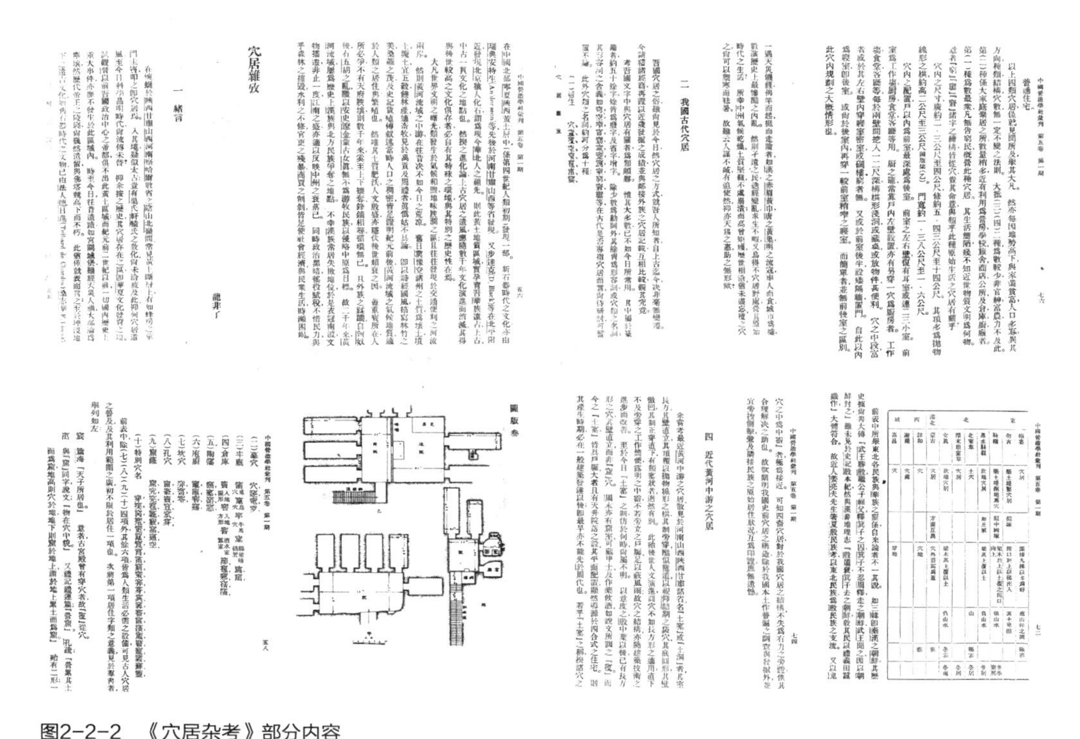
穴居雜攷

龍非了

一 緒言

二 我國古代穴居

四 近代黃河中游之穴居

图2-2-2 《穴居杂考》部分内容
（来源：龙庆忠. 穴居杂考[J]. 营造学社汇刊，1934.）

① （加）许美德. 中国大学1895—1995一个文化冲突的世纪［M］. 许洁英，主译. 北京：教育科学出版社，2000：84.

居为主要研究对象，但其中提及了山西窑居屋顶平台的“立体堆垒组织之美”①（图2-2-3）。1944年刘致平先生在复刊的《中国营造学社汇刊》第七卷第一期上发表《云南一颗印》一文。文章详述了三间四耳上下厦式民居的房间布局、构造式样以及各种做法，其研究体例成为此后诸多学者追随的样板。刘敦桢先生在抗战期间著写了《西南古建筑调查概况》，其中首次将民居以一种独立的建筑类型列出（图2-2-4）。该调查后经过整理及补充，以《中国住宅概说》一书出版（图2-2-5）。《中国住宅概说》以前所未有的综合性和民居类型的丰富性，推动了民居研究进入一个新的历史阶段，极具开创性意义和标志性意义，奠定了民居建筑类别研究的独立性和重要性。

图2-2-3　1934年梁思成与林徽因先生考察山西民居
（来源：胡木清，上海艺术品博物馆. 梁思成林徽因影像与手稿珍集（中英对照）[M]. 上海：上海辞书出版社，2019.）

在建筑学学科成立的背景下，建筑历史研究发展迅速，虽然民居研究最初以主流下的研究分支出现，但其研究的框架仍然受到中国历史建筑经典史学研究方法的影响，这一点在早期文献中均有体现。同时，经典史学研究方法的形成亦受到考古学的影响。

图2-2-4　刘敦桢先生照片
（来源：刘敦桢. 刘敦桢全集［M］. 北京：中国建筑工业出版社，2007.）

图2-2-5　《中国住宅概说》1957年版
（来源：刘敦桢. 中国住宅概说（油印版）[M]. 建筑工程出版社，1957.）

① 林徽因，梁思成. 晋汾古建筑预查纪略［J］. 中国营造学社汇刊，1935，5（3）.

《穴居杂考》和《云南一颗印》均有对年代鉴定的探讨。龙庆忠先生在考察黄河流域的窑洞时认为："而今之'土窑'皆具户牖，大者且有天井院落之设，其平面配置，显然尊源于四合院住宅。则其产生时期，必在一般建筑发达以后，即最早亦不能先于周代也"。[①]而刘致平先生在推断云南一颗印民居中的"走马楼"做法时，根据古代文献推断其为一种较早出现并普遍使用的形制。[②]可见，当时的民居研究在建筑学基础上吸收了考古学对于遗存年代判断的思想，只是对于年代情况的追溯和判断相对笼统，主要通过形制的对比结合文献或器物进行推断。对于年代的判断足见其受到史学研究方法的深刻影响。《中国住宅概说》在经典史学研究方法的基础上，又发展出了一些新的特征，由于研究的面域变广，民居类型的丰富性得到认识。刘先生的研究分析已开始走向类型特征的归纳，逐渐体现出民居研究手法区别于传统官式建筑研究的独特性。

可见，在建筑学科成立以及建筑史学科得到发展的基础上，早期民居研究开始了其初探期，其方法主要受到建筑史学科方法的影响，这是其产生源于整个建筑史学发展体系所使然。然而，民居这一物质主体所叠加的地域、气候、民俗等多重因素较约束严格的官式建筑而言，体现为更多的灵活性和复杂性，其形态上的多样性，亦成为民居研究慢慢衍生出新研究特征的基本内因。

第三节

专业结构调整下的建筑史学人才积淀期

一、人才储备：八大院校史学课程开设促进人才储备

中华人民共和国成立后，百废待兴。为了适应国家经济发展对建设人才培养的渴求和需要，高等院校如雨后春笋般相继建立。高等学校从1957年的229所增加到1960年的1289所，学生数由1957年的441000名增加到1960年的961000名。高等学校的数量及其入学人数增长迅速。[③]

受苏联高等教育体系影响，我国在课程设置上强调知识分类和专业结构调整。20世纪50年代初，大批苏联专家来到中国担任国家各个部委的顾问，并从事学校的具体教学工作

---

① 龙庆忠．穴居杂考［J］．中国营造学社汇刊，1934，5（1）．

② 刘致平．云南一颗印［J］．中国营造学社汇刊，1944，7（1）．

③（加）许美德．中国大学1895-1995一个文化冲突的世纪［M］．许洁英，主译．北京：教育科学出版社，2000：129。作者原引自Achievement of Education in China：Statistics《中国教育成就统计》50页。

以及相关的研究工作。按照苏联的教学体系，建筑系被调整入土建类专业和系科一起，并入理工类大学或工科学院之中。1952年和1956年两次院系调整完成之后，基本形成了建筑专业的八大院校。八大院校对中华人民共和国成立后建筑学科的人才培养发挥了重要的作用。

在20世纪50年代初期，各院校均开设有中国建筑史的课程。中国古建筑测绘课程成为重要的教学和研究需要，其任课教师也多主持或参与古建筑测绘与研究工作。[①]作为建筑史学的基本训练，该课程的广泛开设推进了建筑史学研究的发展，进而为民居建筑研究的发展奠定了方法训练的人才基础。

二、调查开展：民族形式探求下的分散式民居调查在各地开展

中华人民共和国成立初期，我国实行全面学习苏联模式的政策。而此时的苏联正处于斯大林统治后期，也是建筑界民族复古主义思想的全盛时期。在斯大林“社会主义内容、民族形式”的口号下，俄罗斯古典主义和巴洛克风格被看作民族形式的伟大典范。这也直接影响了我国建筑探求民族形式的诉求。而探寻民族形式最佳的方式便是从历史建筑中去汲取营养。在“古为今用”的思想引导下，各地师生、学者、设计人员开始分散式地调查各地民居情况，以期为建筑设计上的民族形式探讨寻求依据和思路。从20世纪50年代初期开始，我国就已陆续开始了一些地区的民居调查工作，尤其是高校中设有历史研究室的单位以及设计单位。1958年的建筑科学研究院建筑历史学术讨论会上，汇报的成果以体现民居研究内容居多。该会议上还提出另一个任务，即编写“三史”的工作，各地需要开展地方史研究，民居调查的任务分派到全国各地研究机构或设计院。（表2–3–1，图2–3–1、图2–3–2）

20世纪五六十年代的调查成果部分在该时期出版，如《中国住宅概说》[②]《徽州明代住宅》[③]《苏州旧住宅参考图录》[④]等。此外，结合当时的调查报告以及发表于建筑杂志的论文来看，各地的民居研究成果已十分丰富（表2–3–2）。

1958年建筑历史学术研讨会上专家汇报民居研究成果列表（按汇报顺序排列） 表2-3-1

汇报人/单位	汇报主题
张驭寰	吉林民间住宅建筑
富延寿、侯幼彬	东北住宅
樊濬儒	山西民间建筑
王其明、王绍周	北京四合院住宅

① 温玉清. 二十世纪中国建筑史学研究的历史、观念与方法［D］. 天津：天津大学，2006.

② 刘敦桢. 中国住宅概说［M］. 北京：建筑工程出版社，1957.

③ 张仲一，曹见宾，傅高杰，等. 徽州明代住宅［M］. 北京：建筑工程出版社，1957.

④ 同济大学建筑工程系建筑研究室. 苏州旧住宅参考图录［M］. 上海：同济大学教材科，1958.

续表

汇报人/单位	汇报主题
西安建工局设计院	陕西地区民间建筑
西安建筑工程学院	陕南民居调查报告
杨慎初	湖南民间住宅建筑
辜其一	四川会馆
叶启燊	成渝沿线各县民间住宅
金振声、邹爱瑜	粤中民居调查报告
陆元鼎	广州郊区民居调查
陈从周	苏州住宅
傅高杰	河南省窑洞式住宅
戚德耀	浙东住宅及村镇

图2-3-1　刘敦桢先生调查皖南民居
（来源：东南大学建筑历史与理论研究室．中国建筑研究室口述史（1953-1965）[M]．南京：东南大学出版社，2013.）

图2-3-2　张步骞先生调查民居
（来源：东南大学建筑历史与理论研究室．中国建筑研究室口述史（1953-1965）[M]．南京：东南大学出版社，2013.）

20世纪50～60年代民居调查成果（非完全统计）　　表2-3-2

机构或学者	调查地区	调查成果	时间（年）
张步骞	闽西地区	《闽西永定客家住宅》初稿	1956
刘敦桢	福建、河南、徽州地区等	《中国住宅概说》	1957
张仲一、曹见宾、傅高杰、杜修均	徽州地区	《徽州明代住宅》	1957
贺业钜	湖南中部地区	《湘中民居调查》	1957
陈耀东、陈振声、杨开元	兰州地区	《兰州民居简介》	1957
张驭寰	北京地区	《北京住宅的大门和影壁》	1957
陈中枢、王福田	西北地区	《西北黄土建筑调查》	1957
陈从周	苏州地区	《苏州旧住宅参考图录》	1958
傅高杰、张步骞、杜修均	河南地区	《河南窑洞式住宅》初稿	1958
华南工学院建筑系	广东地区	《广东省部分民居调查报告》	1958

续表

机构或学者	调查地区	调查成果	时间（年）
西安建筑工程学院等	陕西南部地区	《陕南民居调查报告》	1958
湖南工学院等	湘西及湘南地区	《湖南西部及南部地区民居建筑初步调查》	1958
太原工学院等	山西中部地区	《晋中民居调查报告》	1958
方若柏、彭斐斐、倪学成	广东地区	《广东农村住宅调查》	1962
孙以泰	广西地区	《广西僮族麻栏建筑简介》	1963
北京建筑工程部建筑科学研究院建筑历史研究所	浙江地区	《浙江民居》	1963
云南省建筑工程设计处少数民族建筑调查组	云南地区	《云南边境上的傣族民居》	1963
徐尚志、冯良檀、潘充启、邹建农	四川地区	《雪山草地的藏族民居》	1963
张芳远、卜毅、杜万香	东北地区	《朝鲜族住宅的平面布置》	1963
韩嘉桐、袁必堃	新疆地区	《新疆维吾尔族传统建筑的特色》	1963

显然，民居研究成果在这一时期已扩大了地域上的调查范围。高校、设计院等人员已开始有计划地从事民居调查工作，其内容不仅覆盖汉族地区，亦覆盖少数民族地区，累计了一批珍贵的研究成果。同时，在学科教育持续发展、写史任务分派以及设计灵感汲取的合力推动背景之下，民居研究人才不断得到培养和积淀。

第四节

研究机构恢复后的民居研究迅速发展期

一、全新局面：研究机构恢复运转后民居研究有序进行

1977年，高考恢复，高等院校和研究机构进入有序的发展阶段。出版机构恢复正常，20世纪五六十年代调查的一批成果相续发表。如中国建筑工业出版社最早出版的一批民居研究成果：《浙江民居》①《吉林民居》②《云南民居》③《福建民居》④《广东民居》⑤《苏

① 中国建筑技术发展中心建筑历史研究室. 浙江民居［M］. 北京：中国建筑工业出版社，1984.
② 张驭寰. 吉林民居［M］. 北京：中国建筑工业出版社，1985.
③ 云南省设计院. 云南民居［M］. 北京：中国建筑工业出版社，1986.
④ 高鈐明，王乃香，陈瑜. 福建民居［M］. 北京：中国建筑工业出版社，1987.
⑤ 陆元鼎，魏彦钧. 广东民居［M］. 北京：中国建筑工业出版社，1990.

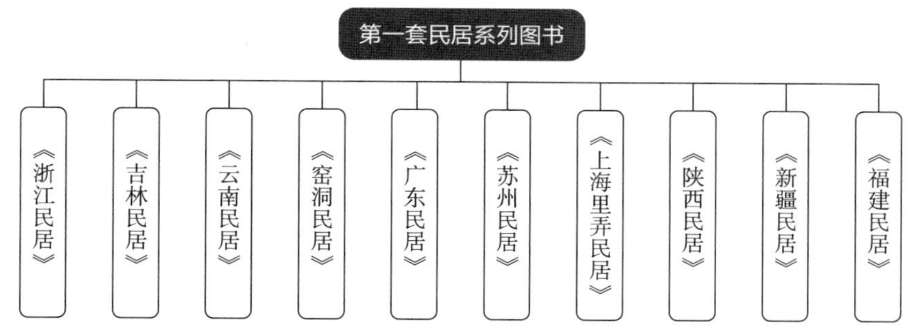

图2-4-1　中国建筑工业出版社出版的第一套民居系列图书

州民居》[①]《陕西民居》[②]《上海里弄民居》[③]等（图2-4-1），以及此阶段其他图书，如《湘西民居》[④]《闽粤民居》[⑤]《中国生土建筑》[⑥]《覆土建筑》[⑦]《中国传统民居百题》[⑧]《金门民居建筑》[⑨]《台湾传统民居及其地方性史料之研究》[⑩]等。期刊论文发表也逾50篇，大大丰富了民居建筑研究题材。此外，该时期系统性的民居研究还通过另一种形式积极开展，即1978年研究生恢复招生后，研究生的论文成为重要的成果构成部分。因“民居建筑”量大面广，且素材调查不存在资源获取的约束难度，成为颇受欢迎的选题方向，民居研究方向的硕博论文随之增多。至20世纪八九十年代，民居研究成果已极大丰富。据陆元鼎先生统计，截至1999年年底，各高校硕博论文数近100篇；[⑪]截至2001年年底，民居相关著作数达到217册，论文达912篇。[⑫]

二、恰和时宜：国内外交流加强与各学术沟通平台积极建立

由于实行改革开放政策，一方面，国家经济形势好转；另一方面，我国与其他国家的学术交流得到很大程度的拓展。20世纪60年代，国外掀起了一场乡土建筑研究热潮，开始了从乡土视角探寻地域性建筑特征的学术运动，乡土研究领域从边缘迈向中心视

① 徐民苏，詹永伟，梁支夏，等．苏州民居［M］．北京：中国建筑工业出版社，1991.
② 张壁田，刘振亚．陕西民居［M］．北京：中国建筑工业出版社，1993.
③ 上海市房产管理局，沈华．上海里弄民居［M］．北京：中国建筑工业出版社，1993.
④ 何重义．湘西民居［M］．北京：中国建筑工业出版社，1995.
⑤ 黄为隽，尚廓，南舜薰，等．闽粤民居［M］．天津：天津科学技术出版社，1992.
⑥ 中国建筑学会窑洞及生土建筑调研组，天津大学建筑系．中国生土建筑［M］．天津：天津科学技术出版社，1985.
⑦ 荆其敏．覆土建筑［M］．天津：天津科学技术出版社，1988.
⑧ 荆其敏．中国传统民居百题［M］．天津：天津科学技术出版社，1985.
⑨ 李乾朗．金门民居建筑［M］．台北：雄狮图书公司，1978.
⑩ 徐明福．台湾传统民居及其地方性史料之研究［M］．台北：胡氏图书公司，1990.
⑪ 陆元鼎．中国民居研究十年回顾［J］．小城镇建设，2000（8）：63-66.
⑫ 陆元鼎．中国民居研究五十年［J］．建筑学报，2007（11）：66-69.

野，间接促进了我国学术界对于乡土和民居的关注与探讨。由于研究外延的扩大及视野的拓展，对民居所处的场所环境的关注意识不断增强，民居研究的内容开始逐渐从单体拓展至群体、从民居迈向聚落。[①]正是外延的不断拓展，民居研究与其他学科的渗透之势逐渐增强，进而使得交融后的民居建筑研究内容与层次不断得到丰富，同时也吸纳了不同专业背景的研究群体。

从研究人员的培养上看，一些学术组织和学术会议也起到了极大的促进作用。从相关会议来看，建筑史学会议、建筑与文化会议、中国民族建筑会议、窑洞及生土建筑会议等均对人才的培养提供了交流和相互学习的机会。而与民居研究最为紧密和直接相关的会议是始于1988年的中国民居建筑学术会议。1988年第一届民居建筑学术会议在陆元鼎先生携同仁的努力下，在华南工学院（今华南理工大学）建筑系召开。它是首次将"民居"作为一个专题召开的全国范围内的学术研讨会议，促成了我国民居建筑研究学者共聚研讨，促进了最新研究成果的交流。此次会议的召开对民居建筑研究的发展具有里程碑意义。此后，会议大体上每年举办一次，参会人数不断增多。尤其可贵的是会议吸纳了更多的年轻研究者参与，不断丰富了民居建筑研究的年龄结构，并壮大了民居建筑研究群体规模。发展至2020年底，会议已持续举办32年。

交流平台的创建为后期民居建筑研究的蓬勃发展奠定了良好的基础。此外，各高校的积极探索、硕博培养人数的增多，以及研究内容的分化等因素均使得民居建筑研究领域呈现生机盎然的发展态势。

第五节

21世纪的民居研究高涨期

一、花繁叶茂：研究机构激增与人才基数扩大后的研究成果尤盛

从2000年左右开始，民居建筑研究已呈现迅猛增长的发展趋势。大型民居类丛书，如中国建筑工业出版社出版的《中国民居建筑丛书》（共19册）、《中国古建筑丛书》（共35册）、《中国民居建筑年鉴》（共4册）、《中国民居营建技术丛书》（共5册），以及清华大学出版社出版的《中国民居五书》（共5册）等共计两千多部著作出版，成果颇为丰富（图2-5-1）。论文成果则成倍增长，民居研究领域获得极大开拓。

① 陆元鼎. 民居建筑学科的形成与今后发展［M］//陆元鼎，陆琦，谭刚毅. 中国民居建筑年鉴（2010-2013）. 北京：中国建筑工业出版社，2014：3-8.

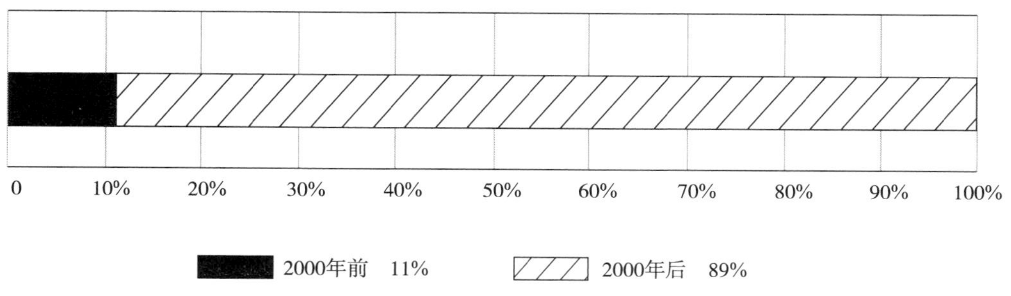

图2-5-1 2000年前后民居类书籍出版数量比对

二、交融发散：成果向多元交叉方向广义延伸

纵观此阶段的民居文献可知，民居研究逐渐走向交叉和分化，并开始在广度和深度上呈现立体式拓展，研究成果不断丰富，研究视角不断更新，学科方法不断多元。民居研究的学科交叉趋势不仅受到国际科学、哲学研究思潮转向的影响，同时受到建筑学复杂性学科特征的影响。吴良镛先生对《广义建筑学》的理论建构建立了建筑学科新的研究范式[①]。其将局限于空间、形式、构造、结构、材料等传统意义上的建筑学内容拓展至与多种学科交叉性内容，使用整体的、动态的理论来理解人与环境的互动关系，创立人居环境学理论。该内容也体现在1999年国际建筑师通过的《北京宪章》中，对国内外建筑学理论产生了重要影响，也可视为在国际学科体系不断向复杂性学科演进过程中，建筑学领域的一次积极回应。正是如此，民居研究向多学科交叉的发展也获得了学理上的支持，并逐渐迈向方法视角的多元化发展态势（图2-5-2）。

① 吴良镛．广义建筑学［M］．北京：清华大学出版社，2011.

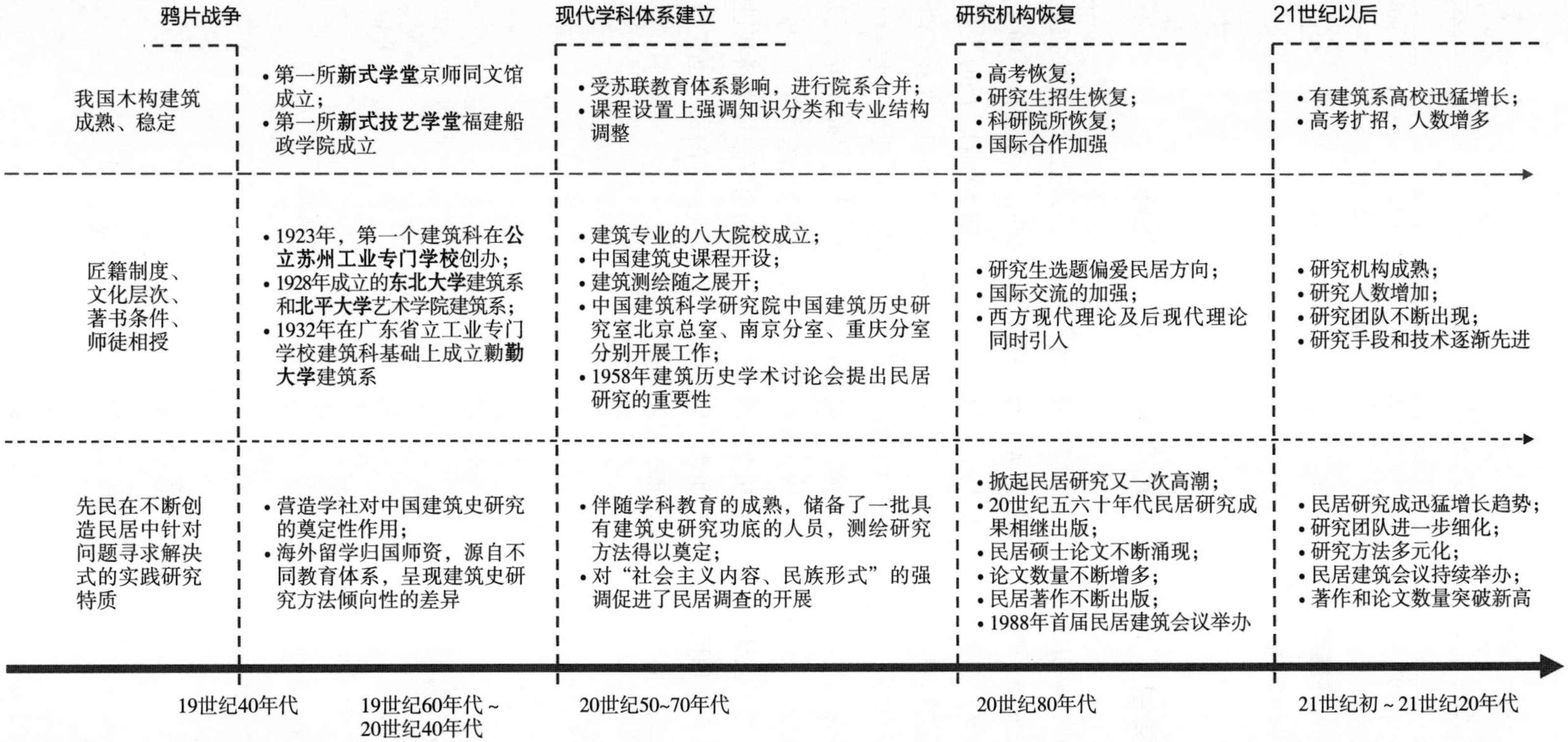

	鸦片战争		现代学科体系建立	研究机构恢复	21世纪以后
		19世纪40年代			
我国木构建筑成熟、稳定	• 第一所**新式学堂**京师同文馆成立； • 第一所**新式技艺学堂**福建船政学院成立		• 受苏联教育体系影响，进行院系合并； • 课程设置上强调知识分类和专业结构调整	• 高考恢复； • 研究生招生恢复； • 科研院所恢复； • 国际合作加强	• 有建筑系高校迅猛增长； • 高考扩招，人数增多
匠籍制度、文化层次、著书条件、师徒相授	• 1923年，第一个建筑科在**公立苏州工业专门学校**创办； • 1928年成立的**东北大学**建筑系和**北平大学**艺术学院建筑系； • 1932年在广东省立工业专门学校建筑科基础上成立**勷勤大学**建筑系		• 建筑专业的八大院校成立； • 中国建筑史课程开设； • 建筑测绘随之展开； • 中国建筑科学研究院中国建筑历史研究室北京总室、南京分室、重庆分室分别开展工作； • 1958年建筑历史学术讨论会提出民居研究的重要性	• 研究生选题偏爱民居方向； • 国际交流的加强； • 西方现代理论及后现代理论同时引入	• 研究机构成熟； • 研究人数增加； • 研究团队不断出现； • 研究手段和技术逐渐先进
先民在不断创造民居中针对问题寻求解决式的实践研究特质	• 营造学社对中国建筑史研究的奠定性作用； • 海外留学归国师资，源自不同教育体系，呈现建筑史研究方法倾向性的差异		• 伴随学科教育的成熟，储备了一批具有建筑史研究功底的人员，测绘研究方法得以奠定； • 对“社会主义内容、民族形式”的强调促进了民居调查的开展	• 掀起民居研究又一次高潮； • 20世纪五六十年代民居研究成果相继出版； • 民居硕士论文不断涌现； • 论文数量不断增多； • 民居著作不断出版； • 1988年首届民居建筑会议举办	• 民居研究成迅猛增长趋势； • 研究团队进一步细化； • 研究方法多元化； • 民居建筑会议持续举办； • 著作和论文数量突破新高
	19世纪40年代	19世纪60年代～20世纪40年代	20世纪50~70年代	20世纪80年代	21世纪初～21世纪20年代

图2-5-2　建筑学科发展背景下的民居研究推进历程

第三章

民居建筑研究路径初探期：

20世纪30～80年代

民居建筑研究在跨越八十余载的发展历程中，同时历经着研究理念与方法的转变。然而，这些不同的研究方法究竟呈现出何种变化过程与特征，以下将通过建构纵向的历时性线索以及横向的因果线索，建立复合立体式研究网络，通过路径差异化的三个不同阶段的综合剖析，针对各阶段的政策背景与文化思潮、各阶段研究路径选用的集体特征以及各阶段路径后拓影响等问题展开讨论。

第一节

兴邦之故：民族文化自信之诉求

一、政策指引："中国固有形式""社会主义内容、民族形式"

（一）试求"中国固有之形式"，译释古代木构官籍之研究

20世纪20～30年代，海外归国的建筑师们抱有强烈的爱国热忱，在提倡"中国固有之形式"的时代环境下，将西方技术手段综合运用在与我国传统建筑形式的结合上，创造了一批经典的建筑（图3-1-1）。而相应地在研究机构，营造学社成员则细致而科学地研究中国传统建筑的营造，从调研、实测、文献考证等多方面对我国古代木构建筑的

图3-1-1 中山纪念堂

特征以及独有的建筑体系进行了长期而深入的探索，极大地提升了来自于民族建筑的文化自信心。

这一时期，营造学社在朱启钤先生的带领下，开始对分布于祖国大地上的经典传统建筑进行实地调查、测绘，并结合历史文献进行考证研究，于抗战爆发前抢救性地将历史遗存进行登记造册，收集了全国15个省（市）200余县的宝贵资料，为后世留存了珍贵的史料。也正是这一举动，避免了美国军队在对占据我国东部省份的日军进行战略进攻时对文物的轰炸。①

（二）"社会主义内容，民族形式"之强调，史学编撰工作之广泛开展

中华人民共和国成立之后，民族建筑内容在建设领域的广泛开展，一方面源自本民族反抗外来民族侵略胜利后树立民族文化自信的迫切需要；另一方面，又因在学习苏联的时代背景下，国家建设对"社会主义内容，民族形式"的强调。从20世纪50年代开始，我国全面进入战后复兴阶段，兴建任务遂在全国各地不断开展。1953～1957年是我国第一个国民经济发展"五年计划"的实施阶段。受苏联影响，设计界强调民族形式（图3-1-2）。中国建筑历史研究室北京总室分置了两个分室：南京分室和重庆分室，分别开展全国调查。各设计院和高校均开始重视收集与民族建筑形式相关的素材。上海华东建筑设计公司与南京工学院合作于1953年成立了中国建筑研究室，其中

图3-1-2　苏联民族形式建筑典型莫斯科国立大学主楼
（来源：（俄）莫·依·尔集亚宁，等. 俄罗斯建筑史建筑艺术古典建筑形式［M］. 陈志华，译. 北京：商务印书馆，2021.）

① 郭黛姮. 中国营造学社的历史贡献［J］. 建筑学报，2010（1）：78-80.

有一部分工作是安排技术人员收集仿古建筑设计的辅助参考资料，[①]以在设计中体现本民族的内容。各大高校在课程内容设置上则强化“中国古建筑营造”课程的开设。陆元鼎先生回忆道：

“1953年因教学需要，我被调入建筑历史教研组。学校除了老教授以外，我们系里的6位青年教师，每人都要选择一个研究方向。当时我被分配到建筑历史教研组。建筑历史教研组那时只有龙庆忠教授和另一位1953年毕业于同济大学的赵振武老师。因为那时提倡建筑要搞社会主义内容、民族形式，因而要求学生掌握中国古建筑知识，从二年级到四年级每一个班的学生都需要补学“中国古建筑营造”课程。给学生上课时，需要把古建筑的每一个构造详细地进行讲解。”[②]

1956年4月，全国开展了中华人民共和国成立后第一次文物普查工作，普查过程中也间接关注到有特点的民居。1958年在北京召开的建筑工程部建筑科学研究院建筑历史学术讨论会议上，提出了编写建筑“三史”的任务，目的是总结我国几千年来优秀的传统建筑，以及展示中华人民共和国成立十年以来的伟大建设成就。[③]

关于这次会议的情况，陆元鼎先生回忆道：

“1958年，我参加了在北京召开的建筑历史学术讨论会，并作了“广州郊区民居调查”的报告。会议主持者是建筑工程部建筑科学研究院汪之力院长、梁思成先生和刘敦桢先生三位。参会单位一共有31家，有北京部里的代表、各个建筑院校的代表以及北京各大设计院的代表等……这次会议上还提出了编写三史的任务，即中国古代建筑史、中国近代建筑史、中国现代建筑史。建筑史编写的任务由刘敦桢先生组织分配。古代部分由刘先生自己主持，近代部分由侯幼彬先生主持，现代部分由我主持。另外，会议提出了要研究民居建筑，要求全国各地开展民居调查工作。会议指定广东一片的民居建筑由华南工学院负责，同时要求我们在详细调查之后，每年进行工作汇报。开会以后，我几乎年年都去北京建筑科学研究院和刘敦桢先生那里进行汇报。”[④]

这次会议成为民居研究的一重要转折点，确立了民居研究的重要地位，而且明确了研究倾向，这在前述的汪之力先生的会议总结中已有所体现。

---

① 东南大学建筑历史与理论研究室．中国建筑研究室口述史（1953–1965）[M]．南京：东南大学出版社，2013：序言．

② 见附录：陆元鼎先生访谈。

③ 刘敦桢．刘敦桢全集：第四卷［M］．北京：中国建筑工业出版社，2007：236.

④ 见附录：陆元鼎先生访谈。

二、导向之变：“人民的”“大众的”——民居地位之转变

（一）“人民”“大众”的价值导向促成了民居研究地位之转变

从20世纪50年代开始，民居研究已有所开展，而至50年代后期，随着“人民的”“大众的”思想被强化于文艺创作等各领域，民居建筑以其反映伟大劳动人民思想和创作源泉的杰作被推崇为设计学习的典范，亦成为当时新的农村建设设计素材。这一研究地位的转化，亦可从刘叙杰先生、李先逵先生、朱良文和侯幼彬先生的回忆中体现出来。

> “早在20世纪30年代，父亲就已开始了对我国传统民居的探究，其中部分已反映在他对华北和西南的一些调查报告里，但对此进行全面的考题研究，还是在随后的20世纪50年代。这时我国的建筑学界正在开展对建筑中民族形式的探讨，要溯本寻源就必须从研究传统民居入手。”①

而进一步强化民居研究重要性的时代，是在“人民的”“大众的”价值导向产生广泛影响的时期（图3-1-3）。1955年2月，建筑工程部召开的会议上提出了建筑上要反对

建筑历史学术討論会議程
建筑理論及歷史研究所

	日期		議程	报告人及单位
1	10月6日 （星期一）	上午	大会开幕詞 报告 报告	汪之力院长 梁思成先生（本所） 刘敦楨先生（本所）
		下午	吉林民間住宅建筑 东北住宅 山西民間建筑	張驭寰（本所） 富延寿、候幼彬（哈工大） 樊濬儒（太原工学院）
2	10月7日 （星期二）	上午	北京四合院住宅 陕西地区民間建筑 陕南民居調查报告	王其明、王紹周（本所） 西安建工局設計院 西安建筑工程学院
		下午	湖南民間住宅建筑 遂宁复县县区人民公社規划	杨慎初 湖南工学院 王硯克（城区所）
3	10月8日 （星期三）	上午	四川会館 成渝沿綫各县民間住宅 粤中民居調查报告	辜其一（重庆土建学院） 叶启燊（〃 〃） 金振声 邹爱瑜（华南工学院）
		下午	广州郊区民居調查 苏州住宅 河南省窰洞式住宅	陆元鼎（华南工学院） 陈从周（同济大学） 傅高傑（南京分室）
4	10月9日 （星期四）	上午	浙东住宅及村鎮 东山村鎮規划 农村人民公社規划及建筑設計方案	戚德耀（南京分所） 潘谷西（南京工学院） 西安建筑工程学院
			苏州园林綠化 建筑史教学与科研兩条道路斗爭报告	刘敦楨（本所） 南京工学院

	日期		議程	报告人及单位
5	10月10日 （星期五） 六	上午	住宅討論会	主持人 刘敦楨
		下午	〃 〃	〃 〃
6	10月11日 （星期六） 一	上午	解放后十年建筑成就討論会	主持人 汪之力
		下午	〃 〃	〃 〃
7	10月12日 （星期日）	上午	参观（~~定陵地宫、十三陵水庫~~	
8	10月13日 （星期二）	上午	中国近百年建筑史討論会	主持人 梁思成
		下午	（中国近百年建筑史“初稿”調查报告）	王世仁 （本所）
9	10月14日 （星期三）	上午	中国建筑技术史討論会	主持人 单士元（本所）
		下午	中国建筑通史討論会	主持人 梁思成 刘敦楨
10	10月16日 （星期四）	上午	〃 〃	主持人 梁思成
		下午	〃 〃	刘敦楨
11	10月17日 （星期五）	上午	大会总結（閉幕）	
12	10月18日 （星期六）		参观.	

附注：1.开会时間上午8点—12点·下午1.5点—5.5点

图3-1-3　1958年建筑历史学术讨论会会议日程安排

（来源：陆琦，赵紫伶．陆元鼎先生之中国传统民居研究渊薮——基于个人访谈的研究经历及时代背景之探［J］．南方建筑，2016，（1）：4-7.）

① 刘敦桢．中国住宅概说［M］．天津：百花文艺出版社，2004：232（再版后记）．

浪费，反对复古主义、形式主义倾向。“大屋顶”建筑在建筑界受到严厉的批判。向民间学习，从劳动人民的建筑中汲取营养，“大众的”“民间的”价值引导，成为“民居”建筑地位随之转化的又一客观促成因素。从侯幼彬先生回忆编写《中国建筑史》教材的口述中，提及当时编写的立论行文都力图做到“站在无产阶级的立场，从六亿人民出发”。①

（二）建筑设计上从“民居”中汲取营养并理性借鉴

由于“大屋顶”遭受批判，当时建筑界对于经典官式建筑的借鉴受阻，虽然从民居中汲取营养的思想也并非于此时期才开始，但意识导向和民居造型的丰富性和特定的内涵使其成为当时设计界创作源泉的经典素材，设计界纷纷从民居当中汲取灵感。从第一套由中国建筑工业出版社出版的民居建筑丛书（其成果主要为20世纪五六十年代的调查成果）来看，多数书籍表达了其研究成果是为“古为今用”的目的，即希望为设计提供有益的参考。而部分书籍的前言部分也提及了设计上对民居的借鉴应“取其精华、去其糟粕”，认为民居是封建时期的产物，受封建等级和个体经济的限制，其宗法观念和风水迷信在布局中的作用，仍体现其落后的思想遗存，进而认为在设计运用中不应硬搬和模仿，应该予以理性的借鉴。②

虽然这一阶段大部分民居调查工作是为设计目的而促成，是应对新时期全面建设的需要，但这一过程也直接为“民居建筑研究”这一学科研究领域的发展，起到了巨大的推动作用。

（三）“三史”编写任务分派全国促成各地民居调查研究的开展

“……之所以调查民居，最初是因为1958年我校建筑系建筑历史教研室接到调查四川藏族民居和四川（汉族）民居的任务。该任务由北京建筑工程部以梁思成先生为首的中国建筑科学研究院中国建筑历史研究室北京总室下达，要求各个高校老师，尤其是有建筑历史教研室的大学，分别对各地进行调查，每个省分别撰写各自地区的地方建筑史。在当时，这是一个全国性的任务，主要是编写中国建筑史教材，也称‘写三史’。”③

——李先逵

“到了20世纪60年代初，为了发掘民间建筑遗产，古为今用，原建工部通知各地开展民居调查研究工作。中国建筑研究院的汪之力院长负责主持这项工

① 侯幼彬. 寻觅建筑之道［M］. 北京：中国建筑工业出版社，2018.
② 中国建筑技术发展中心建筑历史研究室. 浙江民居［M］. 北京：中国建筑工业出版社，1984：序言.
③ 见附录：李先逵先生访谈。

作。他们调查了浙江地区的民居；孙大章先生等人就曾来广东地区调查。当时，云南省设计院也积极响应，以王翠兰、陈谋德、饶维纯、顾奇伟、石孝测、曹瑞燕等为主，带领了一批年轻人，花了很大功夫在云南各地进行调查，后来出版了《云南民居》和《云南民居续篇》这两本书。20世纪80年代中国建筑工业出版社出版的几本民居著作，大多数都是60年代前期调查幸存资料的总结。"①

——朱良文

20世纪50年代初，民居研究已有所开展，但据各位先生的回忆，可侧面反映从50年代末、60年代初开始，民居研究已在全国的各研究室、各高校以及各设计院广泛开展。在1958年建筑历史学术研讨会议上，各地集中汇报民居调查研究情况。10月6日，在汪之力院长和梁思成、刘敦桢先生做完主题报告后，张驭寰先生对《吉林民间住宅建筑》，富延寿、侯幼彬先生对《东北住宅》，樊濬儒先生对《山西民间建筑》作了报告。10月7日，王其明、王绍周先生对《北京四合院住宅》，西安建工局设计院对《陕西地区民间建筑》，西安建筑工程学院对《陕西民居调查报告》，杨慎初先生对《湖南民间住宅建筑》，王砚克先生对《辽宁复县县区人民公社规划》作了报告。10月8日，辜其一先生对《四川会馆》，叶启燊先生对《成渝沿线各县民间住宅》，金振声、邹爱瑜先生对《粤中民居调查报告》，陆元鼎先生对《广州郊区民居调查》，陈从周先生对《苏州住宅》，傅高杰先生对《河南省窑洞式住宅》作了报告。10月9日，戚德耀先生对《浙东住宅及村镇》，潘谷西先生对《东山村镇规划》，西安建筑工程学院对《农村人民公社规划及建筑设计方案》，刘敦桢先生对《苏州园林绿化》作了报告。20世纪60年代初，民居调查工作更大范围地展开。1964年，在中国建筑科学研究院于北京召开的国际技术交流会上，王其明先生作了《浙江民居》的汇报，②这份调查全面系统地论述了浙江平原、水乡、山地民居的材料、结构、形式等内容，成为当时典型的民居论著。③这一时期的调查资料因故大部分至20世纪八九十年代才由中国建筑工业出版社出版。

无论是建筑教材的编写需要或是设计上的素材提取，这一时期的民居调查已在各地域展开，调查成果主要是汇成调查报告，或者发表于《建筑学报》等刊物，部分著录成书稿，如《中国住宅概说》《徽州明代住宅》《苏州旧住宅参考图录》等。20世纪60年代末～70年代末，因历史环境因素，民居研究在该阶段的进展缓慢。

---

① 见附录：朱良文先生访谈。

② 金瓯卜．对传统民居建筑研究的回顾和建议［C］//中国文物学会．世界民族建筑国际会议论文集．中国文物学会，1997：21-25.

③ 陆元鼎．中国民居研究的回顾与展望［C］//中国传统民居与文化（第七辑）——中国民居第七届学术会议论文集．中国建筑学会建筑史学分会民居专业学术委员会，中国文物学会传统建筑园林研究会传统民居学术委员会，1996：9-14.

第二节

研究特色：
基于早期文献案例的剖析

一、比较框架：类型观渐成之于民居研究特色之凸显

民居研究于20世纪30年代开端，从出版时间上看，《穴居杂考》《云南一颗印》成为最早的代表，但此时的研究是以单一类型的对象为主体，而自《中国住宅概说》出版，因其研究对象已相应扩充了覆盖面，其内容中已体现于多研究对象中类型观的形成。早期的文献究竟如何进行研究，成为分析民居研究初期特点的基本素材。以下内容以发表时间为序分别对《穴居杂考》《云南一颗印》《中国住宅概说》几篇早期文献的研究框架和结构、研究角度、研究内容、研究分析方法等进行探讨。

（一）《穴居杂考》——考古学视野下的现存穴居之特质探寻

《穴居杂考》是1934年龙庆忠先生在《中国营造学社汇刊》第五卷第一期上发表的一篇针对古代穴居以及黄河流域的黄土地区现存窑居的研究性论文，是迄今能查阅到的最早从建筑学视角对我国传统民居中的穴居类型进行研究的文献。

1. 从环境和历史视角解释穴居续存至今之原由

《穴居杂考》的研究内容主要分为四个部分：绪言、我国古代穴居、四裔之穴居、近代黄河中游之穴居。绪言部分龙先生首先回顾了考古学者的研究发现。例如，旧石器时代的文物已由法国人德日进（Teilhard de Chardin）、桑志华（F. Licent）在中国北部宁夏、陕西黄土层中发现，新石器时代的文化亦由瑞典安特森（Andersson）等先后于河南、甘肃、山西等省份发现，步达克（D. Black）等在北平（今北京）附近发现北京猿人化石。这些考古发现进而使先生思考为何古穴居遗风没有在新的文明更替下消失，而是与更高一级文明的居住形式共存？针对这一问题，龙先生从环境和历史两方面进行了解释。对其历史角度的解释是：因为北方民族的多次入侵，使得中原汉民衣冠南迁，而天灾和内乱使得“刁遗之民，迭经变乱，求生不暇，又乌得不穴居野处，营其原始时代之生活？[①]”。即内乱天灾使得部分民众为求生不得不选择躲避在不宜被发现的穴居之处，经营原始人的生活。而龙先生对其环境角度的解释是：中州地区的气候干燥、土质坚韧，辟穴居于此可御寒祛暑。从两方面解释了穴居之仍然存续的原因。

① 龙庆忠. 穴居杂考［J］. 中国营造学社汇刊，1934，5（1）.

2．通过穴居词汇辨析不同的空间性质

第二部分、第三部分，龙先生为探寻我国古代穴居变迁，通过翻阅经籍，将考古发掘成果与邻接外族的记载进行相互比照，以探究竟。将古代词汇当中形容穴类的名词分为十类。从典籍中查阅各带穴类的词所形容的空间性质，例如属于地上或是地下，其土质、构造法以及穿法等，进而证明穴居不仅用于居住，还广泛运用于其他类型功能。此外，文中还比较了邻近民族的穴居情况，分别从东北、漠北和西域三个区域，对韩、高昌、蒙古、女真、勿吉等十二个族系的穴类、穴形、穴户构造、居地、气候以及居住时期进行了比较研究。

第四部分，龙先生针对其亲自考察的位于黄河中游地区的穴居进行研究。首先，指出其见到的穴居散布于河南、山西、陕西和甘肃等省份，并描述形式为："其室长方，其壁直立，其顶覆以抛物线形之拱，其制旁穿，酷似隧道，以视仰韶期之袋穴。其底圆形，其壁微凹，其制正穿直下，有类窑状者，迥然有别……"。[①]其后，龙先生根据所见现存土窑的平面配置将其分为四种类型（表3-2-1）：单方向者、二方向者、三方向者和四方向者。龙先生提出："第一种为数最众，凡无告穷民，概营此种穴居"，"第二种系大家庭聚居之所""大抵三四二种，为数较少，非官绅富农力不及此"。[①]可见，先生大体根据房屋数量和构成方式以及规模进行了四种分类。这四种分类又分别代表不同的家庭结构和经济实力状况。

穴居杂考分类图表 **表3-2-1**

单方向者	穴数为一或二三不等，一穴者最普遍，结构颇简单浅狭	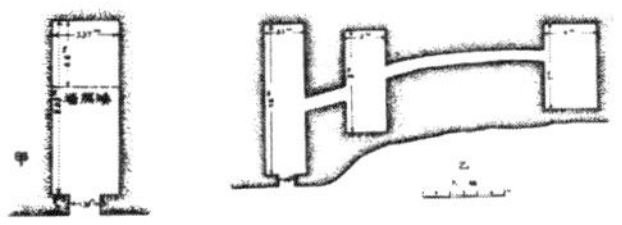
二方向者	二穴以上至五六穴之大家庭，就崖腰削直壁，其构造有土穴、土台、土围，亦有穴之表面与穴内之拱，以砖砌之	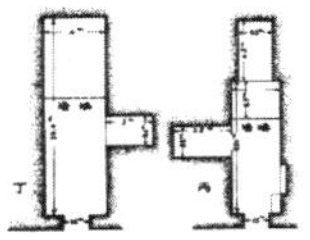
三方向者	就崖腰掘平面Ⅱ形之院环其三方，穴数自五六至十余不等。穴表面及穴内之拱，大多数以砖砌之亦有穴面用砖，穴内用石拱者，又或于穴之上层为楼屋，门牖，外绕围墙及附属建筑物，具门禁庭院，宛若宅第，而危严幽居，别有天地焉	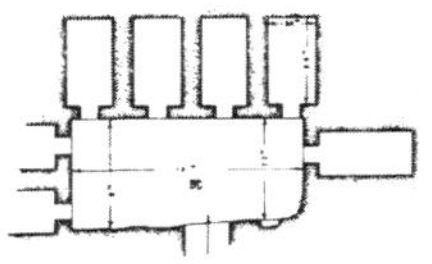
四方向者	俗称"天井院"，非绝掘于山腰，而于高原旷野中，凿地深下，为方形之院。周院掘穴，自六七穴至十余穴不等。外有土围堡垒碉楼之属，以御匪盗，由阶道而下，有门庭堂室及前后院之分	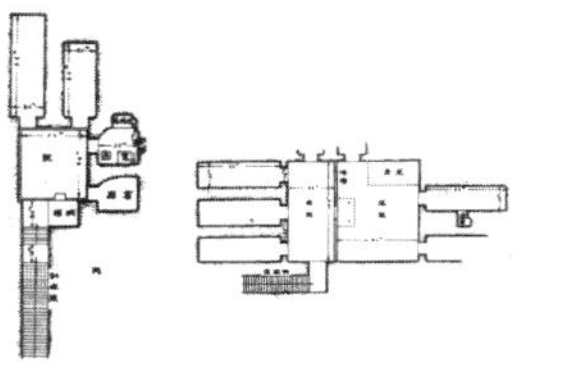

（来源：根据《穴居杂考》整理）

① 龙庆忠．穴居杂考［J］．中国营造学社汇刊，1934，5（1）．

（二）《云南一颗印》——颇受法式官书影响的研究体例

《云南一颗印》是抗战期间刘致平先生随营造学社南迁时撰写的一篇关于云南一颗印民居的文章。该文摘自《昆明东北乡调查记》节录，刘先生将其发表于《营造学社汇刊》的第七卷第一期上。

《云南一颗印》的文章结构主要分为五个部分（图3-2-1）：绪言、房间布置、构造式样、各种做法述略、论列。在绪论中，刘先生提及我国建筑常见布局方式有九室式及五室式。而云南一颗印属于九室式的一种。因滇中地区广泛采用，因此推测其为该地区

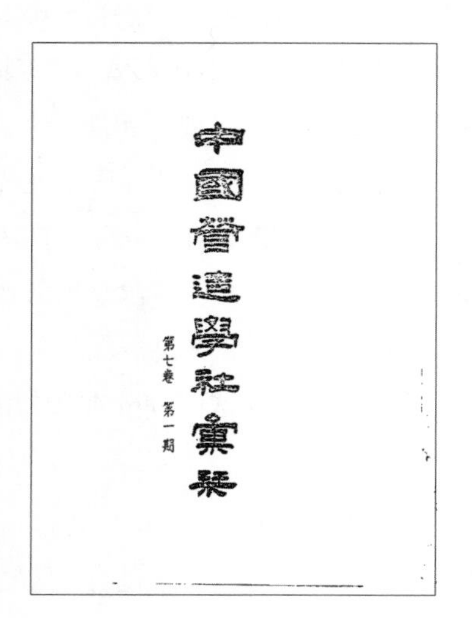
中國營造學社彙刊

第七卷 第一期

中國營造學社彙刊

第七卷 第一期

目 錄

復刊辭		頁 3
為什麼研究中國建築？	編 者	5
記五台山佛光寺建築	梁思成	13
雲南一顆印	劉致平	63
宜賓舊州壩白塔宋墓	莫宗江	95
旋螺殿	盧 繩	111
四川南溪李莊宋墓	王世襄	129

下期要目預告，62；勘誤表，140.

編輯兼發行者：四川南溪李莊 中國營造學社

民國三十三年十月出版 每期實價二百五十元 國內郵費在內

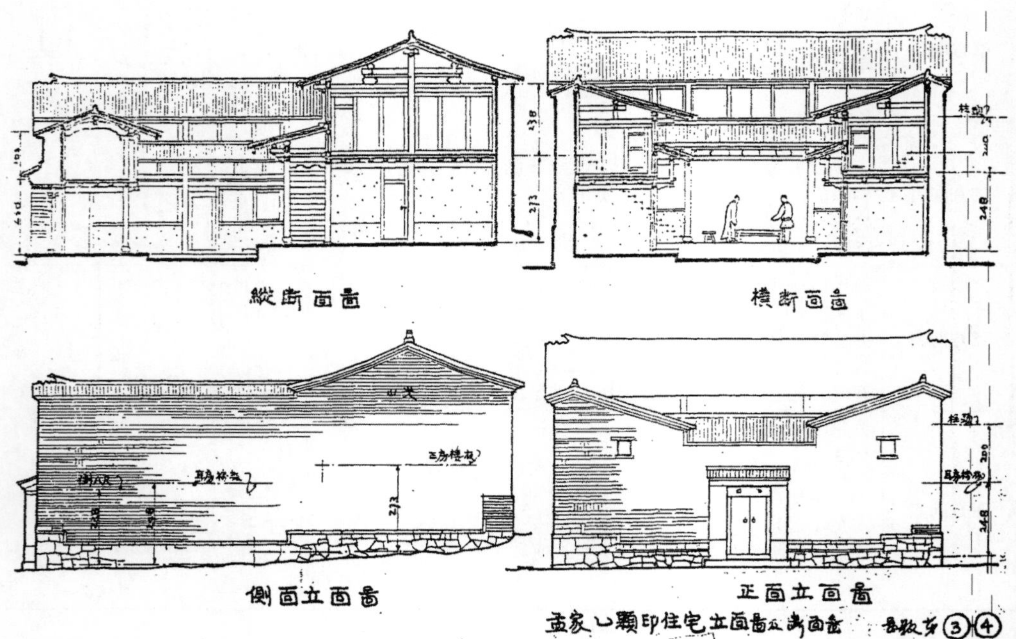

图3-2-1 营造学社汇刊第七卷第一期发表《云南一颗印》

（来源：刘致平．云南一颗印［J］．中国营造学社汇刊，1944，7（1）.）

一种由来已久的形制。因各地对民居中同一事物和部件的叫法有所差异，刘先生的原著中（指《昆明东北乡调查记》）有宋、清及滇中名词对照表。且提到因发表篇幅的原因，未将其列入。从中可见，刘先生不仅已注意到建筑部件名词叫法的地域差异，并且将这种差异体现在研究中，为后来民居部件名称的横向比对提供了可参照的范式。

1. 释读名称来历，阐释“一颗印”特点

在房屋布置这一部分，先生首先介绍了云南“一颗印”叫法的由来以及基本的房屋布置特征。在云南一颗印住宅中，当地人称这种形制为“三间四耳倒八尺”，“三间”即“正房”三间，“四耳”即正房之前左右侧各有“耳房”两间，共为四耳。“倒八尺”即耳房前端临大门处有深八尺的倒座房。各房间做二层楼房。在正房及耳房相接处安楼梯，天井在全宅正中心。因其方正如印，故称“一颗印”①。先生进而根据规模和特征对一颗印的不同类型进行了总结。例如：首先，三间四耳倒八尺是乡间最常用、制度最完备的类型。其次，仅有三间四耳的房屋为一颗印之规模较小者。而由两组以上一颗印纵列拼成一颗印的类型是规模较大的住宅，这种住宅较为少见。对于构造式样，先生从构架方式、房架深度、各房高度几个角度进行分述。各种做法述略侧重从定向、讨平水、地脚、墙、大木作、小木作、瓦作、油饰、地面等方面分别进行阐述。通过对一颗印的仔细测绘和研究，先生在论列中阐述了几个观点，即一颗印住宅的几大特点：特点一，防御性：高墙厚墉防御野兽，耳房楼上可瞭望射击以防盗匪等；特点二：防火：墙端做“封火”，不使椽木外露等；特点三，经济：地盘极力缩小，周为楼房，中央仅容天井一间；特点四，适应气候：天井形小而高深，阳光直射能照进天井内，高墙能防止当地大风影响，使用筒瓦代替板瓦防止大风等。最后，先生总结：“上述种种天时、地利、社会等情况，已足以解释云南一颗印今日存在之原因。”不过，先生也试图考虑一颗印住宅与中原住宅之关联，但实因“现有之资料太少，无法确定”，进而在此篇文章中未予论述①。

《云南一颗印》研究结构图表　　表3-2-2

文章结构	阐述要素	主要论点
绪论	我国建筑常见布局方式——九室式和五室式	东北辽直一带多用五室式 西南川滇一带多用九室式
房屋布局	三间四耳倒八尺	制度最完备，乡间最常用
	三间四耳	一颗印之规模较小者
	两组以上一颗印纵列拼成	一颗印之规模较大者
构造式样	四种构架方式	宫楼、古老房、吊柱楼、竖楼
	房架深度	正房深五架、房顶两坡水 耳房深三架、房顶一坡水
	各房高度	倒八尺高度最低，耳房较高、正房最高
施工程序	定向	顺山势、多东南向、多避子午向、大门方向顺风水
	讨平水	做法有二：水平和旱平

① 刘致平. 云南一颗印［J］. 中国营造学社汇刊，1944，7（1）.

续表

文章结构	阐述要素	主要论点
施工程序	地脚	用石灰和泥巴填筑毛石，石脚之上铺砖两三层，砖上做墙
	墙	常用有三种：椿土墙、土墙、砖墙
	大木作	用料 房架 举架 出檐挑头和厦子
	小木作	大门做成双扇板门 倒八尺屏门常做格子门 城市堂屋常做格子门，乡间多打通 楼上常安壁窗、装板壁 较好的房屋用天花板 走楼外侧安栏杆 窗心棱条面宽深厚，尽显灵动
	瓦作	布瓦前，先布椽，椽子间隔七寸
	油饰	梁枋柱额门板喜油青黑色
	地面	屋内地面多用土，有用三合土者 天井地面多铺石板或用砖及石子镶嵌各种花样
论列	特点一：防御	高墙厚墉防御野兽 耳房楼上可瞭望射击以防盗匪
	特点二：防火	墙端做“封火”，不使椽木外露
	特点三：经济	地盘极力缩小，周为楼房，中央仅容天井一间
	特点四：适应气候	天井形小而高深，阳光直射能照进天井内，高墙能防止当地大风影响 使用筒瓦代替板瓦防止大风

（来源：根据《云南一颗印》整理）

2．施工程序研究部分体现对法式官书体例的参照

表3-2-2可较为清晰地反映了刘致平先生进行民居建筑研究的学术思路，也可见其对施工程序的研究体例深受宋式官书《营造法式》的影响。其中，各程序的讨论涉及定向、讨平水、地脚、墙等内容契合《营造法式》卷三中关于制度的探讨。大木作契合卷四、卷五中关于大木作制度的探讨。瓦作、油饰、地面分别契合卷十三、十四、十五的内容。[①]中国传统营造巨著奠定了传统建筑的研究体例，而该体例又对民居研究产生影响。刘致平先生将这种范式引入到民居建筑研究的结构中，为此后的民居理论研究提供了研究方式上的参考之一（图3-2-2）。

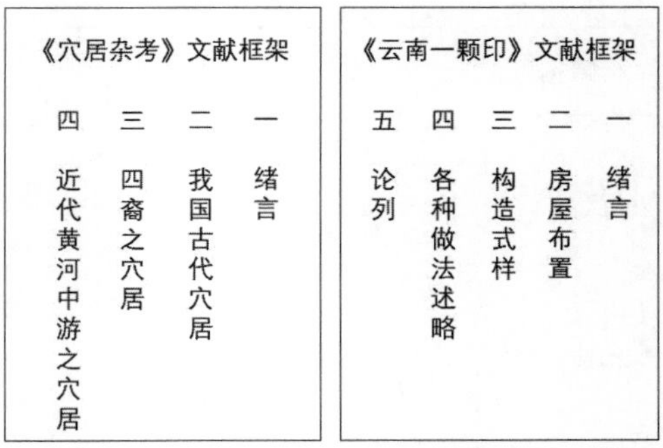

《穴居杂考》文献框架

一 绪言
二 我国古代穴居
三 四裔之穴居
四 近代黄河中游之穴居

《云南一颗印》文献框架

一 绪言
二 房屋布置
三 构造式样
四 各种做法述略
五 论列

图3-2-2 《穴居杂考》与《云南一颗印》文献框架分析

①（宋）李诫，撰；邹其昌，点校. 营造法式［M］. 北京：人民出版社，2006.

（三）《中国住宅概说》——民居类型观的雏形

1．以建筑平面形状作为研究分类标准

刘敦桢先生著写的《中国住宅概说》是首部专以住宅为题、研究涉及范围最广的民居研究著作。该书于1957年出版。此前，刘先生在抗战期间著作的《西南古建筑调查概况》就已对住宅做了详细调查。1953年在刘敦桢先生的带领下，南京工学院和前华东建筑设计公司合办中国建筑研究室，研究室随后又测绘和调研了许多住宅资料。虽然该书整合了其他地方或人员调查的一些资料，但从该书中的图版目录来看，132处调查成果中，有三分之一以上的图版内容由中国建筑研究室提供。由于调查内容已明显得到地域上的扩展，在丰富资料的累积基础上，该书已开始从平面形态的差异性上对民居进行分类（图3–2–3）。刘先生著作中提及：

> "本文暂以平面形状为标准，自简至繁，分为圆形、纵长方形、横长方形、曲尺形、三合院、四合院、三合院与四合院的混合体以及环形和窑洞式住宅九类……"①

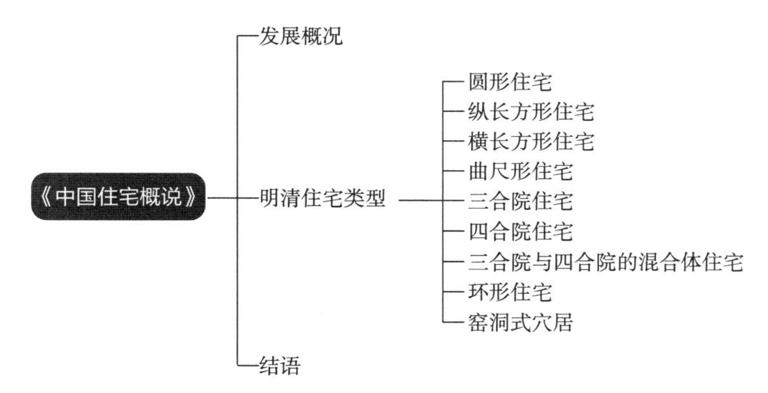

图3–2–3 《中国住宅概说》框架
（来源：根据 刘敦桢 1957《中国住宅概说》编绘）

同时，就研究的目的，先生提到："今天我们研究这些住宅，不仅从历史观点想知道它的发展过程，更重要的是从现实意义出发，希望了解它的式样、结构、材料、施工等方面的优点与缺点，为改进目前农村中的居住情况，与建设今后社会主义的新农村以及其他建筑创作提供一些参考资料。"②

2．调查面域扩展后的民居研究类型观渐成

以上清晰可见，研究的目的是为改善农村居住条件。在研究条件极为有限的条件

① 刘敦桢. 中国住宅概说［M］. 北京：建筑工程出版社，1957：23.

② 同上。

下，刘敦桢先生组织中国建筑研究室研究成员一起对我国东北、华北、黄河中下游、东南沿海及西南山区等地的民居建筑进行了考察和研究，在对九种不同住宅类型研究的基础上，总结出以下几个要点：一是认为横长方形、三合院、四合院住宅能得到普遍使用，而长方形和曲尺形住宅不能得到充分发展的原因是等级社会的政治文化以及宗法家族制度的影响；二是古代匠师们因地制宜、就地取材的优良传统值得继承；三是我国农村地区住宅还存在采光及卫生等问题，应意识到其优缺点，用经济的方法予以改善。（以上要点结合先生1956年4月发表于《建筑学报》的《中国住宅概说》一文总结[①]）鉴于民居建筑研究的重要意义以及普遍调查的迫切性，刘先生呼吁："无论为发展过去的各种优点或改正现有的缺点，都须先摸清楚自己的家底。也就是说：不从全国性的普查下手，一切工作将毫无根据。这不仅是一种希望，也可以说是一种呼吁。"[②]对全国民居进行普查的呼吁，既可反映调查面域拓展的急迫需要，也可见在刘敦桢先生的积极推动下，民居建筑作为一种重要的建筑类型不断得到广泛关注和重视，而横向地域面的调查展开，以及以平面形状进行分类研究，促使民居研究的类型观渐成。

二、整体视域：语境的扩充与研究路径的单一化传承

（一）从单体语境到分类语境的衍化

通过分析以上文献的结构和内容可知，《穴居杂考》和《云南一颗印》均探讨了两种住宅类型"今日留存原因"的问题，并且都与北方建筑进行了比较，探讨了与中原住宅关联等问题，其研究均是将其置于历史的语境中进行探讨。《中国住宅概说》已从较大的地域背景综合研究各地区民居形式，以寻求民居的分类，并提及文化的影响。虽然在有限的研究资料和条件下还未涉足文化是如何具体影响平面形态的不同，但将文化因素在形态差异中进行提出，在当时也极具先进意义。民居研究已显现从单体语境到分类语境的衍化。

（二）从单一地域语境到文化圈语境的衍化

从文献分析来看，早期的文献已开始有研究内容突破单一地域的限制，从某一文化地域范围内的民居群体进行共性研究的案例。单一地域的如《苏州旧住宅参考图录》，是以图录的形式展示单一地区——苏州民居的特色和韵味（图3-2-4）。由于苏州地区私家宅园较多，该本著作的突出特点是体现宅与园的结合，反映了我国民居中的私家园林特色。而同期的著作《徽州明代住宅》（图3-2-5），则将具有文化共性的徽州地区视为一个整体进行该区域范围内的研究。《徽州明代住宅》已从徽州地区的自然条件和社

① 刘敦桢. 中国住宅概说［J］. 建筑学报，1956（4）：1-53.
② 刘敦桢. 中国住宅概说［M］. 北京：建筑工程出版社，1957：53.

苏州旧住宅参考图录

同济大学建筑工程系建筑研究室

1958.10.

图3-2-4 《苏州旧住宅参考图录》
（来源：同济大学建筑工程系建筑研究室，苏州旧住宅参考图录［M］. 上海：同济大学教材科，1958.）

徽州明代住宅

建筑科学研究院
南京工学院 合办中国建筑研究室

張仲一、曹見賓、傅高傑、杜修均合著

建筑工程出版社出版

·1957·

图3-2-5 《徽州明代住宅》
（来源：张仲一，曹见宾，傅高杰，杜修均. 徽州明代住宅[M]. 北京：建筑工程出版社，1957.）

会发展背景论述徽州民居的总体布局、外观以及结构、装饰的特点。民居研究已显现从单一地域语境到文化圈语境的衍化。

（三）汉族与少数民族民居兼顾、整体与局部研究兼顾

再观这一时期发表于杂志的各地民居研究，可见以下特点：第一，既有汉族民居研究，也有少数民族民居研究。汉居研究如陈中枢、王福田先生对西北黄土汉居的调研，少数民族民居研究如韩嘉桐、袁必堃先生对新疆维吾尔族地区民居的调研（图3–2–6），徐尚志等对藏族地区民居的调研等。第二，既有整体民居的研究，也有建筑某一部位的具体研究。多数研究属于前者，也有后者，如张驭寰先生针对北京住宅的“门”做了细

图3-2-6 新疆维吾尔族地区民居的调研照片
（来源：韩嘉桐，袁必堃. 新疆维吾尔族传统建筑的特色［J］. 建筑学报，1963（1）：17–22.）

致研究，并将其划分为屋门型大门、墙门型大门，并对两者门型的构造、砖雕、木雕、石雕以及彩画进行了探讨。民居研究已体现了出汉族与少数民族民居兼顾、整体与局部研究兼顾的现象。

（四）对民居状态的描述成为民居研究分析中的主要特征

虽然，研究成果中不乏对部分民居形式成因的探讨，但分析该时期大部分研究成果，对民居状态的描述仍成为该时期民居研究分析中的主要特征，一方面与调研成果直接用于设计形式的借鉴和参考目的相关，另一方面亦涉及研究所在阶段性的问题。在探求任何事物形成原因之前，往往需要先清楚其基本性状，这是研究的首要阶段。因而，这一时期的调查，基本以实地测绘、记录等方法为主，以获得一手资料，进而结合文献再进行详细考证。

（五）民居研究中“考”式研究方法对营造学社经典史学研究方法的精髓继承

早期的调查方法深受营造学社的影响。朱良文先生在回忆20世纪60年代的民居调查方法时说：“1963年，中国建筑研究院的程敬琪、孙大章等同志来到广东地区开展珠江三角洲农村民居调查，系里调派我去参加调查。这个调查由他们负责，我们华南工学院这边配合。当时的调查主要使用营造学社那一套测绘方法。”[①]

该时期民居研究所采用的方法深受营造学社的影响，亦可言这套方法在民居研究中得到了很好的传承。而此方法的核心，不仅体现于文献考证，还体现于实物考证当中。根据其研究特点，在民居建筑研究中，可细分为考古、考绘、考察、考辨四个方面的内容。“考”是其方法的共性特征，并成为经典建筑史学研究方法的主导路径及方法精髓。“考”在这一历史阶段的民居研究中，承担了十分重要的角色，并且对此后阶段的研究亦产生重要影响。

第三节

研究路径：
“考”式研究路径运用的主导地位

由于民居建筑研究产生根植于建筑史学研究的发展。从民居研究的使用方法来看，

① 见附录：朱良文先生访谈。

其方法是伴生于中国建筑史学方法的发展而发展，不断完善，并逐渐形成应对这一独特研究对象而具有较建筑史学研究更具拓展性的方法特征。但其初期阶段几乎完全依托于建筑史学的研究方法。即便如今民居研究方法已显现出多样性，但其基础也始终未脱离过建筑史学科最基本的研究方法。

这套最基本的研究方法即实物和文献参证法，该方法可视为经典建筑史学研究方法中的核心。赖德霖教授指出："在历史领域，实物与文献相互参证的方法是中国近代史学的革命性人物王国维所提倡的'二重证法'之一。"同时认为梁思成、刘敦桢和林徽因先生等对古代营造书籍的研究是将注释与实物例证之调查结合起来，在实物与文献的综合研究方面贡献卓越。[①]

经典建筑史学研究法，是以朱启钤、梁思成、刘敦桢等先生为代表的营造学社成员们在20世纪30年代研究中国传统建筑时广泛运用的具有近代学科特色的研究方法，兼具实物实测和史料考证的特点。该方法传续至今，是研究中国传统建筑最基础、最典型的研究方法，同时也成为其他研究方法综合拓展运用的基础。

傅熹年先生基于对史学研究的认识认为："从七十余年来研究中国建筑史的经验看，基本规律是从掌握史实（通过对实物和文献的调查研究）到形成史论，通过编写建筑通史和专史的阶段性渐进过程……"。[②]侯幼彬先生在论述"史"与"论"之间的关系时，认为"史中有论、论中有史"。[③]可见，学者们基本按照"史料收集"和"史论"两个阶段来看待建筑史学研究的过程。将古代建筑史料的收集、整理，古建遗址的考据，古建筑的测绘视为"史料"的收集过程，将"论"视为获得史料后的进一步研究工作。因此，经典史学研究法可分为"史料建立"和"史料分析"两个阶段。这两个阶段可以相互独立，也可以综合运用。20世纪60年代开展的民居普查和调查工作主要以收集史料为主。在实际成果中，研究者在某些内容的探讨上也加入了相应的考证、推测和分析，因此，严格意义的区分很难做到，仅是"史"与"论"的阶段不同，"史料"是基础，"论"是进一步的目标。

关于史料，史学对于遗存的研究不仅包括遗存考古、也包括遗存实测。这又可分为三个层面。第一个层面，由于我国长期发展稳定成型的木构体系，受到使用寿命的限制，许多实体已无从考证，只能借助文献进行推测，文献法成为该类研究的主导方法。第二个层面，有遗址留存，但无法完全反映当时建筑的原始状态。该类遗存主要借助考古学的方法进行古聚落、古城、古建筑遗址和古墓葬遗址的考察等。第三个层面，我国目前遗存的古建筑，有些尚且仍在使用中。较为完整的官式建筑可追溯至唐代，而等级较低的民居建筑大多追溯至明清。以上几个层面中，前两者主要通过文献考据和遗迹考

① 赖德霖．中国近代思想史与建筑史学史［M］．北京：中国建筑工业出版社，2016：239．

② 傅熹年．对历史建筑研究工作的认识［A］//中国建筑设计研究院成立五十周年纪念丛书：论文篇［M］．北京：清华大学出版社，2002：320-325．

③ 侯幼彬．中国建筑美学［M］．哈尔滨：黑龙江科学技术出版社，1997：前言．

证方法，后者主要使用实物测绘的方法获取史料。民居遗产是最面广量大的存在，它们中很多空间尚且完整、可使用性尚且存在，对其进行抢救性实测以及研究分析工作也是民居领域最为广泛和最为重要的方法之一。

结合民居建筑的研究特点，经典史学研究法在其运用上主要体现为从考古、考绘、考察、考辨几个方面进行开展。

一、实地考古：发掘遗存——“考古”

（一）考古学对建筑史学研究方法的影响

除了被载于古籍、石刻等仅有图字信息的内容无法进行建筑实物考证外，大部分建筑史研究的内容需要对遗存进行实地调查和研究。而实物的考辨往往又以考古学的方法为蓝本。徐苏斌教授认为中国和日本的建筑史研究方法都借鉴了考古学研究方法。同时提到日本学者伊东忠太开始考察北京时主要是借鉴了詹姆斯·古法孙（James fergusson）在研究印度建筑时首先采用的考古学方法。[①]

考古学是由西方引入的，在这之前，我国历史上类似于考古学的学科称为“金石学”。“金石学”在北宋时期就已初具规模，发展至明清时期达到鼎盛。它的主要研究对象为古代青铜器、石刻碑碣、竹简、甲骨、玉器、砖瓦、封泥、兵符、明器等文物。金石学的研究方式是通过著录和考证文字资料，其目的是为了证经补史。“但其未对器物的形制、划纹等进行深入的研究，也没有进行断代研究，故而未能形成完整的学科体系”。[②]西方考古学于19世纪末传入我国，随着对东方古国的文化猎奇，西方各国纷至沓来，西方学者将考古学方法运用在我国历史遗迹的研究上，对我国的考古研究工作产生了极大的影响。受其影响，我国早期的金石学，继而在“器物学”的基础上与西方考古学结合发展成我国近代考古学。

就考古学的空间范围而言，它是研究古代人类居住和活动的地方。20世纪20年代，国外学者与我国学者进行合作考察。1921年瑞典学者安特生在河南考察，于渑池县城北9公里处发掘仰韶文化遗址。1954～1957年中国科学院考古所独立进行研究，大规模开掘西安半坡遗址，发掘新石器时代的大型聚落。发掘面积达10000平方米，包含围濠、居址、陶窑、墓地等丰富的遗迹。这为研究人类早期居住形式提供了物质基础。

考古学资料收集方法，主要手段是调查和发掘。考古学在探寻人类居址时首先实地勘察。勘察时，做好文字、绘图、照相和测量等各种记录工作。文字信息记录主要包含：遗址编号、地名、隶属关系、遗址位置、海拔高度等。在对古代城址进行勘察时，

---

① 徐苏斌．日本对中国城市与建筑的研究［M］．北京：中国水利水电出版社，1999：4.

② 张之恒．中国考古通论［M］．南京：南京大学出版社，1995：24.

通常先从整体上了解其布局，确定城池包含范围，同时寻找城门位置，并以此为依据，根据城池布局的一般规律寻找主干道和主要建筑的遗迹。[①]杨鸿勋先生认为："科学地考察遗址是重要的途径，这也就是建筑考古学的重要任务之一。"[②]

1．对木构年代判定及发展演变规律的探寻手段

考古学对建筑史学的另一个影响体现在断代上。考古学被喻为时间的科学，其研究的一项重要内容便是在发掘和研究时要对其年代做出准确的判断。20世纪50年代后，人们在发掘遗址时，依据层位关系，根据器物类型学进行分类研究。这种做法改变了单纯地寻找器物间的"演变途径"，严格地依据底层叠压关系或遗迹间的打破关系，在分层的基础上探寻器物组合与形制变化的规律。而建筑学专业对古代建筑的（非史前文化遗迹）的判断除了建筑本身的梁架或题记已镌刻年代外，对于无明确年代记述的建筑主要依据碑刻、文献记载、建筑形制、建筑规模、尺度、样式、材料、构造、意匠样式手法等，采用比较法进行年代的推断。早期的文献《穴居杂考》及《云南一颗印》等文中都提及年代判定的问题。随着21世纪科技的进步，考古学对于年代判定的方法更加多样化、现代化和科技化。发展出诸如碳十四断代、AMS、古代树木年轮、古地磁法（PM）等断代技术，生物遗存分析和物理、化学对古代遗物的物种、物质成分的分析技术等。[③]这些科技成分较高的方法虽然很难在建筑学领域普遍使用，但也提供了一些思路和手段予以借鉴。

2．从注重器物层面到注重器物与人之互动关系的探讨

考古学本身的发展过程也进一步影响到建筑史研究方法观念的转变。早期的考古学是以历史学为本位，不断与地质学、生物学学科交叉而衍生过来。因此，早期的考古学注重器物层面的研究。而历史学学科本身在不断的演进过程中又与人类学结合，发展出历史人类学。将人类的衣、食、住、行、风俗、礼仪、婚姻、家庭、亲属关系结构等列为研究对象。基于此种演变，考古学的研究内涵也进一步得到拓展与深化，进而对建筑史学的研究产生影响，主要拓展为两个方面：其历史学层面对建筑史研究的影响主要体现在名物的辨析、形制的考证、宫室的见闻、城防的定位等文字叙述性内容；而在人类学层面的影响主要体现在人与空间的关系探讨上。物质空间关系体现着社会、家族的深层组织结构，其实质是人与人之间关系的反映，是各种社会、文化、经济因素投射于空间的集合。考古学的研究对象从器物层转向对人的关注的转变过程极大地影响了建筑史学，赖德霖教授认为："考古学方法的引入极大地改变了传统建筑史研究，是建筑史研究在社会科学方面的一大进步"。[④]

① 张之恒．中国考古通论［M］．南京：南京大学出版社，1995：34.

② 杨鸿勋．略论建筑考古学［J］．时代建筑，1996（9）：31-32.

③ 中国社会科学院考古研究所，任式楠，吴耀利，等．中国考古学·新时期时代卷［M］．北京：中国社会科学出版社，2010：序言.

④ 赖德霖．中国近代思想史与建筑史学史［M］．北京：中国建筑工业出版社，2016：239.

（二）考古学方法在民居研究中的运用举例

考古学对人类早期遗址的发掘，并非仅仅是记录这些遗址的特征，其研究方法的指向之一是借助早期人类遗址来研究不同的人类文化类型，以确定同一文化体或文化集团，例如龙山文化、仰韶文化等。而考古学的这些发现恰恰可以作为建筑学者探知早期人类居住形式的依据，并能从中发掘其相应的演变过程。例如，通过考古学发现，距今50万年前的人类居住遗址主要是利用天然洞穴。而距今1万年前的新石器时期，人们开始使用石斧、石凿等器具营构居室。穴居和巢居是古代社会发展出的两种主要居住方式。这两种居住形式也能从古文献中得到参证。如《易经·系辞》中提到“上古穴居而野处”①,《礼记》中提到“昔者先王未有宫室、冬则居营窟、夏则居橧巢”②。从这些记载，不但可以使我们了解古人居住形式，还能了解其选择某种居住形式的原由和目的。通过对穴居遗址的深入研究，学者们还能据此判定某种居住形式出现的先后顺序，即发展演变过程。例如，学者们发现最先出现的穴居形式是横穴，此后又出现了袋形竖穴、半穴居、原始地面建筑、分室建筑等。在对宫殿遗址的发掘中，河南偃师县二里头的早期宫殿遗址的殿周围半廊或复廊围绕形式的出现，使学者们意识到该时期已出现帝王贵族府邸以及庶民住宅的分化，并推断这是早期宫殿的形制。如《史记》曾记载：帝纣王“益广沙丘苑台，多取野兽蜚鸟置其中，慢于鬼神”③（即殷纣王曾在沙丘建设大规模别院、园林），可推之统治者享乐欲望的膨胀，新的建筑类型也随之不断涌现，如宫室、坛庙、陵墓、园囿等。依据汉代墓葬出土的明器结合文献推测，汉代民居建筑在结构类型、单体和组合配置等方面，已发展出包括抬梁、穿斗、干阑、井干等较为成熟的结构体系。④⑤⑥可见借助考古发现，早期建筑的发展演变线索进一步清晰化。

二、测绘实物：考遗测绘——“考绘”

（一）建筑测绘在建筑史领域的运用

“考”在辞海中有多种释义，其中之一为“思虑、研求”之意。⑦而研求不仅可以体现于文献上，亦可体现于实物中。不同于考古，对于现存实物而言，其可能仍置于使用过程中，用测绘的方法进行实物考录，体现为通过绘制以研求的目标，即考绘的过

① 易经·系辞.

② 礼记·礼运.

③ 史记·殷本纪。

④ 刘致平. 中国居住建筑简史——城市、住宅、园林［M］. 北京：中国建筑工业出版社，1990：1-51.

⑤ 孙大章. 中国民居研究［M］. 北京：中国建筑工业出版社，2004：8-36.

⑥ 王其钧. 中国民居三十讲［M］. 北京：中国建筑工业出版社，2005：12-14.

⑦ 辞海编辑委员会. 辞海［M］. 第六版彩图本. 上海：上海辞书出版社，2009：1225.

程。测绘作为近现代古建筑研究的经典方法，是由现存建筑的特性所决定。由于考古发现往往是对深埋于地面以下的遗迹考察，其考察手法固然与矗立于地面的建筑考察手法不同。建筑测绘的方法由西方传入，营造学社时期已广泛运用。建筑测绘成为实物和文献参证法中对实物进行考证的重要过程。

梁思成先生在《清式营造则例》中提到："单靠文人的辞句，没有实物的映证，由现代研究工作的眼光看去感到极不完整"。[①]考察建筑遗存，测绘成为建筑学领域古建筑研究中非常重要的一项工作。

外国学者对中国古建筑的调查研究 表3-3-1

人物	国家	代表性出版物
威廉・钱伯斯（Sir William Chambers）	英国	《中国建筑、家具、服装和器物的设计》（1757年）
锡乐巴（Heinrich Hildebrand）	德国	《北京大觉寺》（1897年）
恩斯特・鲍希曼（Ernst Boerschmann）	德国	《中国建筑》（1925年）
亨利・茂飞（Henry Killom Murphy）	美国	《中国传统建筑的适应性》（1926年）
奥斯伍尔德・喜仁龙（Osvald Siren）	瑞典	《北京城门与城墙》（1924年）
伊东忠太	日本	《中国建筑史》（1925年）
关野贞	日本	《中国文化史迹》（1939年）

早在营造学社对我国古建筑进行调查之前，一些西方学者和日本学者已涉及并展开过一些调查记录（表3-3-1）。如威廉・钱伯斯（Sir William Chambers）、锡乐巴（Heinrich Hildebrand）、恩斯特・鲍希曼（Ernst Boerschmann）、亨利・茂飞（Henry Killom Murphy）、奥斯伍尔德・喜仁龙（Osvald Siren）、伊东忠太、关野贞等。

1932年开始，营造学社有计划地实施野外调查计划，意欲对全中国的古建筑进行普查。[②]普查的目的是寻找哪些地方存在较为重要的考察对象，进而为测绘做筛选准备。测绘的目的是详细地以图示语言记录古建筑的现存状况，包括平面形制、梁架、屋顶举折、墙面、材料、装饰工艺等。由于古代文献不足以帮助复原传统营造学，历史遗存于是充当了认识过去不可或缺的标本。不仅寻找、发现、记录和鉴定历史遗存成为建筑史研究的重要内容，而且实物和文献的相互参证也成为新的研究范式。[③]

精测法与略测法的选择

在测绘古建筑的过程中，学者们针对不同的测绘情况，选择采用的测绘方法也有所不同，又可分为精测法和略测法。营造学社几乎每次大规模的测绘活动都先行制定了路线和计划。精测法和略测法结合在时间有限的调查中。如《正定调查记略》中记载："计

① 梁思成. 清式营造则例［M］. 北京：中国建筑工业出版社，1981：5.

② 林洙. 中国营造学社史略［M］. 天津：百花文艺出版社，2008：105.

③ 赖德霖. 中国近代思想史与建筑史学史［M］. 北京：中国建筑工业出版社，2016：xiii.

摄影或测量的建筑物十八处，详细测量者六处，略测者五处，其余则只摄影而已。”[①]在精测和略测分类的原则分析上，狄雅静、王其亨教授认为营造学社精测的主要对象为《营造法式》术语关系极为密切的早期木构，略测的对象主要为已有所认识的晚期的明清建筑。这是与学社目标之一，即对《营造法式》进行研究、分析、解读的任务相关。[②]

在时间充裕、人员足够的情况下，精测法常得到选用。梁思成先生曾记录了当时调查测绘的三个阶段：“前期准备”“外业工作”“整理研究”。[③]（表3-3-2）

由于测量内容不仅涉及建筑平面，还包括结构、细部等。高空作业能力也成为考量研究者胆量和身体素质的一种必备能力。（图3-3-1）

梁思成等先生调查测绘的技术步骤 表3-3-2

前期准备	文献搜查	搜集地方志、游记、图画照片等，垂询、探听传闻以及歌谣诗词等
	工具准备	1. 测量用具：平板仪或测量仪、水平仪、皮尺、折尺、钢尺、比例尺、算尺、细麻绳、望远镜、放大镜、铅笔、自来水笔、墨水、图钉、小刀、彩色铅笔、水彩色及笔、速写拍纸簿、日记本、绘图蜡纸（不必需）；2. 拍照用具：照相机、三足架，大小各一，胶卷胶片、感光表、黄光镜、镁粉或灯，或自带冲洗设备；3. 拓碑用具：纸、砚、墨、拓包
外业工作	预查与分工	探查周边建筑遗物，结合研究对象的形制特征，预判遗物的建造年代。对其价值进行初步判断，据具体情况实施任务分配
	测稿绘制与文献记录	总平面、各个建筑物平面、断面、细节，并写生
	实测	1. 对建筑平面进行测量；2. 对建筑的梁架与斗栱进行测量；3. 屋顶测量；4. 对细部构建进行测量；5. 对总体尺寸、方位、角度进行测量；同时记录重要建筑物的损坏情况
	绘制仪器图稿以及数据检查	使用坐标纸尽可能在现场进行图纸绘制，对有遗漏的地方进行现场补正
整理研究	文献研究	进一步研究文献资料，与现场所得的实物资料进行对证
	绘图	以测量图稿为基础，参照实物照片，绘制成正式的墨线图纸
	年代分析	通过实物部件的尺寸、比例，判断建筑各部件的建造年代
	撰写调查报告	汇集调查测绘、文献研究、分析考证的研究成果，撰写科学、翔实的调查报告

（来源：参考 李婧. 中国建筑遗产测绘史研究［D］. 天津：天津大学，2015. 编制）

某些时候，因为研究者独立完成某幢建筑的测绘，在没有他人协作的情况下，研究者也发展出一些独特的方法。如据戚德耀先生回忆，1964年刘敦桢先生安排他前往巩县宋陵测绘，他回忆道：“经过了那么多的测绘调研工作，我已经形成了一套自己的测绘

① 梁思成，正定调查纪略［J］. 营造学社汇刊，4（2），1933：2.
② 狄雅静，王其亨. 营造学社测绘技术思想评析［J］. 建筑师，2017（4）：62-67.
③ 李婧. 中国建筑遗产测绘史研究［D］. 天津：天津大学，2015：76-80.

图3-3-1 梁思成与林徽因先生测绘古建筑照片
（来源：胡木清，黄淑质. 梁思成 林徽因影像与手稿珍集［M］. 上海：上海辞书出版社，2014.）

方法。我出去的时候，随身携带一个大铁钉、一个卷尺、一把钢尺，还有相机，先是拍照和绘制测绘草图，再就是量数据。在量一些大的尺寸时，我就把铁钉插在地上（在那边都是泥土地，铁钉比较容易插），把卷尺一端套在铁钉上，量出大的尺寸；再用钢尺量出较短的距离。我一个人拍照、测绘都可以，大铁钉很重要。”[①]

陆元鼎先生在广东房龙世居的调查测绘时，提到使用步测法。“步测法就是用步距来测量。人的步距一般是均匀的，我的步距一般是45厘米，通过走路可以测出长度和距离，但一定要走两次，确保尽可能准确。一般用工具测量都需要三个人，两个人拉皮尺，一个人记录。如果是一个人去调查，步测法比较适用。”[②]这是典型的略测法，尤其适应于独立调研和尺度较大、但对精度要求不高的组群建筑测量。

而应对测绘时间比较紧张的情况，日本学者伊东忠太、关野贞、竹岛卓一等在1933年对我国承德地区的建筑考察时，也使用了略测法。竹岛卓一在《承德——清代的文化》一书中这样描述测绘过程：“这样一路辛苦经过凌源、平泉，到承德的时候已经是十月份了……利用了中国建筑的特征，从门开始往里测量了中心建筑的间隔和大小，以及中轴线两侧左右对称的配殿之间的距离，没有时间测量平面图上的柱间距就从对角线方向拍下建筑，然后用透视法在绘图桌上推测。用这种略测法自1930年以来已经累计了经验，用这种方法可以以较少的人数测绘中国建筑这样的群体建筑，虽然不精确，但我想基本上没有大错。”[③]

另一种类型的测绘即传统园林的测绘，其不仅涉及建筑，还涉及对“景”的记录。一些园林测绘图的景观手绘主要采用略测法，记录大致的建筑与景观关系，亦有一些采用精测法，例如在苏州园林的测绘中，刘敦桢先生对研究室成员的绘图提出了精测的要求，

① 东南大学建筑历史与理论研究所. 中国建筑研究室口述史（1953-1965）［M］. 南京：东南大学出版社，2013：31.

② 见陆元鼎先生访谈章节内容。

③ 转引自：徐苏斌. 日本对中国城市与建筑的研究［M］. 北京：中国水利水电出版社，1999：122.

对不规则形状的景物如假山、水池、溪涧、峯石、道路、花木等，都要准确测出其所在位置和形象，同时对花木的干、枝、叶、花、果在不同季节时的变化，以及日、月、风、雨、雪与园景互动产生的各种声、影形象（如雨打芭蕉、月映池水等）都要如实记录。①

无论是精测法还是略测法，对实物的考察记录都是历史建筑研究非常重要的一步。其选择主要根据研究者的时间、人力投入、工具配备等现实条件而进行。在测量后所记录的数据均需要体现在图纸上，为了控制测绘过程中画图的比例尺度，绘图者一般使用专门的坐标纸进行绘制和记录。

（二）民居测绘

1. 民居测绘中的尺寸误差

民居测绘通常也采用精测法与略测法。只不过，由于民居的构件不如官式建筑繁复，其测量同样单位面积的用时相对较短，测量精度要求不如官式建筑高。但在数据采集以及核算等方面同样需要进行后续的步骤。无论是由于初始施工时产生误差，还是长久以来经历日晒雨淋后的材料变形，其后期所测得的尺寸均会包含误差。因此，在采集完各种数据之后，绘制正图之前，往往需要核对全图的测量数据。为了使数据于后期得到统一，一般需要遵循一些基本原则，例如：次要尺寸服从主要尺寸；分尺寸服从总尺寸；少数服从多数；后换构件服从原始构件。②

2. 民居测绘中的尺寸换算

在民居调查测绘方面，陆元鼎先生在访谈中提及在正图标注尺寸之前，还需进行一个营造尺复核的程序，因为当下所采用的测量数据均是以公制记，而古代使用的则为营造尺。各地的营造尺又有所区别。过去丈量尺寸时以大门的门尺作为标准，使用丈、尺、寸等为基本单位。因此，弄清当地的门尺，将现代测绘数据转化成门尺，再复核各数据，才能真正反映建造时所采用的营造尺度。

研究者将民居建筑作为史料进行收集，其核心的方法是对建筑实物进行测绘。测绘包含“测”和“绘”两个过程。测主要为室外作业、绘主要为室内作业。研究者在测量基础上，将尺寸等标注于草图之上，经过尺寸复核后，再进行正图绘制。在实测前，研究者拟通过各种方式让自己具备一定的民居建筑营造专业知识，或在有条件的情况下，先研读相关的历史文献：史志类的如省志、县志、州志、村志、寺志等，家庭史相关的家谱、族谱等，其他作类的如诗作、游记、笔记、歌谣等。当然，也存在在测绘过程中或测绘完后获取和查阅的情况。

对于测绘的内容，不同精度要求的测绘严格程度往往不同。对于精度要求较高的测绘，需要对每一构件进行精细的测绘和勾画，每个构件需要分类编组，逐一编号和登

① 见附录：刘叙杰先生访谈。

② 李婧. 中国建筑遗产测绘史研究［D］. 天津：天津大学，2015：381.

记。对于精度要求不高的测绘，同类构件可不重复绘制。为更好地对照原物，照片的采集也至关重要。采集时应记录照片编号和对应的构件，并列表进行记录。新型的技术手段可以使照片位置直接与GPS关联，直接导出采集地的地理信息位置，对于需记录建筑位置信息的照片具有高效采集的意义。

3. 制约条件下的应对智慧

民居测绘在具体过程中如何进行，通过考察20世纪80～90年代出版的研究成果，并对部分著作（如《广东民居》《湘西城镇与风土建筑》《桂北民间建筑》等）撰写学者的访谈，可大致了解到当时民居测绘的一些具体手段和情形。前述已提及过陆元鼎先生等在调查中所使用的步测法等。魏挹澧先生和李长杰先生亦回忆了当时的测绘场景和相关细节。

《湘西城镇与风土建筑》一书中呈现的湘西民居调查内容，魏挹澧先生在调查测绘时，面对高难度的悬河吊脚楼测绘，针对现实条件想出了特殊的测绘办法。魏先生回忆道：

> “吉首市是沿着一条河发展的带形城市，这条河叫峒河，沿河有一条超过百米长的吊脚楼民居群（图3-3-2）。前店后河的布局，外侧是河，里侧是街。长街临水一面挑出的吊脚楼悬在河壁上，其干阑插在河沿岸的石头上，它是当地苗族地区很好地利用地形的典型民居之一。这样的民居建筑群，现在已很难觅见了，由于它位于中心区范围之内，经与政府沟通，中心区规划将其定为保护建筑。我要求学生把它测绘下来，没有仪器学生很为难，我给他们提出建议，平面拉皮尺测量，立面可到河的对岸，借用画素描的方法，用铅笔以及视线测量出相对比例关系，再与平面对应进行调整，最终绘制出一张完整的测

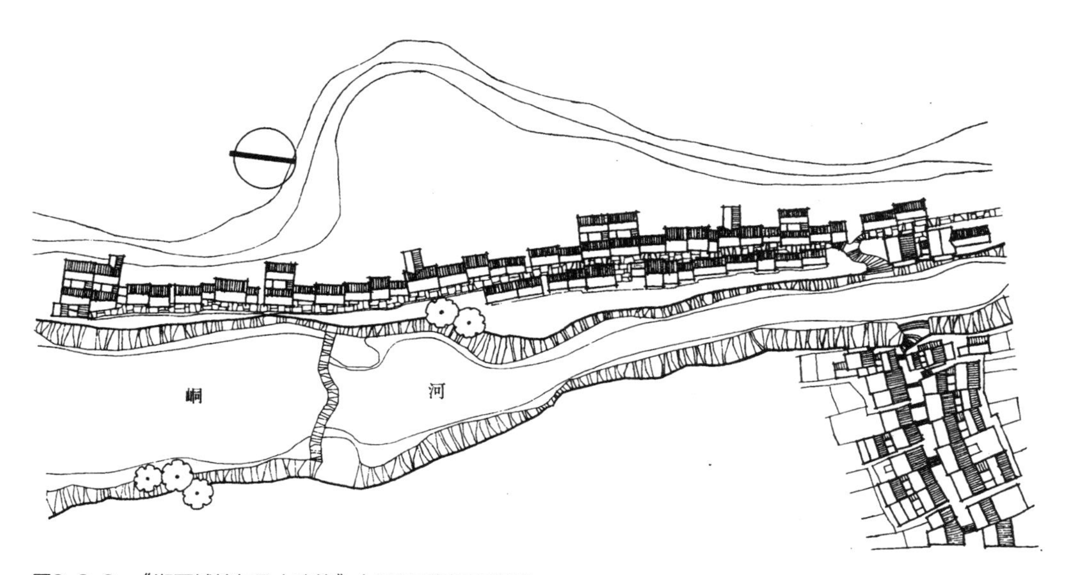

图3-3-2 《湘西城镇与风土建筑》中峒河两侧民居测绘
（来源：魏挹澧，方咸孚，王齐凯，等. 湘西城镇与风土建筑［M］. 天津：天津大学出版社，1995.）

绘图，这张图竟使用了2米多长的硫酸纸。同时，我还动员同学们利用课外时间画了很多民居速写。”①

著写《桂北民间建筑》的李长杰先生带领设计院的同志，汇集了设计院的勘测技术力量，以精确测量的方式开展调查。李先生对当时的情形回忆道：

“我当时选了几个人，协助我一起做民居、村寨公共建筑和村寨总平面的测绘工作。因为村庄里的民居分布是零零散散、高高低低的。如果没有准确的高程，没有具体的房屋位置，做村寨空间分析、村寨视线分析的结果就会不科学、不准确。对于垂直高程和相互位置关系的测绘我定了一个原则，即用独立坐标来表达它们相互之间的位置关系，用独立高程表示高差关系。我不采用全国统一坐标，也不采用统一高程。而是每个村寨设独立坐标，每个村寨河流水面高度设为零点高程，测出所有房屋的位置和高程。因为所有的房子都比水面高，取水面为零点高程，便于分析出寨子的高度。因此，我们测得的所有建筑相对位置和高程数据都是精准的，村寨图上都标有准确的测绘数据。

我们在测绘工作中都非常敬业。如在测风雨桥时，用绳子绑在身上，从桥上吊下去，可以精确地测出风雨桥每一根木桥梁的长度、头径、尾径，桥上立柱、屋面横梁、屋面坡度、重檐、出檐、平面、立面、剖面等，都做了精准测绘。其他公共建筑，都按此方法进行测绘。建筑的研究、分析过程、画图等都以测绘数据为依据。《桂北民间建筑》出版时，去掉了坐标、高程、长度、直径等数据。虽在书上看不到这些数据，但这些数据我们都有保留，都可以查到。”②

从以上各位先生对当时测绘情形的回忆，可见在当时测绘条件和测绘手段有限的情形下，研究者们尽可能采取各种措施来应对不同的困难，也可以感受到民居的调查测绘不仅需要具备上梁下桥的勇气，还要有具体问题具体分析的智慧。

民居研究成果中多用钢笔画呈现建筑平面、立面或立体效果，而这些钢笔画都是研究者们现场或根据照片，用线条一笔一线勾勒出来的。这一过程，在李长杰先生的回忆中，是这样完成：

① 见附录：魏挹澧先生访谈。

② 见附录：李长杰先生访谈。

图3-3-3 《桂北民间建筑》中的手绘插图
（来源：李长杰. 桂北民间建筑［M］. 北京：中国建筑工业出版社，1990.）

“为了更好地记录桂北民居建筑形象，我们照了几麻袋照片。但在书中全用照片肯定不行，因此就根据照片一张一张地把每个镜头都画下来（图3-3-3），一共画了一千多张。但民居研究都是利用业余时间来做的。这一千多张图，前后共花了六年多的时间。手稿的图幅大概是50～70公分（厘米）长，30～50公分（厘米）宽。拿到中国建筑工业出版社出版时，这些图都进行了缩印。”

著作的图示内容仅呈现其精美动人的结果，而研究者艰辛的努力过程却往往隐于图纸的背后。从选址、调研、测绘到成图，这一系列过程均饱含研究者的精心投入与研究情感。

4．图示表达的俯视效应：在意“向地”的生活承载及剖显其空间使用性质

细致地考察早期民居研究专著，民居测绘成果主要以民居建筑的平面图、立面图、剖面图、构架图、构造图、装饰详图、剖视图等进行表达。由于民居构建往往不如官式建筑繁复，民居测绘中的剖视成果中对仰视的表达较少，而平视、俯视的居多。之所以呈现此种现象，推测可能与以下原因相关：（1）传统官式建筑在构建的精美度上大大超过民间建筑，其结构部位往往成为其喻示和传达身份、地位的重要表征，对其刻画和表现显得尤为重要。而仰视也正能清晰地反映这种内部的结构关系，应承一种精神

的需要。（2）官式建筑中所表达的精神性大过于民间建筑所在意的生活性。前者存在向上的仰视与崇拜，而后者着重于向地，从土地中拔地而起的建筑更能承载人们的生活。（3）从图像意欲表达的现实性而言，俯视更易于反映切实的居住状态，更多地反映对空间使用性质的关注。（图3-3-4 ~ 图3-3-8）

从图示表达中可间接反映出民居研究者所关注的对象。这一现象所传达的信息是民居不同于官式建筑的研究特性。这亦能解释刘敦桢先生于20世纪50年代出版的《中国住宅概说》中并未从结构上对民居加以分类，而是首先关注到平面形态的差异性。

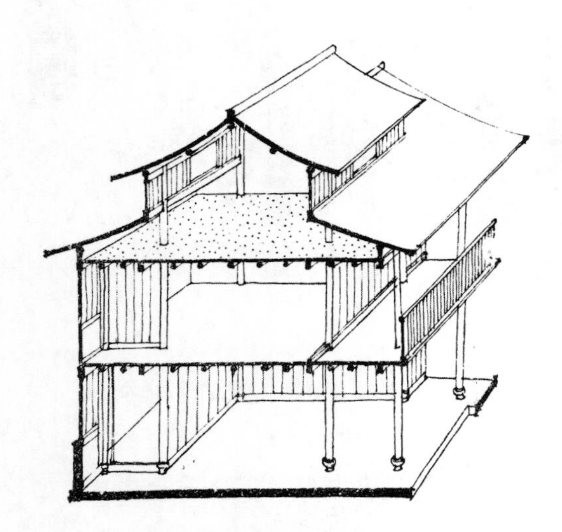

图3-3-4 《浙江民居》某宅俯剖视图
（来源：中国建筑技术发展中心建筑历史研究室．浙江民居［M］．北京：中国建筑工业出版社，1984.）

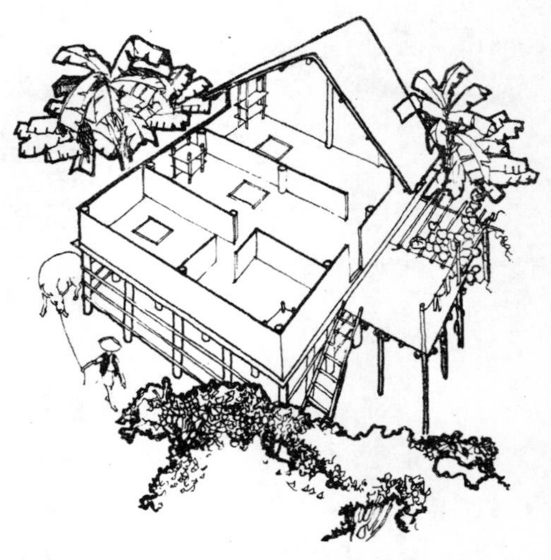

图3-3-5 《云南民居》某宅俯剖视图
（来源：云南省设计院．云南民居［M］．北京：中国建筑工业出版社，1986.）

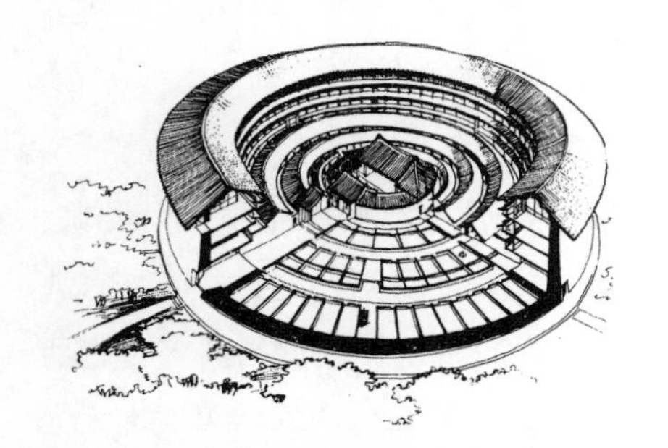

图3-3-6 《福建民居》某宅俯剖视图
（来源：高鈐明，王乃香，陈瑜．福建民居［M］．北京：中国建筑工业出版社，1987.）

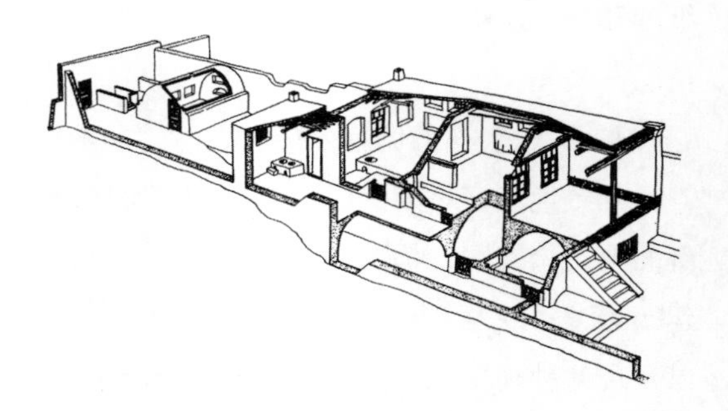

图3-3-7 《新疆民居》某宅俯剖视图
（来源：新疆土木建筑学会，严大椿．新疆民居［M］．北京：中国建筑工业出版社，1995.）

图3-3-8　奉国寺大殿
（来源：郭黛姮．南宋建筑史［M］．上海：上海古籍出版社，2014．）

三、据点考察：人类学式观察——“考察”

传统的测绘法解决了对物质载体的忠实记录，但未能完成对建筑空间的使用方式以及建筑物匠作过程的调查和记录。基于此问题，我国民居研究吸收了人类学的田野调查方法，进一步完善了史料收集的完整性。

人类学的田野调查方法是由英国功能学派代表人物马林诺夫斯基（Bronisław Kasper Malinowski）奠定。该方法主要通过观察与访谈来认识事物本质。观察包含参与式观察（Participant Observation）和非参与式观察（Non-participant Observation）两种。参与式观察要求研究者深入某一地域，亲身体验，参与到被研究者的活动中，并保持客观独立的观察。非参与式观察不要求研究者介入观察对象的活动中，只做客观观察。田野调查法往往是自下而上的研究过程，通过对个案的研究上升至对整体事物的把握，强调研究者从被研究者的角度出发，站在被研究者的角度理解其思想、行为。具体的操作方式常包括观察、结构性访谈、非结构性访谈、半结构性访谈、研究日记等。

结构性访谈（Structured Interview），主要指事先已字斟句酌地设计好每一个需要访谈的问题，被访问者只需要根据设定的内容进行回答即可。封闭式问题通常用于结构化访谈中。非结构性访谈（Unstructured Interview）没有既定的程序和访问内容，而是研究者根据被访者的现场反应灵活地提出问题，交谈的内容往往随机而开放。比较前两者的优势，结构性访谈程式化程度高，若以问卷的调查形式，回收效率高，结果较有可比性。非结构性访谈易于获得研究主体的主观想法以及问题设置之外的自由交谈。半结构性访谈（Semi-structured Interview）兼具前两者的优势，既事先设置一定的问题框架，然后在访谈过程中于某一问题节点上继续追踪询问，以获得更为翔实而可靠的答案。许多学者在研究中，多将半结构性访谈形式运用其中。

梁思成、刘敦桢先生等营造学社成员当年在研究中国建筑的法式时，曾多次寻访匠师，以考证破解传统工程术语以及了解算例等。今天分布于各地留存下来的民居没有统一的法式，但由于各地区气候、资源、材料、技艺、风俗的差异，民居的系统中呈现不同的形式特征和匠作特色。而囿于民间资料对匠技、匠艺记载的匮乏，进而不得不面临需抢救性地获取各地匠师访谈，以记录和留存非物质文化遗产并将其作为基础资料。

我国古代参与过大型宫殿和桥梁建设的知名匠师得到历史文献的记载，如鲁班、李春、喻皓、李诫、蒯祥及样式雷家族等。[①]而许多民间匠师却鲜有被记载，对于各地域独特的工艺和做法也只能通过实物来辨析，由于研究者之语言体系往往受官式建筑语汇影响。在做民居建筑研究时，受条件所限，在不清楚当地对某些构建的称谓时，往往将官式命名与地方命名混同。关于名词差异性这一问题，在刘致平先生的《云南一颗印》民居研究中就已被关注到，在其原著《昆明东北乡调查记》中已附有宋、清及滇中名词对照表。此后的一些民居研究中，并非所有的地方名称都被考证，有些时候还出现了不同地域的名称被相互借鉴使用的情况。这些情况的出现往往受客观条件所限，例如受到调研者的时间、调研者的访谈深度以及方言障碍等问题的影响。时下，随着非物质文化遗产逐渐被重视和关注，在传统工艺不断受到现代工艺冲击并逐渐失传的形势下，对匠师和匠作的关注逐渐凸显其紧迫性，不同地域遂开始开展收录匠师名册、访谈记录匠作过程、研究匠作工具、提炼匠师风格等研究工作。

早在20世纪50年代，陆元鼎先生就深入广东潮州地区调研，通过访谈匠师获知潮州地区的营造尺，并对民居的丈竿法进行了研究，[②]据陆先生介绍，当时去访谈匠师时专门请了翻译，但由于翻译并不是建筑行业的人士，最后翻译出的内容也仅仅是匠师所述的50%左右。

2001年在华南理工大学召开的第四届海峡两岸传统民居学术研讨会上，其主题为“营造与技术”，两岸的学者针对匠作技术进行了充分地交流。从当时的论文情况来看，关注点主要集中于木作、匠师技艺、防潮、防水、防白蚁和修复等论题。[③]2010年前后，关于民居匠作的专题研究逐渐增多，针对不同地区的匠作书籍陆续出版，促进了这一研究领域的迅速发展。同时，一些高校的博士论文以此为主题，研究者深入到匠作现场，以田野调查的方式，观察和记录匠作过程，通过对匠师的跟踪访谈细致地记录匠师

① 鲁班，春秋末鲁国人，不仅精通木艺，还创造出许多木工工具。李春，隋代安济桥（又称）赵州桥设计建造者。喻皓，北宋木匠，著写了《木经》。李诫，北宋建筑工程官员，奉旨重编《营造法式》。他汇集前人经验和民间工匠劳动智慧，将之制度条文化。蒯祥，明代北京城营建匠师。徐杲，明代优秀建筑匠师和水利工程师。样式雷，雷氏家族，为宫廷建设服务的建筑世家。

② 陆元鼎. 广东潮州民居丈竿法［J］. 华南工学院学报（自然科学版），1987（3）：107-116.

③ 陆元鼎，潘安. 中国传统民居营造与技术［M］. 广州：华南理工大学出版社，2002.

的匠作过程。以下提取了几篇访谈过程较为相似的博士论文进行比较。①-⑥表3-3-3的论文内容包含研究者对整个施工全过程的参与式调查，表3-3-4列举的论文是研究者对施工中某一环节或工种的参与式调查。

施工全过程参与式调查信息表（以部分博士论文为例）　　表3-3-3

论文名称	调查天数	操作模式	记录方式
纳西族乡土建筑建造范式研究	田野驻扎时间175天	参与式观察、结构与非结构性访谈、系谱调查	1. 5万余字田野调查日记记录日期、天气，记录与主人家及匠师打交道的细节； 2. 记录工地现场操作步骤； 3. 记录对匠师的访谈内容
中国白族传统合院民居营建技艺研究	2000年5月 2000年9～10月 2001年7～8月 2005年1～4月	参与式观察、对21位匠师进行访谈	1. 以日记方式连续记录某一施工现场的作业情况； 2. 对白族建筑构件的当地语言称谓进行记录，与汉语作比较； 3. 记录对匠师的访谈内容
匠作·匠场·手风——滇南“一颗印”民居大木匠作调查研究	2004年2月12～24日 2004年10月1～24日 2005年1月15日～2月11日 2005年4月22日～6月16日 共计114天	参与式观察、对30余位匠师进行访谈	一问一答式记录对匠师的访谈内容
浙江传统建筑大木工艺研究	文章未提及具体天数	参与式观察、采访一百多位师傅，重点访谈大木把作师傅24位	1. 对大木工艺的全过程进行记录； 2. 记录对匠师的访谈内容

针对某一具体施工环节或工种参与式调查信息表（以部分博士论文为例）　表3-3-4

论文名称	调查天数	操作模式	记录方式
山西风土建筑彩画研究	文章未提及具体天数	参与式观察、采访匠师若干，重点访谈三位	1. 访谈内容录音保存； 2. 将录音整理成文字后请匠师审核并签名
台湾建筑彩绘传统匠作文化研究	实际工地天数约半年，记录3件，参与部分施工15件	参与式观察、访谈11位匠师	1. 记录彩画所用材料及步骤； 2. 录像记录匠师的操作过程； 3. 亲自加入彩绘施工过程

以上对时间的摘录主要沿用各论文中记载的方式，由于各论文使用的方式不统一，笔者在摘录时未将其刻意统一，其目的是更为清晰地展示该类研究在时间上的不持续性。之所以产生此种现象，是因为研究对象的特殊性。与观察“人”的方式不同，观察

① 潘曦. 纳西族乡土建筑建造范式研究［D］. 北京：清华大学，2014.
② 宾慧中. 中国白族传统合院民居营建技艺研究［D］. 上海：同济大学，2006.
③ 杨立峰. 匠作·匠场·手风［D］. 上海：同济大学，2005.
④ 石红超. 浙江传统建筑大木工艺研究［D］. 南京：东南大学，2016.
⑤ 张昕. 山西风土建筑彩画研究［D］. 上海：同济大学，2007.
⑥ 李树宜. 台湾建筑彩绘传统匠作文化研究［D］. 广州：华南理工大学，2018.

一栋房屋的建造过程，往往因为时间跨度过大，全程跟踪的难度较大。且村民盖房子也会避开农忙时间，这一施工时间选择上的不连续性必然导致观察的不连续性。为了提高效率，研究者往往需要同时观察好几个工地，其优势是各工地进度不一，可以同一时间区间内记录不同施工环节的程序，缩短调查进程，以获得更多的分析和研究时间。

从以上几篇论文的共性来看，他们均采用了参与式观察以及对匠师进行访谈的方式，并以日记或摘录的形式认真记录下访谈内容，同时辅以相机拍摄照片，录音笔或录像辅助记录等。通过观察、记录（或亲身参与）从策划筹备、设计施工到建造落成的整个建筑建造过程，进而思考当地的匠作技艺、人际互动、社会约束、禁忌习俗、宗教信仰等内容，使用人类学的田野调查方法为各地民居做法留存宝贵资料。

四、文献考辨：考据文献分析——"考辨"

考辨往往是以上各环节完成基础上的分析工作，极大地考验研究者的研究积累、研究经验以及研究素质。考辨的过程通常需要文献的支撑。文献的考据在我国传统社会已普遍使用，其方法主要是通过文献中的信息对照，以整理、校勘、注疏、辑佚古代文献。

而传统建筑研究中的考辨往往建立在实物与文献综合分析的基础之上。实物研究对象既可以是由考古学发掘的遗址，也可以是由考察测绘获得的现存实物。从人类早期的遗址发现，通过考古学复原可了解居住建筑的源头及发展过程。不同朝代的明器、画像砖、石碑以及岩画、壁画等书画作品的发掘对了解人类居室演变过程、居住行为模式、材料使用等考辨研究均具有重要的价值和意义。例如，考古学对新石器时期居住遗址的发现，即可对母系氏族社会与父系氏族社会做出推断。结合不同时期的考古发现，将其与古籍文献进行对照，即可进一步获知和确信当时的居住状况。

杨鸿勋先生对早期巢居和穴居的演变序列做了探索，发掘土、木在建造运用中的地位变化。杨先生认为我国早期建筑形式一直围绕着土与木的共生而展开，其发展表现为由对土的依赖较为明显到木的使用逐渐占据主导地位的过程。随之，巢居的木质避体逐渐丰富，经过长期发展成为成熟的木构体系。[①]这些分析结论建立于考古的遗址发现以及文献的考据基础之上。（图3-3-9、图3-3-10）

对于古代民居发展史的研究，老一辈学者如刘致平先生[②]、孙大章先生[③]以及王其钧先生[④]均对不同分期民居建筑的历史演进进行了探讨，从而使中国民居建筑的纵向发展脉络得以清晰呈现。对于居住建筑形态的出现，业祖润先生在《北京民居》中使用后英房元代居住建筑遗址判断元代少数民族仍沿用唐宋汉族合院居住模式（图3-3-11）。[⑤]

① 杨鸿勋．中国早期建筑的发展［J］．建筑历史与理论（第一辑），1980（6）：112-135.
② 刘致平．中国居住建筑简史［M］．北京：中国建筑工业出版社，1990.
③ 孙大章．中国民居研究［M］．北京：中国建筑工业出版社，2004.
④ 王其钧．中国民居三十讲［M］．北京：中国建筑工业出版社，2005.
⑤ 业祖润．北京民居［M］．北京：中国建筑工业出版社，2009：32.

图3-3-9　巢居发展序列
（来源：杨鸿勋. 中国早期建筑的发展［J］. 建筑历史与理论（第一辑）. 1980（6）：112-135.）

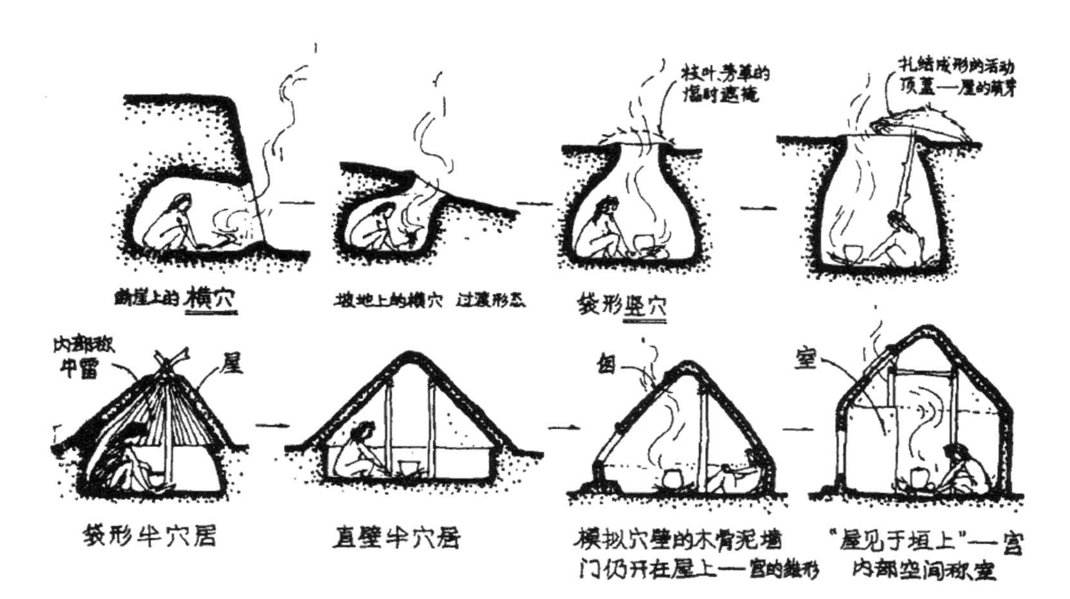

图3-3-10　穴居发展序列
（来源：杨鸿勋. 中国早期建筑的发展［J］. 建筑历史与理论（第一辑）. 1980（6）：112-135.）

《台湾民居》中关于台湾最早人类遗址的考古发现——长滨乡八仙洞旧石器时代人类遗址，阐释台湾地区人类早期居住形式。①《广东民居》中从关于广州近郊发现的墓葬陶器中的坞堡式明器，进而推之广州地区出现的坞堡建筑类型②（图3-3-12）。

① 李乾朗，阎亚宁，徐裕健. 台湾民居［M］. 北京：中国建筑工业出版社，2009：30.

② 陆琦. 广东民居［M］. 北京：中国建筑工业出版社，2008：11.

图3-3-11　北京后英房元代居住建筑遗址
（来源：业祖润. 北京民居［M］. 北京：中国建筑工业出版社，2009.）

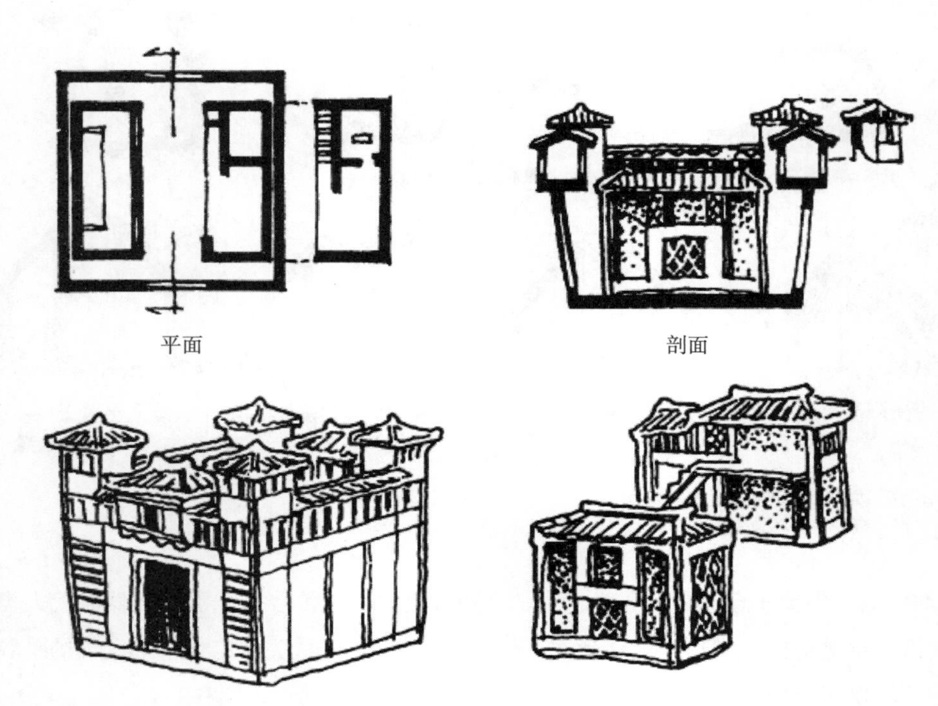

图3-3-12　广州汉墓出土陶屋——坞堡
（来源：陆琦. 广东民居［M］. 北京：中国建筑工业出版社，2008.）

除了有考古所获的实证外，文献、壁画、崖画、书画作品、歌谣等也成为研究考辨的信息之一。如谭刚毅教授从《千里江山图》等名画中提取了宋代民居和村落环境的信息，并结合史料对宋代时期汉族及部分少数民族的建筑平面形式、室内使用以及构筑行为及审美情趣等进行研究。[①]

除对遗址进行考古以外，对现存实物进行考绘的史料收集过程对于整个木构建筑体系以及成熟过程的认知均蕴含着巨大的价值。对建筑的历史进行研究，首先都需要对研究对象进行记录，并对艺术特征做出客观描述，这种描述建立在研究者对专业知识的深度了解之上。由于描述性的工作往往与研究者的既往经验相关联，其客观性遭到质疑。西方哲学家康德（Immanuel Kant）在《纯粹理性批判》中提出的“物自体”与“现象”这种差别，认为“物自体”虽存在但却不可被认知，认知的往往是主观赋予后的客观。然而，在我们的建筑史料建立过程中，这种主观性可以被物质的可度量性所消解。建筑作为实际存在的物质基础，蕴含了任意细节的尺度信息，并可进行三维空间展示。再加上我国木构建筑的定型化、标准化、模数化特征，对于史料的记录工作较其他艺术种类更为客观化和工程化。一方面，对实证史料的获取主要包括对建筑形制、结构、构造、材料、形式特征、装饰、尺度、细节、工艺的忠实记录；另一方面，建筑因是空间容器，往往反映人的使用行为，对人类使用情况的忠实记录也是史料建立所包含的重要信息。

民居研究在实物考证的基础上，还需结合族谱、县志、府志、民间歌谣等文献信息进行综合考辨、深度分析和佐证，以得出合理的结论。傅熹年先生说：“只有在掌握史实的基础上，深入分析时代建筑特点和传统形成的时代、地域、技术和文化诸方面的背景，厘清建筑发展的进程和历史规律，才既能从文化遗产的角度总结历史成就，又能从专业和历史经验角度对当前建设工作提供一定的参考、启发和借鉴作用。”[②]

第四节

路径后拓：
“考”式研究路径对后期研究产生的影响

“考”式路径成为早期民居研究方法的主导路径是必然结果。沿用营造学社的经典建筑史学研究方法，早期民居研究积累了大量调查成果。这一阶段的成果与“考”式路径的运用密不可分。虽然这一路径在此后的任何一个历史发展阶段均是最为基础的研究

① 谭刚毅. 两宋时期的中国民居与居住形态［M］. 南京：东南大学出版社，2008.

② 傅熹年. 当代中国建筑史家十书·傅熹年中国建筑史论选集［M］. 沈阳：辽宁美术出版社，2013：前言.

过程，但由于“民居”不仅具有物质实体的层面，还具有“人”的使用层面，包含空间与人的互动关系，因而，后期阶段中，其他路径逐渐释放出优势，弥补了这一路径的不足，并呈现多种路径的优势互补现象。但这一变化并非意味着“考”式路径的式微，考式路径仍是基础的研究路径，仅是它在使用时与其他路径的侧重点不同，且是与其他路径结合度最高的一种。而“考”式路径对后期民居研究产生的影响，主要体现在两个维度的方法视角，即法式理念引导的建构观和源流探索引导的谱系观。

一、营造之根：法式理念引导的建构观

老一辈建筑史学研究者结合史料，运用经典史学研究方法对传统建筑进行了深入的诠释和解读，奠定了大木建筑和小木建筑、官式建筑和民间建筑的基本研究范式。赖德霖教授认为，老一辈学者对中国建筑史研究范式的建立包含了强烈的“结构观”。[①] 这种观念的形成与我国以木构为标志的建构体系有极大的关联。以木材的特性形成的结构体系充分诠释了我国传统社会建造体系的特点，饱含了人民对这种材料特性运用的智慧。就建筑学科视角而言，这一出发点具有充分的合理性。只是，研究之初对研究对象的筛选就自然而然地落在了结构精美的官式建筑上。这在战争年代，也是极其迫切且极不容易的资料收集过程。

（一）基于“法式研究”之“结构观”于官式建筑研究中的重要地位

由于官式建筑基本处于“法式”的控制之内，形制成为木构建筑研究中较为典型的研究出发点。徐怡涛教授将古建筑重要的建筑形制定义为：“组成建筑本体的构件，其造作制度称为‘构件形制’，包括单一构件和构件组合的造型、次序、尺度和关系等。”[②] 张十庆教授在探讨古建营造技术时，基于对《营造法式》的理解，提炼了“样、造、作”等营造核心点。“样”既是一种图样，同时具有“形制法式”的约束和规范作用。“造”理解为标准化的结构类型与构造作法。“作”是不同工种分工及工程筹划安排。[③]

法式研究深刻影响了建筑史研究方法和研究内容，具体体现在对建筑结构和构件以及工种的重视上。早期学社成员在选择研究对象上，较多地关注古建筑的结构，体现为“结构观”倾向。此处所指的“结构观”是一种价值观念，即对研究出发点的价值选择。并非指仅关注狭义的结构内容。而这一方法起初对民居研究的影响力甚微，后不断得到重视。

① 赖德霖. 中国近代思想史与建筑史学史［M］. 北京：中国建筑工业出版社，2016：37.

② 徐怡涛. 文物建筑形制年代学研究原理与单体建筑断代方法［J］. 中国建筑史论汇刊，2009（10）：487-494.

③ 张十庆. 古代营建技术中的“样”“造”“作”［C］. 建筑史论文集，2002：37-41.

（二）“结构观”起初于民居研究中的非中心范式地位，然后有所回归

在复杂的国际社会形势下，民居建筑早期并不成为建筑史研究的重点，这一现象在20世纪40～50年代得以扭转。刘敦桢、刘致平、龙庆忠等先生就民居进行了专题调研并出版了成果，随后各地民居调研也相继展开。只是“结构观”起初并没有在民居研究中展示其中心范式地位，这是与民居作为研究对象的特性和当时的研究条件相关的。由于封建社会等级限制，民居的结构、用材、规模都受到严格限制，木作的等级相应较低，构建相对简单。对其关注的重心自然转移至其形态多样化的特征以及与生活相关的内容，如民俗、生活习惯等。20世纪80年代文化热潮的影响，民居与文化成为重要的议题。文化差异背景下的民居研究成为主流，不过，在此过程中，从地理、气候、环境、技术、工艺视角的讨论也有所展开。2009年联合国教科文组织保护非物质文化遗产政府间委员会第四次会议上，我国申报的“中国传统木结构建筑营造技艺”被列入《人类非物质文化遗产代表作名录》。此后，对民居匠作的关注有所复苏，一方面表现为“结构观”的回归，另一方面表现为“匠”“作”体系研究的增强。

二、溯本追源：源流探索引导的谱系观

（一）移民迁徙与融合之渊源及谱系关联

不少学者从形制、结构、匠作的角度出发，认为结构、匠作的差异是导致民居地域风格差异的重要内因，试从匠技和匠艺的综合分析探讨谱系的形成。

我国建筑的匠作体系一直处于融合、吸收、分异的循环过程中。各时期的民族迁移和聚合都带动匠作技术及艺术的交流与发展。秦统一六国，曾有“秦每破诸侯，写放其宫室，作之咸阳北阪上……殿屋复道，周阁相属”的记载。[①]即秦王每破一处诸侯国，都要把六国宫室按原样重建于咸阳北阪的做法，客观上促进了各地区建筑的做法和建筑材料的大融汇。历史上，几次内乱引发的大规模移民迁徙活动更大面积地将中原贵胄的建造做法传播到了地形复杂的南方地区，与当地原住民的建造做法在长期冲突中交融、不断发展，产生出变化更为丰富的新形式。这种复杂性，陆元鼎先生将其核心的内在牵连归结为“民系”。

（二）以人、技为谱的双重关联

源流探讨以及谱系观念在民居研究中不断展开。在实际运用中，谱系一词于民居研究中的语义运用较为多元，以人、以技为谱的联系，所对应的匠师、匠技的源流是交互影响的结果，其状态是横向间的人与人、人与技，与其纵向传承中的人与人、人与技的

① 史记·秦始皇本纪。

复杂作用与综合影响结果。在实际研究中，以技为主要联系的匠作谱系，以及以人为主要联系的匠派体系分别是学者们针对不同研究目地而择取的不同视角，或是鉴于两者模糊纠缠的关系的复合性探讨。

关于谱系，朱光亚先生认为：谱系一语，既用作探讨各亚文化圈内建筑演变中的相互关系描述，也用来探讨古代中国师徒相承的匠师工艺技法的关系描述。把枝状的谱系关系与各具独立性的文化圈关系作为两种参照系，将使得中国古代民间建筑的发展脉络能够清晰起来。[①]常青院士提出以“语源”为纽带的谱系关系探讨模式，试从“聚落形态”“宅院类型”“构架特征”“装饰技艺”和“营造禁忌”五个方面，探究各谱系分类的基质特征和分布规律等。

谱系本源自语言学的研究方法。德国语言学家A. 施莱歇尔提出了著名的谱系树理论。J. 施密特则提出了印欧语言传播的“波浪理论”，考察了亲属语言的形成、分化和发展。语言作为一种传播手段在匠作的传播、影响和传承中都成为关键性纽带。它的谱系特征会直接或间接影响到匠作。传统社会对自然的改造力有限，与外部联系的交通不畅，地形地貌的复杂性使得境内被山带水系分割成若干相互阻隔的地段，造成了各地方言的纷杂和各地匠作的差异。但由于人类文化的交流特性，又会出现碰撞和吸收的现象，横向上会体现与其他匠作系统的碰撞交融，纵向上又体现师承之间的一脉相承。谱系研究即将这种动态的、发展的、具有某种内在稳定性的关系进行揭示。

李乾朗、阎亚宁及徐裕健在探讨台湾建筑大木结构时，将之与闽越古建筑之渊源进行联系，根据台湾匠师历史上的源流多来自福建、广东地区，以及风格受到闽南的漳、泉以及广东潮汕风格影响的情形，总结出台湾木构的特色。[②]李树宜学者通过对大陆抵台的匠作团队家族体制之师徒传承关系及落地分布，以及匠派技艺风格、用材观念等的研究，归纳总结出台湾地区不同匠派的个性特征。[③]此外，还有其他视角的谱系介入，如罗德胤学者提出建立村落谱系，其认为谱系的依据不仅仅是聚落、建筑和非物质文化遗产，还包括“文化的重要性”，并将传统村落谱系划分为四个区域。[④]

总之，“考”式研究路径在早期发挥了重要作用，也体现为该阶段特定时代环境下的必然选择，且在后期的持续影响中，在研究方法探求的理念上，深刻地拓展出法式理念引导的建构观和源流探索引导的谱系观，对后期研究影响深远。但随着新的阶段特征显现，民居建筑研究进而转为下一阶段的路径突破。

① 朱光亚．中国古代建筑区划与谱系研究［M］//陆元鼎，潘安．中国传统民居营造与技术．广州：华南理工大学出版社，2002：5-9.

② 李乾朗，阎亚宁，徐裕健．台湾民居［M］．北京：中国建筑工业出版社，2009.

③ 李树宜．台湾建筑彩绘传统匠作文化研究［D］．广州：华南理工大学，2018.

④ 罗德胤．中国传统村落谱系建立刍议［J］．世界建筑，2014（6）：104-107.

第四章

民居建筑研究路径拓展期：

20世纪80年代～20世纪末

自20世纪80年代起，民居研究领域伴随国内学术环境的恢复呈现生机盎然之势，研究成果以期刊论文、专著、学位论文、会议论文等多种形式发表，极大地丰富了该阶段的研究图景。民居建筑学术会议的召开推动了不同研究团体的研究合作。国内外学术交流的强化以及学术思潮的影响不断推动民居建筑研究路径的新拓展。

第一节

寂后复燃：
国内学术环境恢复下的民居研究生机盎然

一、图书立增：前期积淀并中断的成果相继出版

20世纪70年代末，我国的经济建设全面恢复。高校、研究机构、出版机构恢复运转。20世纪50～60年代的民居调查成果，在80～90年代相继出版或发表。新时期的研究成果不仅以著作形式出版，也以其他文献形式广泛刊出。各大出版机构也热心投入民居相关书籍的出版工作，既有从艺术形式角度出版的图册，也有从研究分析角度出版的学术专著。

以艺术形式出版的图册，以精美的图片展示我国建筑艺术的形式、结构、装饰等内容。其中，最为典型的代表如《中国美术全集》。这一部60卷的鸿篇巨制，全面展现了我国不同类别的艺术形式。其中，《民居建筑》于建筑类的艺术分册中出版，以展示民居独有的艺术特征。

陆元鼎先生在回忆该书写作背景时提到："到1984年4月，中宣部召开会议，提出要编100本有关中国艺术的书，以见证中华人民共和国成立以后的伟大成就。其中古代部分要出60本，分为五大类，全名叫作《中国美术全集》，包括绘画、雕塑、工艺、书法、建筑。建筑类分配下来，要出版6本书。其中，包括宫殿、陵墓、坛庙、宗教建筑、民居、园林。第一册是于卓云、楼庆西老师编的《宫殿建筑》，第二册是杨道明老师编的《陵墓建筑》，第三册是潘谷西老师编的《园林建筑》，第四册是孙大章、喻唯国老师编的《宗教建筑》，第五册是我和杨谷生老师编的《民居建筑》，第六册是白佐民、邵俊仪老师编的《坛庙建筑》。我主要是编写《民居建筑》。"①

而从学术层面进行科学研究的著作，这一时期的成果可谓大放异彩。一方面，20世纪50～60年代收集的调查资料，研究者在其原有基础上进行重新整理、补充、完善再发

① 见附录：陆元鼎先生访谈。

表；另一方面，中国建筑学会对民居研究亦进行了推进。1984年11月8日～12日，在云南大理召开的“中国传统民居建筑幻灯汇映会”是以学会的名义向各省市征集优秀的传统民居资料，其目的是汇编成《中国传统民居建筑》一书。[①]此外，部分高校开展与国外院校的合作，深入民居研究。例如，同济大学阮仪三教授与广岛大学工学部和苏州市城市研究会在1988～1989年间合作完成《中国苏州传统民居形成的研究》。[②]

新时期开始调查研究的成果逐渐丰富。从这些成果的总体特征来看，较为明显的趋势是20世纪80年代以后对民居建筑群体及群体环境的关注意识显著增强。

这一时期的民居研究出版物的研究对象已扩展至全国各地区（图4–1–1）。比较典型的如《广东民居》《福建民居》《吉林民居》《新疆民居》《桂北民间建筑》《丽江纳西族民居》《四川藏族住宅》《湘西城镇与风土建筑》《楠溪江中游乡土建筑》《福建土楼》《粤闽住宅》《川底下》……

民居书籍的出版一直深得出版界的支持。各出版机构均给予民居研究较大的关注。其中，中国建筑工业出版社多年来对民居的研究成果倾注了极大热情。据中国建筑工业出版社的唐旭主任介绍：“多年来，中国建筑工业出版社始终非常重视中国传统民居建筑资料的收集整理和出版发行等工作，向广大专业读者及大众推出了众多优秀的中国传统民居建筑精品图书……这些图书均为国内外民居学术研究的优秀成果，凸显独创性及理论性，具有较高的理论深度和学术水平，并为新时期传统民居建筑文化的可持续发展提供了积极的借鉴意义和有益的参考价值，得到了民居学术界和读者大众的广泛关注与普遍认可。”[③]各出版社对民居书籍出版的积极支持也从另一个侧面反映了“民居”研究成果在领域中占有的重要地位。

二、示范效应：前辈筚路蓝缕的民居调查热忱激励后辈效仿

书籍出版的背后是研究者们付出的巨大而艰辛的努力。由于民居留存较好的地区往往都处于较为偏僻的地方，在交通尚不发达的年代，民居研究者们往往需要克服各种困难，方能使研究得以顺利进行。而艰辛的调查过程难以见于精美的出版物中，却只能从研究者的回忆中略知一二。

陆元鼎先生于20世纪80年代前往云南调查，关于当时的路况，先生回忆道：

> “1984年（为完成中宣部《中国美术全集·建筑艺术编5·民居建筑》一书），我到云南调研，去西双版纳坐了3天的长途汽车，第一天坐汽车翻两个

---

① 佚名．中国建筑学会在云南大理召开中国传统民居建筑幻灯汇映会［J］．建筑学报，1985，(2)：80.

② 阮仪三，铃木充，徐民苏．中国苏州传统民居形成的研究［J］．同济大学学报，1990，(4)：452.

③ 见附录：唐旭主任访谈。

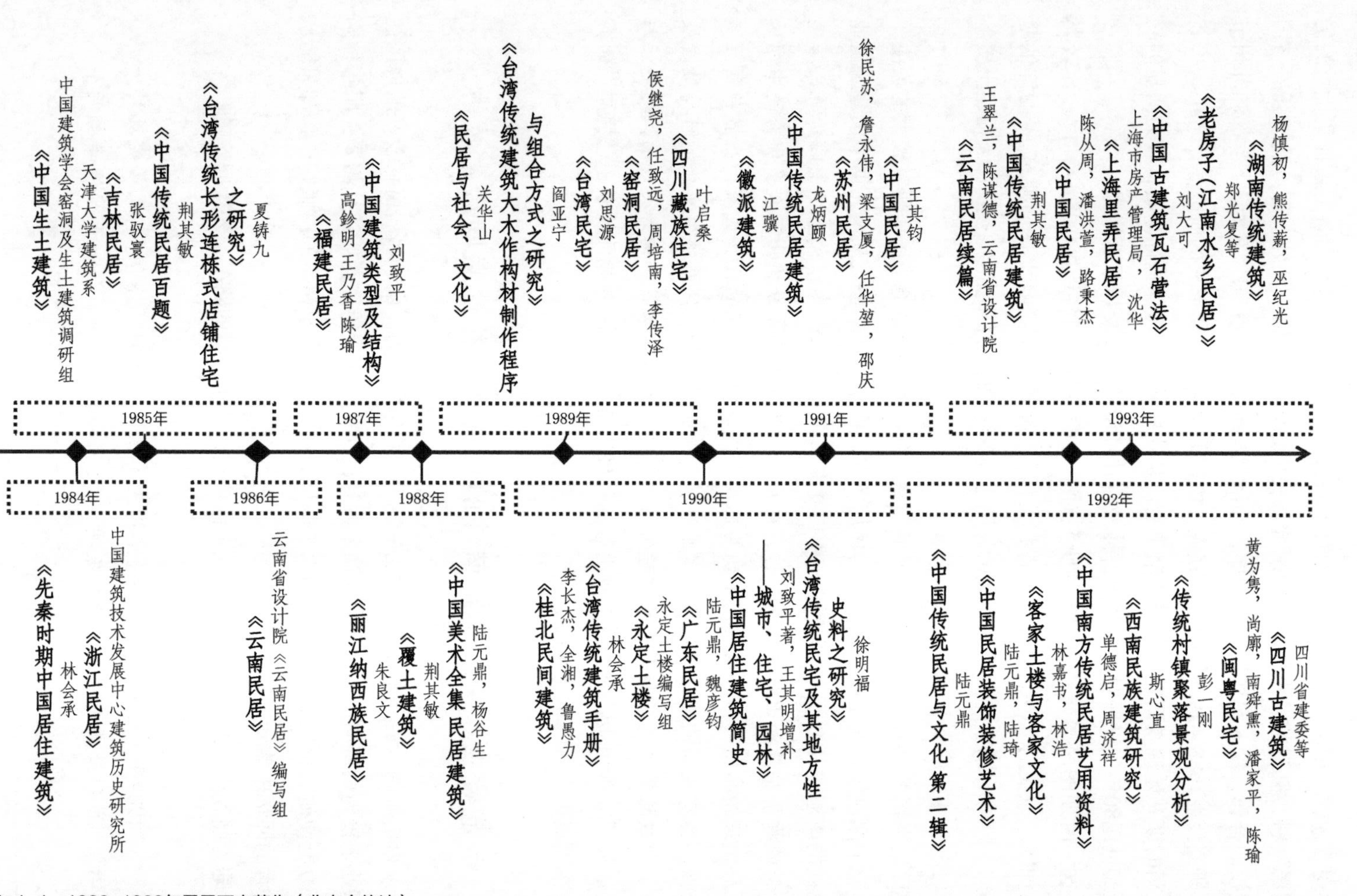

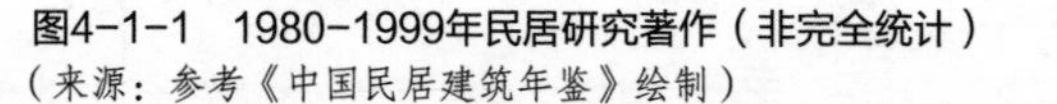
图4-1-1　1980–1999年民居研究著作（非完全统计）
（来源：参考《中国民居建筑年鉴》绘制）

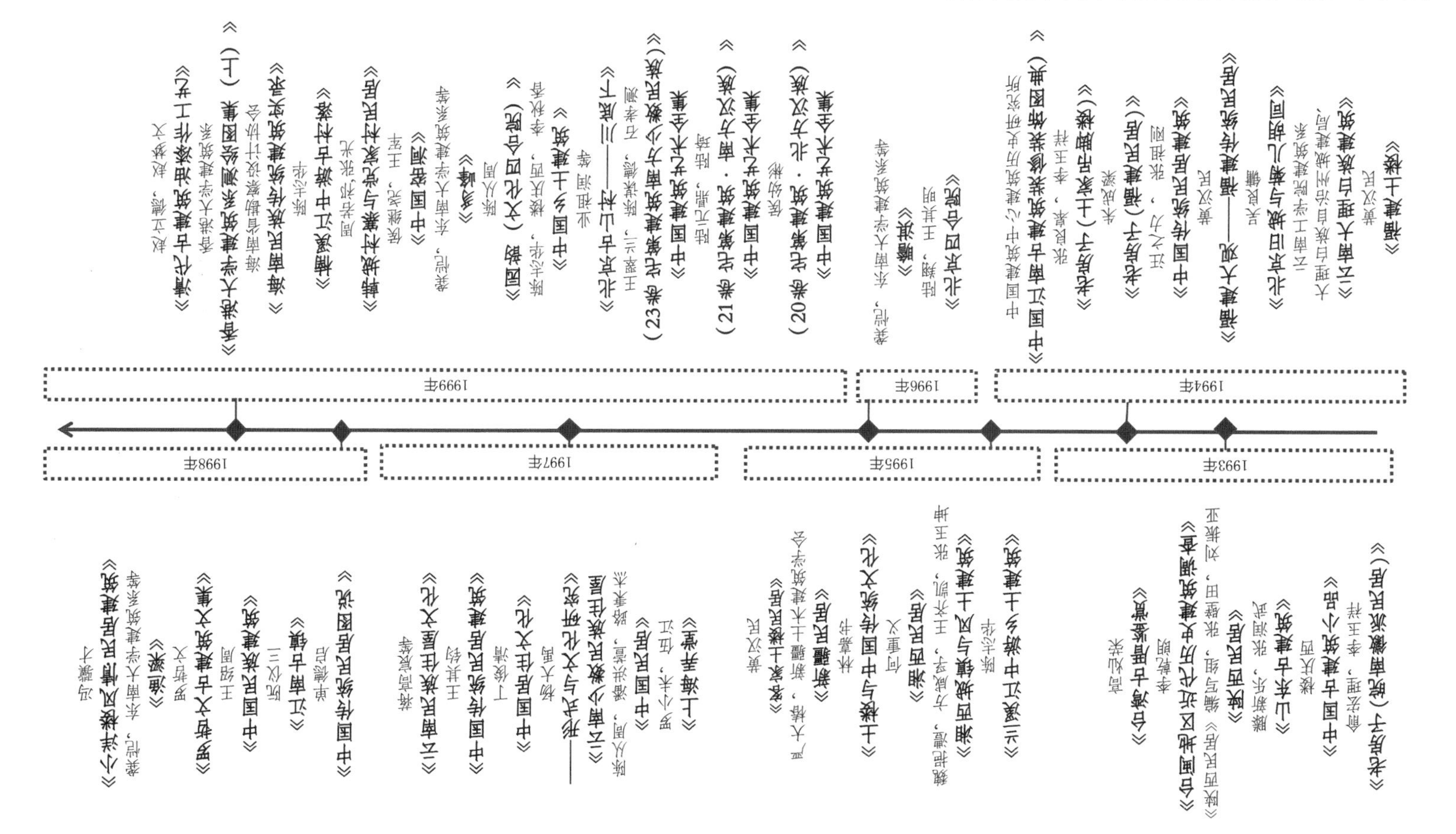

图4-1-1　1980–1999年民居研究著作（非完全统计）（续）

（来源：参考《中国民居建筑年鉴》绘制）

山头就已至中午，再翻两个山头已到晚上，一天下来要翻4个山头。到了西双版纳后去了思茅、橄榄坝、勐海等地方。因学校重视这些调研工作，特意安排了廖少强同志去摄影。当时公路还没有修，土石路上太颠，廖少强同志用手将相机抱在怀里，两个脚一直蹬着吉普车座脚，颠簸时整个人会弹起撞到车顶，用整个身体护着相机，怕被震坏。”①

交通不便不仅带来时间上的消耗，对研究者的身体素质也是极大的考验。李先逵先生回忆起去贵州调研的情形时，则更为感叹：

“贵州望谟县有个布依族寨子，民居很原生态，保存非常好，但那个寨子距离我们有九十多里路。公路只能通到中途的一个地方，坐完车下来还要爬五十多里山路……云贵高原十月底山区已很冷了，没有被子，没有床，就睡在火塘边的地板上。只是用草铺垫一下，然后搭一个简易席子，条件非常艰苦。”

据李先生回忆，印象更为深刻的是去紫云县调研：

“还记得有一次，我们到紫云县调研。从贵阳到紫云县的路途全是机耕道，盘山错岭的路，很险也很烂。那时还没有客运班车，坐的还是带板凳的货车，开到有一段路时特别惊险。司机离身不坐在驾驶台上，而是站在踏板上开车。我们问他为何要这样开，他说怕万一方向盘打不住，翻车时随时可以跳，让我们也做好准备，当他喊跳时我们就一起往靠山这边跳下去，方能保证安全。这一路真让人提心吊胆。”②

路况仅是一个方面，深入少数民族地区以及与当地人的语言沟通都成为调查过程中更大的阻碍。那个年代，无论是李先逵先生去到苗寨，还是黄汉民先生去客家地区，都需要先拿着介绍信去当地的乡政府等部门，得到他们的协助才能使调查进展更为顺利。李先逵先生回忆道：

“我们还常冒着一些危险去雷公山腹地的纯苗地区。那里不能随便进出，除了交通极不方便，到乡下苗寨基本上靠走路，而且必须带着各地政府的介绍信，去找当地政府及民委，或找县长、乡长等地方干部，得到他们的帮助和

① 见附录：陆元鼎先生访谈。

② 见附录：李先逵先生访谈。

图4-1-2 《干栏式苗居建筑》中测绘图片
（来源：李先逵. 干栏式苗居建筑[M]. 北京：中国建筑工业出版社，2005.）

支持，以保障我们的安全以及开展工作。此外，我们还要带上苗族翻译，一方面因为不懂当地的语言苗话，另一方面那时苗族核心聚居区好多人也不会汉语。”①（图4-1-2）

前文中已提及几位先生在民居调查中为了解决各种测绘难题各施策略，而黄汉民先生在调查土楼数量时，也曾突破传统的方法，他回忆道：

“为了统计土楼数量，我去省地理信息中心找航拍图。土楼因为形体简单、体量较大，在航拍图上较容易识别。可是，由于航拍图上无法显示县界，清楚地统计每个县的分布数量比较困难。因此，我连续花了好几天时间，在一个一个航拍方格网里查对，并将之一一对应到相应的县区，再一个一个数出来。最后大致统计出来，圆的土楼约有1341座，方楼、圆楼及变异形土楼共2812座。这个数量不可能十分精确，但八九不离十，相对准确无疑了。”②

通过访问到的一些先生的民居调查切身经历，从侧面反映了当时的研究者们均经历着各种困难并试图克服的各种艰辛。总之，早期阶段的民居调查充满了挑战。而书中所呈现出的结果，均是研究者们在大量调研基础上筛选出的经典案例。如李先逵先生提及当年做贵州苗寨研究时，先花费两三个月时间将整个贵州村寨调查了一遍。试选一条路线去走，行进过程中若发现调查路线中的案例不够理想，则另寻它路，通过大面积调

① 见附录：李先逵先生访谈。
② 见附录：黄汉民先生访谈。

查，最后挑选出最精彩的案例作为研究对象。[①]李长杰先生在研究桂北民居时，也将周边范围的村落纳入了调查范围。李长杰先生回忆道："我还去调查了湘、黔、贵三省交界处的部分地域的民居建筑，虽然这本书只写了桂北地区的民居建筑，但我对周边地区的民居都进行了调查研究，主要是为了丰富自身的知识。"

陈志华先生在《北窗杂记》中，记录了其工作中的细节。在调查安徽黟县关麓村时，陈先生带领团队从一位老先生那获得一份很有价值的纸质文件，为拷贝资料，便于城中寻找复印店面，然而并未找到，于是全部资料都使用手抄，先生感言道："……直抄得手指捏不成拳头"。[②]

该时期民居调研虽然充满了各种艰辛，但并未阻止研究者们的调查热情。即便是在交通、信息极为不发达的条件下，研究者亦愿意花费大量精力于路途上，并通过逐步打听，来一步步摸清留存较好案例的留存区域及完好状态。而一旦找到符合条件的研究案例，亦经反复比较，精挑细选。最后纳入出版成果中资料均经过百里挑一。同时，研究者还需克服语言沟通上的障碍，尽可能获得民居建造信息以及居住情况等。

在进行民居学术研究的同时，研究者还不忘致力于将研究成果惠及社会，注重民居保护思想的传播，将其转化为社会群体所能接受的观念。通过几位专家的访谈可侧面反映这一领域中专家们共同努力的方向，仅是不同个体在方法和策略使用上有所不同和侧重。

魏挹澧先生在1983年指导天津大学建筑系1979级学生的毕业设计时，带领学生来到湘西吉首的峒河一带，发现当地民居群特色显著，遂与当地政府沟通，希望将此区域保护起来。经过努力，当地政府委托魏先生对该地区的中心区进行保护规划，促成了这一区域被划定为保护区。

业祖润先生利用自己课题经费做研究，使得具有历史底蕴深厚的古村落爨底下成为保护对象。业先生回忆道：

> "爨底下是深山峡谷中一个融于自然的村落，其布局非常之有特色。它的布局构思是：无论在院子、家中、还是路上都能欣赏到福山的景观，借以寓意"福到人家"。因而，这个村落十分有特色。而当时村里正准备修筑柏油马路，我便赶紧联合我们学校的教授一起写了一封倡议书给当时的市委书记，希望当地的环境不要被破坏。后来我们被批准来做这项研究。正好我那时有一个国家自然科学基金课题《中国传统聚落环境空间结构研究》的项目，有一点经费，我就带着同事、同学们去到爨底下做研究。当时条件非常艰苦。一个村落就只有两个路灯，晚上出来都需要结伴出行，但老师、同学

① 见附录：李先逵先生访谈。

② 陈志华. 北窗杂记三集［M］. 北京：清华大学出版社，2013：36.

们都能努力去克服各种困难。”[①]

李长杰先生及其同仁在推进保护思想的过程中，先将民居资料进行收集，著写并出版《桂北民间建筑》，然后将此成果赠送给曾经在村落调研中给予过支持的乡县领导，进而改变他们曾经视民居为落后象征的看法，使其达到共同的价值认同。李先生回忆道：

“《桂北民间建筑》出版后，我赠送了一些书给曾经支持过我们工作的乡长、县长，县委书记、县人大、县政协、县建委、县文物部门等。他们拿到书后非常惊讶！他们从未想过山里这些破旧房屋还能登上书籍的版面。进而意识到，这些民居建筑看来还有些价值。当时我顺势做了他们的工作，要求他们要好好保护村寨民居，不能随意拆除，要把这些遗产好好保留下来。在我的努力劝说下，他们领导和群众的“民居意识”都得到了改变。因此，要拿群众看得见、摸得着的成果，如《桂北民间建筑》这样的书来劝说他们，才容易产生好的作用，如果仅仅是口头上的劝说很难起到效果。民居研究工作，要能指导实践和指导传承，才能真正对社会产生好的作用。”[②]

同时，亦有从老百姓易于接受和理解的视角推进保护策略的努力。如朱良文先生发放通俗易懂的民居手册给居住在民居中的百姓，以读图的形式让老百姓理解哪种修缮更符合正确的做法。朱先生说：

“想让老百姓建立正确的价值观念，还可以给他们看图说话。我们在好几个地方给当地人做了小册子，例如《丽江古城传统民居保护维修手册》。这个册子曾获奖，并作为范例在全国推广。这本册子用图片把当地民居各个部分的正误做法展示出来，告诉老百姓什么做法是对的、什么是不对的，对的图片下打上勾，错的则打叉。图片下面附两行简短的文字说明，告诉他们这种做法为何不对。老百姓拿到册子一看便明白了。我们之前只注重自己做研究，而没有面向老百姓。因此，研究之后，我们还需要把这些知识传递给老百姓，而且只能采用通俗的办法。其实，这样做有时比学术研究还难，因而先要自己深入领会，再用浅出的方式，使用通俗的语言让他们能够读懂。”[③]

① 见附录：业祖润先生访谈。
② 见附录：李长杰先生访谈。
③ 见附录：朱良文先生访谈。

再如，阮仪三先生一直奔走于各个历史遗存丰富的古城之间，在各种力量的阻碍下，自筹经费为古城做保护规划，坚定不移地抗衡各种破坏古城的力量，保护住一大批具有重要历史价值的古城地区。[①]

不同专家向社会群体推广民居保护思想的方法各异，但都借此达到推进保护的目标。前辈专家们的举动代表的是一个群体的努力方向，虽然其他研究者亦在保护研究上贡献卓越，但限于篇幅，不能概全。但可以明确的是，正是老一辈学者们的努力付出，才使得许多珍贵的民居资源得到保留，同时，在此过程中，前辈对民居的保护理念的推进和完善也起到了巨大的作用。

三、学位选题：研究生恢复招生后学位论文选题偏好“民居”

20世纪80年代的教育界开始蓬勃发展，研究生恢复招生后，研究者面临论文的选题，由于民居的覆盖面广，资源丰富，又对设计创新有可参考和借鉴的实用价值，建筑老八校的硕博论文均有不少数量的民居研究选题，极大地促进了民居研究的进一步发展。自20世纪80年代开始，民居研究的研究生论文选题逐渐增多。朱良文先生道：“到了20世纪80年代，有关民居书籍出版渐多，同时，《建筑学报》也刊登了民居方面的文章，民居研究的影响力不断扩大。这一时期，高等院校也开始招收研究生，许多建筑院校主动将眼光投向了民居研究，并将其作为研究生选题。因为民居量大面广，容易发现资源，进入也不受到什么限制，因而，20世纪80年代开始形成民居研究热潮。”[②]

李先逵先生参加了研究生恢复招生后的考试，关于研究选题，先生回忆道：“1979年，全国已恢复研究生考试。我已经工作了多年后又重新考回重庆建筑工程学院，跟随叶启燊教授从事民居研究，并将选题方向定为少数民族民居。”[③]李先生选择了贵州苗族民居作为研究对象，后将硕士论文整理成著作《干栏式苗居建筑》出版。

类似经历的黄汉民先生回忆道：“直到1979年研究生制度已恢复，我考上清华大学硕士研究生才回归本行。之所以对民居感兴趣，就是因为看到最早出版的《浙江民居》，浙江民居丰富的形式、优美的造型、漂亮的钢笔画深深吸引着我，使我对传统民居产生了浓厚的兴趣……天津大学黄为隽等先生早期出版了《福建民居》一书，拉开了福建民居研究的序幕。因此，我意识到有必要对福建的民居进行深入的调查和研究，于是定下了“福建传统民居研究”这个选题。”[④]

20世纪80年代中后期，常青院士回忆当时博士论文研究选题的过程：“我在20世纪80年代中后期读博时开始关注风土建筑，导师郭湖生先生当时正在从事一项关于东方建

---

① 阮仪三. 护城纪实［M］. 北京：中国建筑工业出版社，2003.

② 见附录：朱良文先生访谈。

③ 见附录：李先逵先生访谈。

④ 见附录：黄汉民先生访谈。

筑比较的国家自然科学基金项目研究，涉及中国、中亚、印度、东南亚、东北亚等地区的古代丝绸之路建筑关系。由于研究印度建筑及中印建筑关系一直是刘敦桢先生的夙愿，又因我硕士期间参与过新疆塔里木盆地周缘风土建筑的考察研究，因而郭先生让我负责新疆—中亚—印度这一线，也就是西域各类风土建筑的相互关系及其历史变迁。"①

显然，这一时期，民居研究已成为建筑学科中一个重要的研究方向。从下表中可略见这一阶段民居研究的规模。（表4-1-1、表4-1-2）②

2000年以前与民居建筑理论相关的硕士论文（非完全统计）　　表4-1-1

研究生论文题目	研究生	导师	学校
圆明园附近清代营房的调查分析（1950年）	王其明	林徽因	清华大学
福建民居的传统特色与地方风格	黄汉民	王炜钰	清华大学
徽州民居形态发展研究	何红雨	王炜钰	清华大学
中国传统复合空间观念——从南方六省民居探讨传统内外空间关系及其文化基础	许亦农	王炜钰	清华大学
明清商业建筑研究	徐健	徐伯安	清华大学
社会—文化—村落——云南大理风景名胜区白族村落形态探讨及喜洲镇保护建议	赖德霖	周维权	清华大学
福建部分地区传统建筑装饰研究	洪晓勤	楼庆西	清华大学
晋中南四合院及其村落形态研究	邹颖	高亦兰	清华大学
行为、聚落、文化——新疆维吾尔传统城市聚落研究	田东海	张守仪	清华大学
楠溪江流域乡土建筑形态与乡土文化	舒楠	陈志华	清华大学
浙江兰溪诸葛村住宅研究与保护建议	于丽新	陈志华	清华大学
云南纳西族住屋文化	马薇	楼庆西	清华大学
开放、混杂、优生——广东开平侨乡碉楼民居及其发展趋势	梁晓红	单德启	清华大学
冲突与转化——传统民居走向现代化途径初探	李蓉蓉	单德启	清华大学
关麓、徽州黟县村落乡土建筑文化个案研究报告	吕彪	陈志华	清华大学
广州茶楼建筑研探	谢剑洪	栗德祥	清华大学
古村落研究与历史文化名村保护	王川	陈志华	清华大学
传统的启发性、环境的整体性和空间的不定性	徐萍	周卜颐	清华大学
明清徽州传统村落初探	张十庆	潘谷西	东南大学
徽州明代石坊	杜顺宝	潘谷西	东南大学
东山明代住宅	何建中	潘谷西	东南大学
明清徽州祠堂建筑	丁宏伟	潘谷西	东南大学

① 见附录：常青院士访谈。

② 参见《建筑史论文集》（第12、13、14、15、16、17、18、19辑）附录，清华大学出版社。

续表

研究生论文题目	研究生	导师	学校
宗法制度对徽州传统村落及形态的影响	董卫	潘谷西	东南大学
论中国传统建筑文化中的柔曲美	赵辰	潘谷西	东南大学
泉州宋代石建筑	蒋建云	潘谷西	东南大学
新疆地区生土结构的历史渊源探讨	方海	郭湖生	东南大学
自然环境与传统居民的构筑形态初探	周立军	王文卿	东南大学
传统民居生态结构及区划初探	赵阳	王文卿	东南大学
江南古市镇南翔研究	诸葛净	陈薇	东南大学
广西三江侗族村寨初探	韦玉姣	仲德昆	东南大学
传统风景建筑初探	常颖	杜顺宝	东南大学
赣东北民居分析	姚糖	陈从周	同济大学
宁波旧住宅初探	蔡达峰	陈从周	同济大学
中国传统民居室内与文化心态	马建民	童勤华	同济大学
居住形态与居住文化	李亚群	邓述平	同济大学
风景与民俗	赵纪闻	丁文魁	同济大学
传统福建民居的室内构成与现代主义	傅丹林	朱增祥	同济大学
江南水乡传统城镇研究	邵甬	阮仪三	同济大学
中国庭院的生命精神	庄慎	郑时龄	同济大学
徽州民居与温州民居的比较	刘磊	常青	同济大学
浙江泰顺乡土建筑研究	刘杰	路秉杰	同济大学
徽派建筑与徽派建筑文化研究	宁玲	沈福煦	同济大学
里弄住宅初探	杨秉德	徐中	天津大学
地方性传统农村聚落的形成	梁雪	彭一刚	天津大学
传统居住空间与现代生活	杨颖	聂兰生	天津大学
明清徽州村落空间环境初探	章炜	胡德瑞	天津大学
四川阿坎羌族与嘉绒藏族民居形式与居住文化分析	卜一秋	冯建逵	天津大学
风土中成长的建筑	李燕云	彭一刚	天津大学
居住释义——中国传统聚落研究	范为	沈玉麟	天津大学
住屋、聚落、城市形态与人类文明发展	许槟	荆其敏	天津大学
表土与人类居住	白智平	荆其敏	天津大学
礼俗复合与闽东传统民居地方特色	王常伟	彭一刚	天津大学
建筑与民俗	宋昆	聂兰生	天津大学
云南少数民族住屋形式与文化研究	杨大禹	彭一刚	天津大学

续表

研究生论文题目	研究生	导师	学校
传统村落深层内涵初探	李景寰	魏挹澧	天津大学
不同地域文化下的乡土民居	纪业	王乃香	天津大学
历史・保护・发展——古代设防村落张壁探析	谢国杰	邹德侬	天津大学
山西传统聚落及其现代变迁	张伟	聂兰生	天津大学
新疆喀什维吾尔族传统城市聚落研究	张泓	王乃香	天津大学
乡土文化及农村住屋形式的研究——兼论潮汕地区和珠江三角洲农村居住观念及住屋形式的变化	林学辉	金振声	华南理工大学
粤中侨居研究	林怡	陈开庆	华南理工大学
广东古越族居住建筑文化初探	吴隽宇	邓其生	华南理工大学
南方传统山居总体结构研究	陈宁	龙庆忠	华南理工大学
潮州木雕研究	王晓明	邓其生	华南理工大学
血缘文化与宗庙岭南祠堂建筑探讨	谢红宇	邓其生	华南理工大学
潮汕民居设计思想与方法——论传统文化观对民居构成的影响	何建琪	陆元鼎	华南理工大学
客家建筑文化研究	余英	陆元鼎	华南理工大学
梅州客家民居及其居住形态研究	钟周	陆元鼎	华南理工大学
闽粤边缘区传统民居类型研究	肖旻	吴庆洲	华南理工大学
原始宗教与聚落建筑	王育武	吴庆洲	华南理工大学
梅州客家民居及其居住形态研究	钟周	陆元鼎	华南理工大学
中国传统居住建筑空间与文化研究	谷凯	陆元鼎	华南理工大学
粤中侨乡民居的文化研究	陆映春	陆元鼎	华南理工大学
粤北客家型制与文化研究	梁智强	陆元鼎	华南理工大学
岭南书院建筑文化研究	彭长歆	邓其生	华南理工大学
贵州干栏式苗居研究	李先逵	叶启燊	重庆大学
川东南丘陵地区传统场镇研究	张兴国	叶启燊	重庆大学
彝族建筑文化探源兼议建筑原型及营构深层观念	郭东风	邵俊仪	重庆大学
川西北藏羌“穹隆”民居	孙南飞	张兴国	重庆大学
长江三峡库区民居及其保护与发展策略	蒋伟	张兴国	重庆大学
以血缘网络与纽带的传统——钱塘江中游乡土建筑与文化	方晓灵	张兴国	重庆大学
新疆维吾尔族民居文化初探	张磊	张兴国	重庆大学
客家民居与文化研究	刘红红	张兴国	重庆大学
晋南民居形制的文化因素探析	赵华萍	邓林翰	哈尔滨工业大学
楠溪江传统民居村落环境构成研究	于奕欣	智益春	哈尔滨工业大学

续表

研究生论文题目	研究生	导师	学校
中国传统庭院的空间形态及其构成	刘大平	侯幼彬	哈尔滨工业大学
北方汉族宅第研究	田健	侯幼彬	哈尔滨工业大学
基因与动因——传统空间文化初探	芦天寿	刘宝仲	西安建筑科技大学
中国传统文化的自然流变	冯晓宏	侯继尧	西安建筑科技大学
居住文化与居住形态	王东辉	张缙学	西安建筑科技大学
中国传统建筑象征的文化意义及自然象征的表达	符英	刘临安	西安建筑科技大学
中国建筑的早期特征	林源	赵立瀛	西安建筑科技大学
中国古代城镇居住空间——中国古代城镇居住空间艺术初探	陈方	周庆华	西安建筑科技大学
云南丽江地区纳西族民居聚落形态的空间构成分析	蒋明明	王军	西安建筑科技大学
海南竹屋——黎族传统民居研究	孙卫国	刘临安	西安建筑科技大学

（注：主要涉及民居建筑历史理论的相关研究，不包含2000年）

2000年以前与民居建筑理论相关的博士论文（非完全统计）　　表4-1-2

研究生论文题目	研究生	导师	学校
厅堂：中国传统民居的核心空间	王其钧	吴焕加	清华大学
西域建筑文化若干问题的比较研究	常青	郭湖生	东南大学
台湾传统建筑的基型与衍化现象	阎亚宁	郭湖生	东南大学
住居形态的文化研究	戴俭	潘谷西	东南大学
中国传统建筑木作加工工具及其相关技术研究	李浈	郭湖生	东南大学
宅术略论	蔡达峰	陈从周	同济大学
聚落、住宅——居住空间论	张玉坤	聂兰生	天津大学
客家聚居建筑研究	潘安	陆元鼎	华南理工大学
中国东南系建筑区系类型研究	余英	陆元鼎	华南理工大学

（注：主要涉及民居建筑历史理论的相关研究，不包含2000年）

四、交流平台：民居学术会议召开促思维交流与碰撞

1988年全国民居会议的召开成为民居建筑研究发展历程中一个重要的转折点，标志着全国民居研究交流平台的建立。来自全国各地的研究者共同就民居建筑主题展开讨论，推进中国传统民居文化的发展与传播。会议同时吸引了奥地利、瑞士、德国、美国、日本、韩国、马来西亚等国家学者的共同参与。

这一平台的建立者陆元鼎先生起初是抱着帮助百姓改善居住环境的目的而搭建的。陆元鼎先生回忆道："20世纪80年代我一直不停地研究民居，当时看到老百姓的房子毁坏得很厉害，就希望多方面呼吁，引起政府注意，改善农村的住房条件和环境。一次

偶然的机会，在北京的一次会议上，我见了曾永年先生（中国传统建筑园林研究会秘书长），我讲了我的想法，他建议我们挂靠在中国传统建筑园林研究会属下，可用民居研究部这个民间学术团体名义组织和邀请相关专家进行学术研究及交流。1988年经过筹备，在华南工学院领导和建筑系的支持下，召开了第一届中国民居学术会议。”①

在各方力量的支持下，陆元鼎先生与全国各地的民居研究者共同组建一个交流平台，与学术同仁一同推进中国民居的研究以及民居建筑的保护与发展（图4–1–3～图4–1–5）。

图4–1–3　1988年第一届中国民居建筑学术会议参会代表合影
（来源：华南理工大学民居建筑研究所 提供）

图4–1–4　1990年第二届中国民居建筑学术会议参会代表合影
（来源：华南理工大学民居建筑研究所 提供）

① 见附录：陆元鼎先生访谈。

图4-1-5 中国民居建筑学术会议会旗交接仪式
（来源：华南理工大学民居建筑研究所 提供）

1992年11月，中国建筑学会会议提出一级学会下面设置七个学术委员会，并指定陆元鼎先生主持其中的民居专业学术委员会（表4-1-3）。

建筑学会下设七个三级专业学术委员会 表4-1-3

专业学术委员会	主任委员
建筑考古学专业学术委员会	杨鸿勋
中国古代建筑史专业学术委员会	于振生
中国近现代建筑史及外国建筑史专业学术委员会	楼庆西
民族建筑专业学术委员会	王绍周
民居专业学术委员会	陆元鼎
园林专业学术委员会	刘叙杰
文物建筑保护专业学术委员会	张柏

1988年~2020年12月，中国民居建筑学术委员会已组织举办过中国民居建筑学术会议二十五届，海峡两岸传统民居理论（青年）学术研讨会十一届。此外，还不定期举办专题学术研讨会和专题考察会（图4-1-6~图4-1-9）。

会议举办的分类较为细化，并各具侧重点。中国民居建筑学术会议为整个会议系统的核心，为规模最大、综合性最强的民居研究成果汇报交流平台。而海峡两岸传统民居理论（青年）学术研讨会举办的要旨是促进海峡两岸青年学者之间的交流，以及强化理论研究目标而设，为我国青年学者进行民居理论的交流提供机会。专题会具体就某一特定研究专题而开展讨论，而考察会则针对特定地域进行实地考察和组织专家进行研讨，一般为地方政府邀请。历届中国民居学术会议均以理论成果交流和实地考察相结合的形式进行。会议举办期间，还不定期举办民居建筑摄影展，极大地丰富了民居建筑研究的交流形式。

届次	会议时间	地点	承办与主持单位	会议主题
一	1988.11.8—11.14	广州	华南理工大学建筑学系	传统民居研究
二	1990.12.16—12.29	昆明	云南工学院建筑学系	传统民居保护、继承与发展
三	1991.10.21—10.28	桂林	桂林市城市规划局	民居与城市风貌 民居的改造继承和发展
四	1992.11.21—11.28	景德镇	江西景德镇市城建局 安徽黄山市建委	传统民居文化与理论 民居技术、营造 传统民居保护、利用、继承和改造
五	1994.5.26—6.5	重庆	重庆建筑大学	传统民居的保护与发展 传统民居的文化价值、历史理论与工艺技术 新民居创作与发展
六	1995.8.1—8.12	乌鲁木齐	新疆维吾尔自治区建设厅	民居的继承发展及其在新住宅建设中的应用 民居的文化价值、工艺和技术 民居的内外空间和环境
七	1996.8.13—8.19	太原	山西省建筑设计院	传统民居形态与环境 传统民居与现代村镇建设
八	1997.8.26—8.28	香港	香港建筑署 香港大学建筑系	中国传统民居与现代建筑文化
九	1998.8.15—8.22	贵阳	贵州省建筑设计院	传统民居与城市特色

图4-1-6　20世纪举办的中国民居建筑学术会议（1988-1999年）

届次	会议时间	地点	承办与主持单位	会议主题
一	1995.12.11—12.14	广州	华南理工大学建筑学系	传统民居历史和文化 传统民居营造、设计和艺术技术理论 传统民居保护、继承和发展
二	1997.12.22—12.28	昆明	云南工业大学建筑学系	传统民居研究及理论 传统民居的可持续发展
三	1999.8.5—8.9	天津	天津大学建筑学院	传统民居方法论研究 传统民居与21世纪发展

图4-1-7　20世纪举办的海峡两岸传统民居理论（青年）学术研讨会/国际（国内）传统民居理论学术研讨会（1988-1999年）

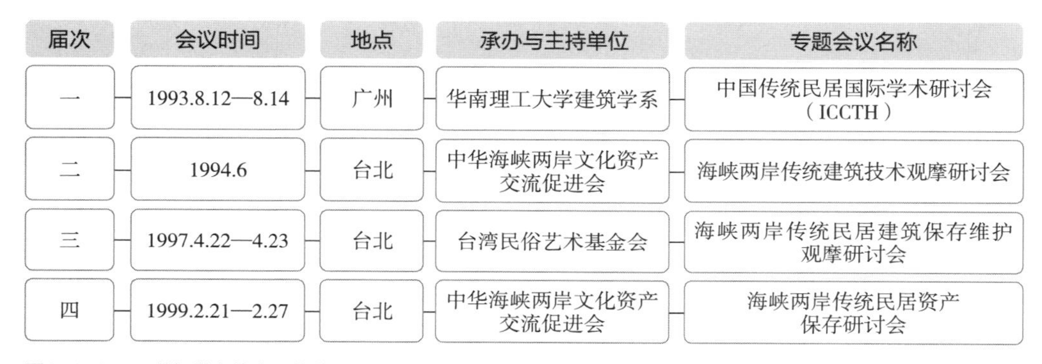

届次	会议时间	地点	承办与主持单位	专题会议名称
一	1993.8.12—8.14	广州	华南理工大学建筑学系	中国传统民居国际学术研讨会（ICCTH）
二	1994.6	台北	中华海峡两岸文化资产交流促进会	海峡两岸传统建筑技术观摩研讨会
三	1997.4.22—4.23	台北	台湾民俗艺术基金会	海峡两岸传统民居建筑保存维护观摩研讨会
四	1999.2.21—2.27	台北	中华海峡两岸文化资产交流促进会	海峡两岸传统民居资产保存研讨会

图4-1-8　20世纪举办的中国传统民居国际学术研讨会/专题学术研讨会（1988-1999年）

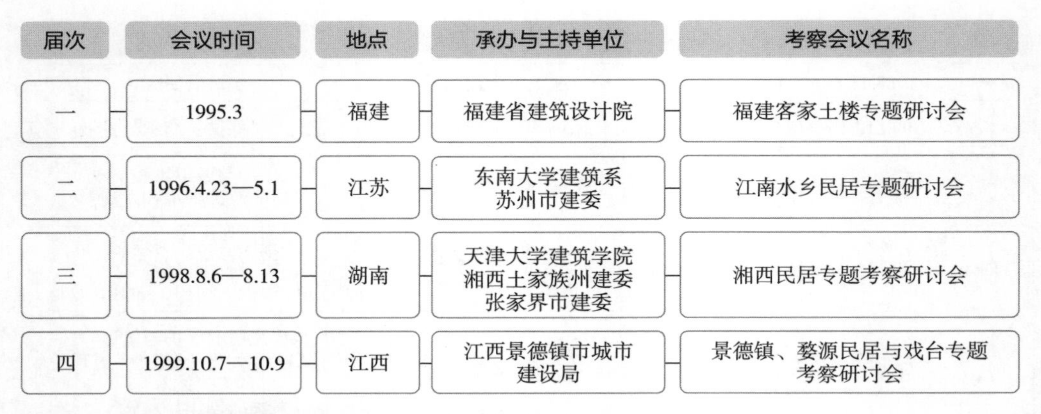

届次	会议时间	地点	承办与主持单位	考察会议名称
一	1995.3	福建	福建省建筑设计院	福建客家土楼专题研讨会
二	1996.4.23—5.1	江苏	东南大学建筑系 苏州市建委	江南水乡民居专题研讨会
三	1998.8.6—8.13	湖南	天津大学建筑学院 湘西土家族州建委 张家界市建委	湘西民居专题考察研讨会
四	1999.10.7—10.9	江西	江西景德镇市城市建设局	景德镇、婺源民居与戏台专题考察研讨会

图4-1-9　20世纪举办的民居专题研讨/考察会（1988-1999年）

会议的召开累计了众多民居研究成果。早期的会议论文均结集出版于《中国传统民居与文化》，共七辑。随着每届论文数量的不断增多，成果逐渐以光盘的形式保留于《中国民居建筑年鉴》中。纵观历届学术会议主题的变化，学术主题的内容不断细化、研究内容从单体探讨逐渐发展至群体探讨、从乡村探讨发展至乡村与城市融合探讨。具体分析该阶段论文成果，民居文化现象探讨居多。这与当时整个学术界的思想转变息息相关。（图4-1-10）

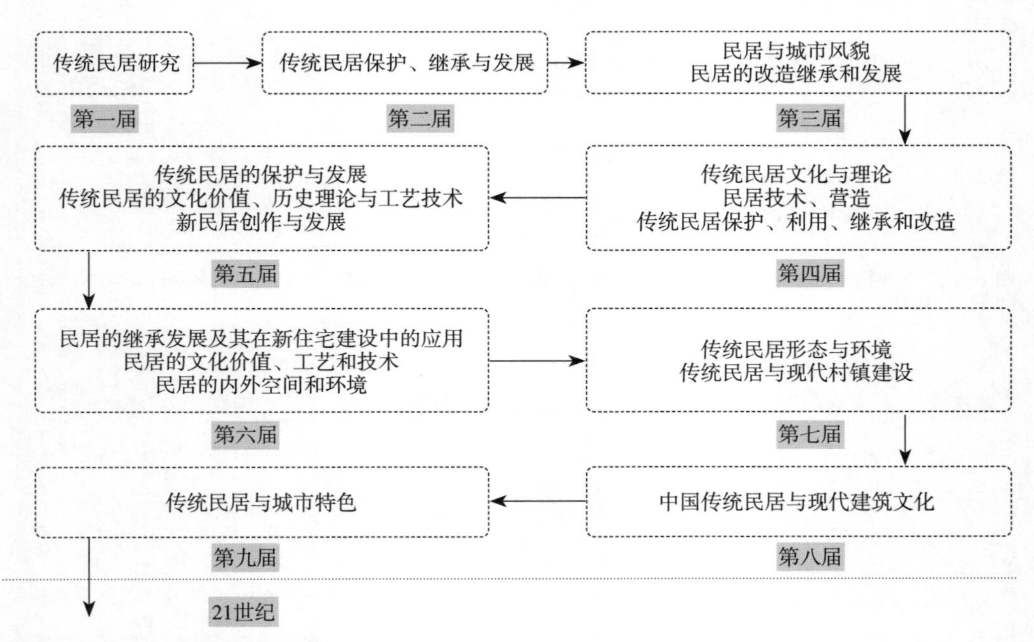

图4-1-10　中国民居建筑学术会议第一届至第九届会议主题
（注：21世纪会议未列入该阶段）

第二节

思潮交互：国内外学术领域思潮变化对我国民居研究领域的影响

一、国外思潮：从机械美学到人本主义

20世纪80年代，民居建筑研究在前一阶段的累积基础上，在国内经济形势好转、对外开放的新时代环境下，国际国内学界的沟通和交流不断加强，外界学术思潮的影响，助推了民居研究领域的又一次繁荣，并促进了研究方法及路径的深入拓展。

20世纪80年代，西方建筑理论和学说不断引入，扩宽了国内研究者的研究视域。而第二次世界大战结束后的几十年里，西方建筑理论界，其自身也产生着系列变化。新的理念和思潮不断出现，引发了建筑学界理论思想的剧烈变革。从现代主义思潮的独占鳌头局面逐渐转向了多元思潮的兴起。

战后现代主义思潮兴起的过程是：第二次世界大战给战争国造成的灾难和影响是空前的。战后的首要任务是恢复重建。而战争对经济造成重创，使得战后的重建工作亟须一种既能满足人们居住功能要求，又能快速建造的模式系统。现代建筑因其去除了古典主义建筑矫揉造作的装饰，以较经济的材料在最短的时间满足建造需求而迎合了时代的发展契机，迅速确立了自身的建造地位。第一代现代主义大师格罗庇乌斯（Walter Gropius）、勒·柯布西耶（Le Corbusier）、密斯·凡·德罗（Ludwig Mies Van der Rohe）以及弗兰克·劳·赖特（Frank Lloyd Wright）极力创造了各种建筑材料在现代建筑表现中的形式美，为现代建筑的广泛接受奠定了基础。现代主义建筑作为一种经典模式在国际中广泛流传。

历经数十年的发展，一些团体出现了极端现代主义的倾向，进一步加速了现代主义的分化。由于现代主义崇尚功能至上，机械的功能主义忽略了多样化需求和建筑本身的复杂性，1966年罗伯特·文丘里（Robert Venturi）以著作《建筑的复杂性与矛盾性》正式宣布与功能主义流派分庭抗礼，提出了建筑并非单纯化和唯美化的，而是复杂和矛盾的。20世纪60年代，现代主义建筑因其行列式的呆板和单调使得城市空间变得乏味，不断招受各方声音的指责。现代主义建筑的地位遭到撼动，并随之发生转变，进入多元思潮并存的后现代主义发展阶段。

其中最具意义的思维价值转变是对“人”这一主体的重视。现代科技的不断发展，

资本的不断集中，资源矛盾的不断尖锐，促使人们不得不重新反思人与自然界的关系。对于机械工业文明带来的一系列僵硬、冰冷，西方开始思索人在世界中存在的本质意义。开始对人的本质及存在价值进行重新反思。这些反思使得追思历史、追思文化的文化哲学得到广泛发展。在建筑上体现为对极端理性主义和技术至上的反叛，认为应该将人的感受、感知、体验视为更加重要的设计要素。在哲学上要以人本主义为基础，扩大人情化、文脉化、古典化、地方化、大众化、复杂化等多元价值理念在设计中的语境生成。

国际建筑理论发展趋势无疑对我国的研究领域有着深刻的影响。有趣的是，由于这些理论约在20世纪70～80年代引进我国，现代主义和后现代主义理论同期叠加地影响着我国建筑研究领域。我们既实践着现代理论在设计中的普遍运用，又吸收着后现代理论的批判精神。因此，我们并没有在极端现代主义里有过挣扎，而是一开始就面临着多种思潮的洗礼，呈现着各个领域里探索的自由。

1969年拉普普特（Amos Rapoport）出版的重要著作《住屋形式与文化》，这些新的价值理论和方法的传入强化了民族性、文化性在研究中的重要性，地域性差别驱使研究者从文化上寻找依据。美国学者鲁斯·本尼迪克特（Ruth Benedict）提出了“文化模式”的概念，并认为文化是规范化基础上不同人格心理特征的集合以及各种行为要素的构型。她以文化人类学的视角对欧日文化的对比研究深化了人们对于文化多样性的认识。这种认识也使得共时性的文化差异得到普遍关注。1972年文丘里出版的《向拉斯维加斯学习》（Learning from Las Vegas）一书，则是通过对民众的、通俗的文化的包容告知设计者们那些形式平凡、活泼、装饰性强，又具有隐喻性的民间艺术价值存在的意义。无疑强化了不同层次文化、审美的融合。受到国际上地域主义、文脉主义和乡土主义的传播的影响，芬兰建筑师阿尔瓦·阿尔托对乡土性和地方性的现代阐释成为设计界成功的范例。1964年题为“没有建筑师的建筑”（Architecture without Architects）展览在纽约大都会艺术博物馆举办，极大推动了新乡土建筑领域的发展。同时期，意大利在大规模兴建的居住体系中综合使用乡土风格和现代技艺。英国也在保持维多利亚风格住宅上做出了积极的探索和实践。

二、文化热潮：对文化多样性的关注和差异性释读

我国地域辽阔、多民族特点反映于物质文化上的区域差别也较为明显，折射在建筑上主要体现为形式上的多样化特征。而恰巧在20世纪80年代，整个中国的思想文化领域，都掀起了对传统文化和西方文化解读和阐释的研究热潮。这对于民居文化研究热的推进具有环境铺垫及推波助澜的作用。从文化要义上解读民居成为这一阶段研究的主导性内容。

（一）文化要义下的传统社会空间特性及行为的理解

王贵祥教授提到："20世纪80年代以来中国建筑史学界有一个十分重要的动向，就是从文化的角度探讨建筑现象，无论是阐发建筑理论，还是剖析典型建筑，大都从建筑的文化特征着眼。"[①]

1989年以"建筑文化"为主题的世界建筑节，更是深深影响了中国建筑界。社会、人文领域对各种文化现象的研究和解读为建筑文化研究提供了参照和基础，进一步加深了建筑学者对传统社会文化的特性和行为的理解，也为解释文化要义下不同空间特征提供了解释的前提。高介华先生认为建筑与文化的关系已经超出了表层意义上的同形对应，而形成了与文化整体的深层同构对应关系。[②]顾孟潮先生阐明了建筑文化的基本涵义、建筑文化的结构特征、建筑文化学的基本涵义、建筑文化学的研究对象以及建筑的文化性等问题。[③]

20世纪70年代末李允鉌先生著写完成的《华夏意匠》是一本重要的从文化视角解读中国传统建筑的巨著。陈薇教授于1989年提到："《华夏意匠》的问世，以一种转折的姿态，打破了中国建筑史研究领域中长期保持的沉静，带动了建筑史研究由单一的形制史学向多元的或统名之为'建筑文化学'的系统转折。"[④]文化研究迅速在建筑学领域发酵，出现了大批从文化视角研究传统建筑或城市的成果。

从单个地域角度出发的建筑文化研究如：吴良镛先生对北京菊儿胡同的文化，蒋高宸先生对云南住屋文化，魏挹澧先生对湘西风土建筑文化，何重义先生对湘西民居文化，叶启燊先生对四川藏族民居文化，李长杰先生对桂北民居文化，罗德启先生等对贵州岩石建筑文化，朱良文先生对丽江纳西族民居文化，李乾朗先生对台湾民居文化的研究等。

对某种类型建筑的研究如林嘉书、林浩先生对客家土楼与客家文化，赖存理与马平先生对中国穆斯林民居文化，何继尧与王军先生对中国窑居文化，黄汉民先生对客家土楼民居文化，楼庆西先生对古建筑小品的文化研究以及罗小未先生与伍江教授对上海弄堂文化，李先逵先生对贵州干阑式苗居文化，张良皋先生对土家吊脚楼文化[⑤]，王文卿先生对皖南民居建筑的研究等。

综合全国视野的研究如：陆元鼎先生主编的论文合辑《中国传统民居与文化（第一辑）》以及《民居史论与文化》，以及其他学者主编的《中国传统民居与文化》各辑文献，荆其敏教授的《中国传统民居建筑》，王其钧教授的《中国传统民居建筑》，单德

① 王贵祥．当代中国建筑史家十书［M］．沈阳：辽宁美术出版社，2013：出版者的话．

② 高介华．亟需创立建筑文化学——中国建筑文化学纲要导论［J］．华中建筑，1993（7）：4-12．

③ 顾孟潮．论建筑文化学的研究［J］．中外建筑，2001（01）：11-12．

④ 陈薇．中国建筑史研究领域中的前导性突破——近年来中国建筑史研究评述［J］．华中建筑，1989（4）：32-38．

⑤ 张良皋．土家吊脚楼与楚建筑——论楚建筑的源与流［J］．湖北民族学院学报（社会科学版），1990（1）：98-105．

启先生的系列著作《中国传统民居图说》，陈志华、楼庆西、李秋香先生的《中国乡土建筑》，张驭寰、郭湖生先生的《中华古建筑》，关华山先生的《民居与社会、文化》，龙炳颐先生的《中国传统民居建筑》，孙大章先生的《中国古代建筑史话》，顾孟潮先生的《建筑、社会、文化》等。

此外，从文化对比的研究，如关华山先生的《台湾与日本传统民宅比较初探——就儒家思想的影响而言》。从地理视角解读建筑文化的如金其铭先生的《中国农村聚落地理》、刘沛林教授的《古村落：和谐的人聚空间》、沈克宁教授的《富阳县龙门村聚落结构形态与社会组织》等。

（二）民居研究心、物层次的分离剖析

我国这一阶段的民居建筑研究方法开始从过去的以实物测绘手段进行客观记录的方式转变为在客观记录基础上的文化诠释。传统建筑文化研究受到广泛关注。学者们普遍认识到建筑除了物质表现的硬性特征，还存在人的精神需求作用于环境的软性特征。顾孟潮先生将民居与人的互动关系描述为："民居是表，居民是里，民居是形，居民是魂。"[①]基于民居的广泛内涵，1993年高介华先生提出了建筑文化学在建筑学科中的学科意义，倡导建立中国建筑文化学，并拟出了"中国建筑文化学纲要"。纲要提出了建筑文化的三个层次，第一层是表层形态，即"物"；第二层次是中层形态，即"心物结合"；第三层次即"心"，是某一文化整体的群体心态。[②]

建筑学的文化诠释方法是对时代环境的回应，一方面是世界全球化所带来的文化趋同进而引发的在文化领域的反思，另一方面也是应对我国多样民族文化呈现在建筑上的丰富多彩的科学分析方式。早期的研究成果以记录为主，但并非指它们没有考虑文化因素，只是后来不断发展出的文化诠释方法更强调其动态发展过程的追溯以及建筑形成背后的动因解释。即强调文化性质、文化谱系、文化传播序列的综合性研究。吴良镛先生指出"研究中国的建筑文化，首先要对其源流有一个系统的了解，整理中国建筑历史发展，探讨其体系。"[③]吴先生认为地区性差异的内在规律，是多种文化源流的综合构成。对源流的探讨在建筑学的意义上并非只强调对过去的探讨，更是意欲将这条线索贯穿于未来的发展之中，这是建筑学和历史学对文化研究的一个本质差异。

三、民居研究：统计视野中的差异化对象选择

民居研究呈现地域上的开枝散叶的现象无不与当时设计界亟待破解的"千篇一

① 顾孟潮．中国民居建筑文化研究的新视野——读《四川民居》所想到的［J］．重庆建筑，2011（9）：54-55.

② 高介华．亟需创立建筑文化学——中国建筑文化学纲要导论［J］．华中建筑，1993（7）：4-12.

③ 吴良镛．建筑文化与地区建筑学［J］．华中建筑，1997（6）：13-17.

律”现象相关联。“中国传统民居建筑幻灯汇映会”上则得到普遍共识，即传统民居与官式建筑的最大差异在于地域的“因地制宜”特性。[①]这也是中国建筑学会向各省市学会征稿的主要目的。从统计数量上来看，当时公开发表的文献除以全国范围（或不指定具体范围）的研究题名使用外，当时民居研究多以地域、片区、民族为主要题名出现。

整合20世纪80～90年代中国知网中有关民居文献量、民居年鉴文献、民居年鉴著作，依据题名提取出研究对象的相关信息，统计出共计1511个符合目标分析的结果，其中以全国范围（或不指定具体范围）为研究对象的约占37%，超越行政省域范围的片区研究文献约占15%，以不超越省域为研究范围的成果约占48%（图4-2-1）。

在以片区为单位范围进行研究的案例中，其高频范围主要涉及徽州地区、江南地区、客家地区、黄土高原地区、南方地区等（图4-2-2）。而从省域范围内的研究成果来看，其中将云南省、广东省、福建省、山西省和浙江省的民居作为研究对象的数量最多（图4-2-3）。

研究题名中，亦有点明研究族群的标题特点，在该阶段对少数民族地区民居建筑研究的成果中，藏族、傣族、侗族、苗族、白族、维吾尔族、土家族的研究比例最高（图4-2-4）。

从以上统计分析可见，该阶段的研究有将近半数的研究成果是以省域内的研究对象为主体。而各地域成果的累计，利于各地从不同的文化地域性上进行探讨。但同时，全国不分具体地域范围的研究

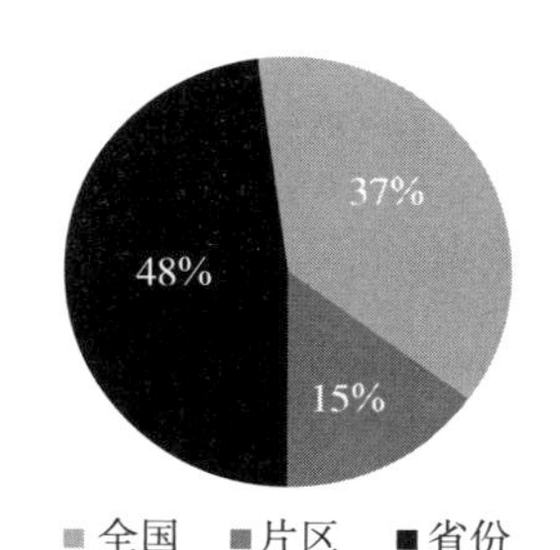

图4-2-1　20世纪80～90年代民居文献标题中反映研究范围分级比例

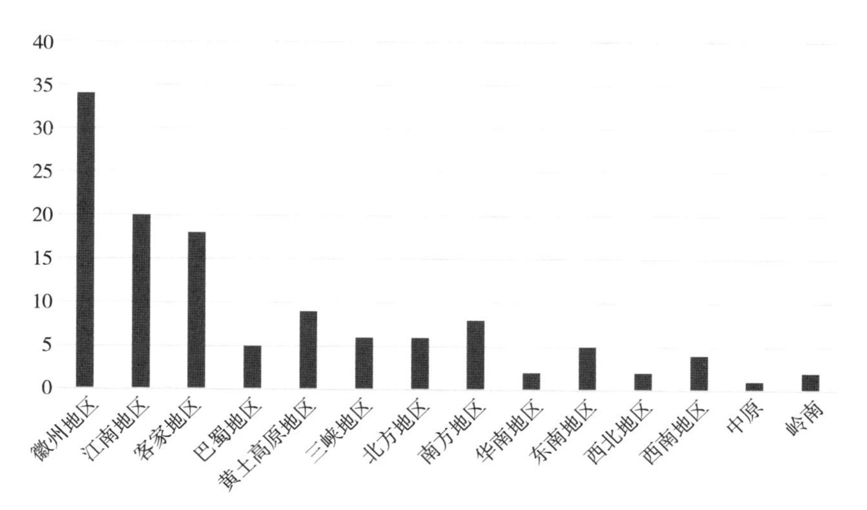

图4-2-2　文献题名中包含的主要研究片区

① 佚名. 中国建筑学会在云南大理召开中国传统民居建筑幻灯汇映会［J］. 建筑学报，1985（2）：80.

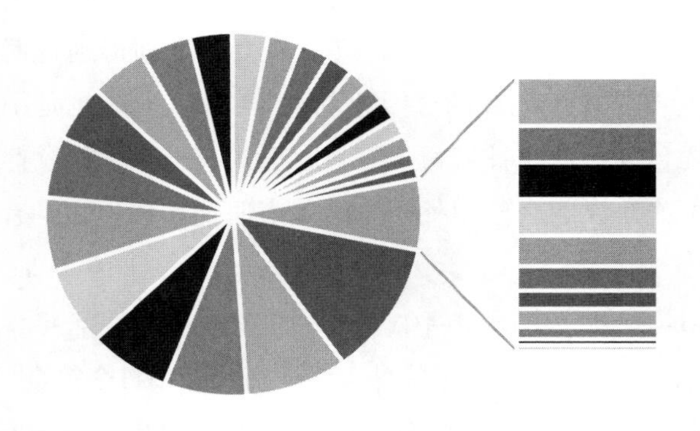

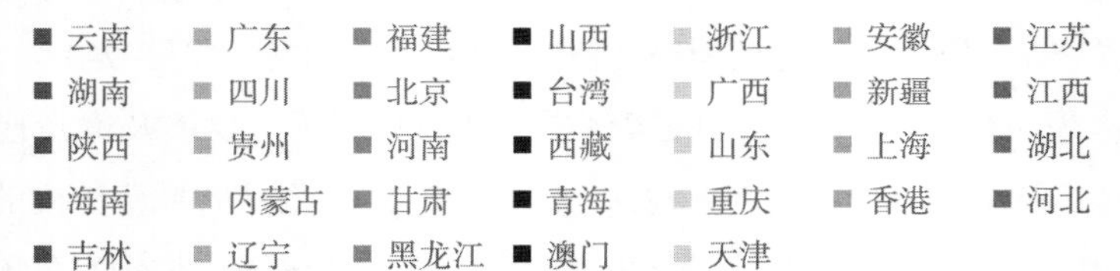

图4-2-3　以各省域（及以下）为研究范围的成果比例

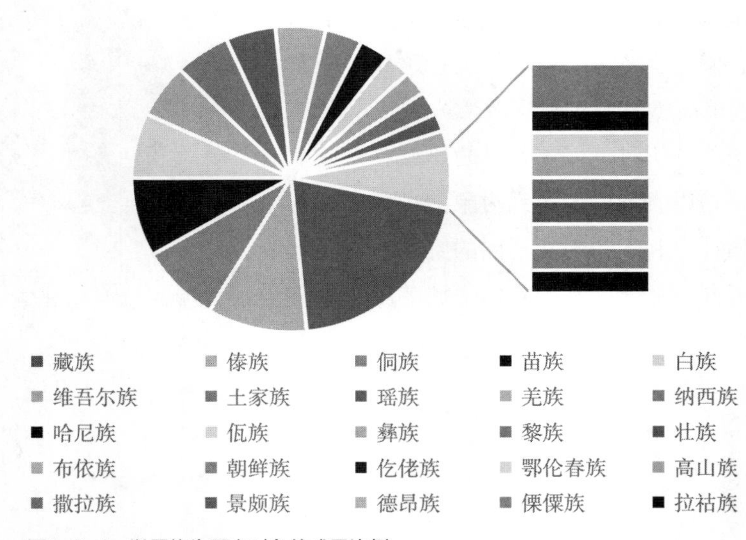

图4-2-4　以民族为研究对象的成果比例

成果（例如注重民居文化、审美、技术等不提及具体区域的研究）已有所增多，多数研究已开始向地域综合性和分民族细化研究方向探讨转化，研究点分级、分层现象明显。再考察这一阶段研究成果，无论是其研究对象处于发达或不发达地区、汉族或少数民族地区，其成果分析的方式已不再局限于单一的“考”式研究路径为依托的史学研究方法的运用，而是扩展为“关联式”研究分析方式的广泛运用。

第三节

研究路径：
“关联式”研究路径的推进

由于受国际及国内学术环境影响，这一阶段的研究成果普遍倾向于对民居文化的深入归纳与探讨，从过往较多关注于民居建筑的考证式研究转变为对民居建筑文化的深层次内涵的透视。由于文化中包含了政治、经济、社会、民俗等多重层面内容的关联。研究者在这一阶段对民居研究的开拓主要体现在对关联式研究路径的运用上。虽然，关联路径并不是仅存在于这一发展阶段，在其前后阶段皆有所运用，只是在整个发展历程中，这一路径在此阶段的发展较前一阶段更为明显且趋于成熟，体现为这一时期主导的集体式路径运用，其对后一阶段的发展亦有影响。

所谓的“关联研究”，主要分为从非意识关联和意识关联两个角度切入研究的模式。非意识关联主要从群、利、气、势几个角度切入。例如：群，即从传统社会人与人之间的社会关系切入；利，则从经济视角切入；气，从气候角度深入探讨；势，则从地理因素深入。

意识关联主要探讨关注形于建筑本体之上的意识与传统建筑的关联，探讨实物形成背后的深层次、非物质的、抽象的内在关系。意识是赋予现实的心理现象的总体，是个人直接经验的主观现象，表现为知、情、意三者的统一。“知”表现为人类对世界的知识性与理性的获知与追求，与“认识”具有统一的内涵。“情”指情感，主要表现为人类对客观事物所表达出的身心感受与评价。“意”指意志和意念，表现为人类为达成某种具体目标和理想时所具备的自我克制、毅力、信心和顽强不屈的精神状态和能力。建筑的建造本体是人，人在建造过程中往往赋予建造物以观念和意识形态，其互动关系中亦暗含了知、情、意三个层面的统一。对应于我国传统建筑的分析体系和方法特点。知——可延伸为对制度内容的探知和认识，情——可延伸为从美学视角对古典建筑美的审视和探究。意——可延伸为古人在改造自然中对自然力量的信奉、遵守、克制、坚持。从上述三个角度进行探讨的意识关联方法可用于解析人类思维背后民居建筑现象的本质和成因。（图4-3-1）

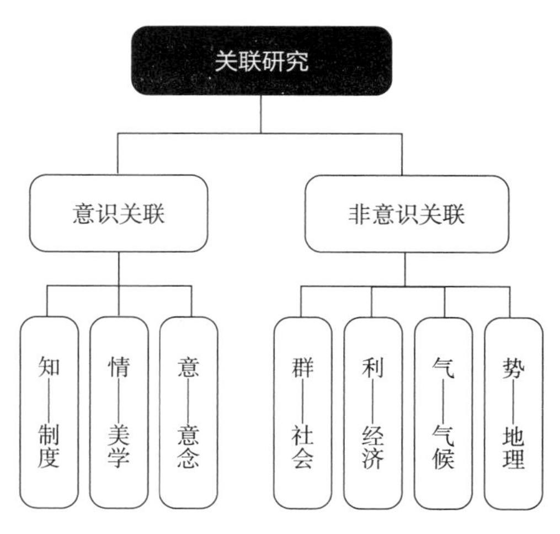

图4-3-1 “关联式”研究结构图

一、以“群”切入，“关联”社会之探讨

《韩非子·五蠹》提到：“古者仓颉之作书也，自环者谓之私，背私谓之公。”自环，指筑围，有形或无形。在土木兴造领域，古代人们的“私”因有房而引起。私与房的紧密关联也道出了房在古代人们心中的重要性。卢圆华教授等在论述“主·匠兴造论”时提出民居在匠造过程中不仅是对法式则例的理性援引，还涉及其经验的和人文意向的演绎。同时，也是对儒家文化遵从的兴造自觉与自律。①因而，建房的兴造逻辑已成为共同文化背景下的社会关系的物质诠释。

在论述乡土社会的气息和人情味时，王文卿先生认为空间的力量来源于空间的分割和集聚。②空间分割和集聚往往与乡土社会内部的组织结构与家庭内部的关系有着千丝万缕的联系，因而，从社群与社群之间，以及从社群内部进行空间关系的剖析，极大程度解释了空间结构转型的深层次原因。黄浩先生在解读传统民居的天井在晚清时期逐渐走向退化和消失的问题时，认为其核心动因是大家庭的社会关系走向解体。从另一个角度，即可理解为“天井”为空间分割与集聚的外部形式，而内部的社会关系则是其变化的逻辑力量。③

民居，意涵“民”与“居”两个层面。“民”是民众个体与群体，“居”是个体与群体的居住空间及环境。民居表象层次表现为空间的联系；内涵层次表现为人群之间的人际关系。费孝通先生在20世纪30年代便深刻揭示了我国传统乡土社会结构和社群关系的本质。这种结构和层次外化于空间表现，使其无论对民居的建造还是居住过程均表现为人际互动后的结果。李先逵先生对比了侗族和苗族干阑式民居适应于人际互动的空间需求，其中，侗族民居通过发展前廊来满足亲友聚会，而苗族民居半边楼为突出退堂临空凭栏对歌和家务，进而发展出一曲栏以解决出入的交通问题。④

对民居从建造到使用之整体过程的认知和释读即需要将“群”之社会关联纳入研究进行深入探讨，进而解析出社会结构体系在民居建造、使用上所反映出的各种“公”“私”关系和联结层次，进而解读深刻的文化现象。

二、以“利”切入，“关联”经济之探讨

经济基础构筑上层建筑，建筑形式、用料、结构、工艺亦是主人经济情况的反映。

① 卢圆华，孙全文．“主·匠兴造论”的历史与社会现实之关系［C］//中国文物学会．世界民族建筑国际会议论文集．中国文物学会：中国文物学会，1997：33-36.

② 王文卿．“乡土气息”与“人情味”［J］．建筑学报，1986（7）：55-59.

③ 黄浩，赵永忠．传统民居中天井的退化与消失［C］//中国传统民居与文化（第七辑）——中国民居第七届学术会议论文集．中国建筑学会建筑史学分会民居专业学术委员会、中国文物学会传统建筑园林研究会传统民居学术委员会：中国文物学会传统建筑园林委员会，1996：27-34.

④ 李先逵．西南地区干栏式民居形态特征与文脉机制［C］//中国传统民居与文化（第二辑）．北京：中国建筑工业出版社，1992：37-49.

无论皇家还是庶民，建筑均成为其向外彰显财富和权势的媒介。经济富庶的江浙、广东一带，对各种雕艺和装饰的讲究，刻画的是木头史书上的繁华。民间富户对雕梁画栋和巧饰门楣的追寻遗留给后代探寻建筑面貌及质感背后的经济关联。

在北京四合院的研究中，陆翔、王其明先生阐述了经济关联对廊房这种建筑形式产生所起到的作用。对这一经济关联的阐述，先生主要从元、明、清北京城经济发展状况的梳理中展开讨论。元代，北京经济已有所发展，至明初明成祖迁都后逐渐促进了北京经济生活的繁荣；入清以后，庙会集市更有胜于明代。然而，北京城市的消费远大于生产，各种大规模经营掌握在外省商人手中。在此种商业繁荣的景象下促使了“廊房”这种建筑形式的产生。[①]邵俊仪先生在分析四川藏族民居的炊事活动从火塘逐渐演化为独立厨房的空间设置时，认为该种转变与其经济生产方式从游牧到农业定居的转变现象有着重要的关系。[②]

具有典型性的经济联系是侨汇对侨乡建筑的影响。侨汇作为一种典型的财富输入方式，从输入源头便附着了外来审美情趣，进而使侨乡建筑在外表呈现西式特征。然而，正因其民居建筑上所折射的“利”，进而使其“诱”。为保护其财富以及人身安全，客观上要求居住者修建为碉楼式以护卫其自身安全。这种现象深刻地反映着经济作用于建筑面貌和基本形式的驱动力和影响。

经济因素在另一个层次的关联还可表现为产业空间形态所反映的产业构成。聚落商业空间、农业空间、手工业空间之间的关系是社会经济结构的反映。厘清聚落社会经济结构是解读聚落布局、人口分布、交通联系的重要前提。

三、以“气”切入，“关联”气候之探讨

在非机械化的社会历史发展阶段，气候成为影响传统建筑空间营造的重要因素。世界各地传统民居建筑形态万千，地域差异明显，这其中均饱含了丰富的适宜气候的节能营造策略和智慧。著名印度建筑师查尔斯·柯里亚（Charles Correa）总结了印度地区传统建筑的低技术节能智慧，并提出了“形式追随气候”的口号。埃及著名建筑师哈桑·法赛（Hassan Fathy）也就当地传统民居中的智慧进行了萃取。气候对建筑形态形成的深刻作用已被广泛认知。

“南巢北穴”成为我国历史上前人对南北建筑应对气候差异的普遍认识。由于我国地域辽阔、地理地势条件复杂，气候上呈现多样化特征，这些因素对于民居材料的选择及形式构造的生成均形成重要影响。陆元鼎先生在20世纪五六十年代调查广东地区传统民居时，已开始关注到气候对民居空间形成的影响，20世纪70年代撰文对南方地区的民

① 陆翔，王其明. 北京四合院［M］. 北京：中国建筑工业出版社，1996：10-11.

② 邵俊仪. 别具一格的四川藏族民居［J］. 重庆建筑工程学院学报，1980（2）：159-170.

居通风和隔热进行研究。[①]20世纪80年代后出版的各地民居建筑书籍，已有不少民居研究谈及气候对各地建筑形式的影响。20世纪90年代，将其进行专题研究有所增多。朱昌廉先生从全球的视域比较了北极圈的雪屋到太平洋中部西萨摩亚农村住宅在防寒隔热和太阳能利用上的措施。[②]张胜仪先生对新疆四种不同类别住宅:和阒民居的“亮厅”、喀什民居的“客房”、吐鲁番民居的“高棚架庭院式”、北疆民居的“开敞式”特征在适应气候上所产生的作用进行了详细阐述。[③]黄薇先生结合传统建筑形态与自然生态的关系尝试建立荒漠地区气候设计模式语言。初步探索了集中的空间、内向的布局、入口及门窗背向主导风向、高窄的内院、天井模式、“暖空间”与“凉空间”、地下空间的利用模式、具有私密性的屋顶空间、阴影下的室外空间、倒台阶形体的运用、开小窗、遮阳窗、厚重的墙体、双层屋顶、水池与喷泉、被动式太阳能系统、风塔与地道风系统二十种模式。[④]2000年后，从气候进行关联研究的内容越来越广泛，呈现了从早期的定性研究不断走向定量研究，以及定性和定量结合研究的新局面。在研究方法和手段上不断拓展。从气候角度进行关联研究成为一种独立的视角和方法，从环境的适应性角度去揭示民居建筑的本质。

四、以“势”切入，“关联”地理之探讨

地理地势是塑造村落及民居的重要基底，不同的基底塑造不同的建筑及聚落形态。古代先民因势利导，合理利用自然条件，在不同地形上塑造出形式各异的聚落和建筑形态。用平行等高线、架空、悬挑等处理手法充分体现了尊重自然、天人合一的建造哲理。黄为隽等先生对闽粤地区民居的研究中，曾讨论过广东番禺地区的渔村民居“水棚”。这一形式是渔民充分运用了水网条件，在水中插入钢筋混凝土或者木桩基，上部绑扎轻质竹木构架，于框架上铺筑木地板，用树皮或甘蔗皮做围护外墙，屋顶敷设20~25厘米的蔗叶或稻草隔热建造所成。水棚如链条般密集排布于河道两旁，充分利用了地形，形成了水乡民居特色。[⑤]李长杰先生从构架形式及力学性能上分析了桂北民居对地形的适应。如桂北民居柱与柱之间设置二步梁、三步梁……均根据地势而定，屋面的主要重量通过立柱直接传至基础。[⑥]

在中国建筑工业出版社出版的第一批民居研究著作中，多本著作研讨了民居布局与地理地势的关系，其中水系是被认为重要的村镇格局成因。例如:《苏州民居》剖析出

① 陆元鼎. 南方地区传统建筑的通风与防热［J］. 建筑学报，1978（4）：36-41，63-64.
② 朱昌廉. 民居的防寒隔热与太阳能利用［J］. 重庆建筑工程学院学报，1980（7）：180-182.
③ 张胜仪. 新疆维吾尔族传统民居概说［J］. 长安大学学报（建筑与环境科学版），1990（12）：114-121.
④ 黄薇. 建筑形态与气候设计［J］. 建筑学报，1993（3）：10-14.
⑤ 黄为隽，尚廓，南舜薰，等. 闽粤民宅［M］. 天津：天津科学技术出版社，1992：100.
⑥ 李长杰. 桂北民间建筑［M］. 北京：中国建筑工业出版社，1990：430.

河网交汇的地区，乡镇往往成团状发展，且在入湖、入江的支流两侧则极易形成镇。[①]

巴蜀地区因地势复杂，民居在利用地形地势上的智慧，李先逵先生总结了其智取空间的十八种方式。[②]地理地势条件，不仅造就了单体的形态差异，还促成了“群体势”。王建国院士在解读古常熟的明清街坊形态时，认为其不对称的整体空间格局受其空间地势的垂直变化影响和制约，因而其空间形态的演变规律由“卧山而城”逐渐发展过渡到“腾山而城”，由此形成了其“十里青山半入城”的独特空间格局。[③]

五、以“知”切入，“关联”制度之探讨

（一）礼制关联

对制度的认知是解读传统建筑建构原理及方法的必要过程。制度影响着我国古代建构的核心价值体系。抛开对制度的认知和解读难以认知其建构体系的核心逻辑。

我国传统社会对法式的规定以及对礼制的推崇使得传统建筑在形制的稳定上表现出极强的模式化、制度化以及等级化特征。《营造法式》的编撰对用材制度和各工种做法的详细规定成为定制规范，深远地影响我国传统建筑的建造制度体系。《仪礼》《周礼》《礼记》的成书受到统治者的欢迎和重用，随着礼仪制度的深入，各领域的梯度等级逐渐鲜明化，建筑毫不例外，且成为重要载体。在宋制的继承上，清代木构建筑逐渐出现大式和小式之分。大式一般指包含斗栱的建筑，在梁架中增加了飞椽，随梁枋、角背、扶脊木等。小式一般不允许使用斗栱。大式一般用于官式建筑，如宫殿、坛庙、陵墓、苑囿、王府、衙署、权贵宅第等建筑类型。小式一般用于民间建筑，如民居、店肆、酒馆以及官式建筑的附属部分等。由于功能属性与位次等级的不同，不同等级的建筑在规模、形式、部件形制、用材规格、色彩形式等方面都呈现较大的差异。

不少学者从礼仪角度切入，深刻剖析了礼仪制度对民居的影响。蒋高宸先生提出建筑意识是随时代的不同而递进演化的。就云南的实际而言，历史上存在过的建筑意识是为:“化物为奴”时代的原始理性意识；“化人为神”时代的宗教幻化意识；“化住屋为礼具”时代的世俗功利意识等。这三大建筑意识在历史上顺递出现的。[④]这一系列意识转变也能反映中心文化对边缘的浸染和同化，建筑逐渐被赋予“礼”具的世俗功利色彩。由于建筑的布局、结构以及技艺都存在内在的标准和规范。这种规范主要表现在群体组织、院落组合方式、建筑体量和尺度、结构和构造方式、装饰题材施用等领域。在官方的监督和控制下，成为一套自上而下的严密标准建造体系，进而成为民间共同信奉和遵守的习俗。

① 徐民苏，詹永伟，梁支夏，等. 苏州民居［M］. 北京：中国建筑工业出版社，1991：17.

② 李先逵. 巴蜀建筑文化简论［J］. 四川建筑，1994（1）：12-16.

③ 王建国. 古常熟城规划设计初探［J］. 城市规划，1988（5）：50-53，45.

④ 蒋高宸. 多维视野中的传统民居研究——云南民族住屋文化·序［J］. 华中建筑，1996（2）：22-23.

图4-3-2　广州陈家祠

形制主要指器物或建筑物的形状和构造。肖旻学者认为："古建筑形制研究可以解释为对古建筑形态的制度化研究。"[①]民居形制的形成受到制度、仪礼等观念的影响，是等级制度的空间化呈现。普通民居不过三间五架的制度化规定制约了民居的规模和形态。从官方的意义看，它是对礼仪制度的推行和倡导。但从另一视角，以今天的观点来看，对不同等级建筑的制约恰恰从用地层面上控制了平面单位网格面积内的空间开发强度，客观上促成了建筑邻里间规模的相互协调和相互制约，不致于使某个单元特别突兀于同一性质功能地块内，起到单元地块内的容量限定作用，这也是传统建筑大同而小异，空间节奏协调、鳞次栉比的关键原因之一。即使有逾越规章，做到更大规模的民间案例，如广州陈家祠将面阔做到五间，也是在首进的屋顶上做成三间式屋顶样式以迷惑外界。这种处理方式则需要在屋顶内部结构施以特殊的处理手段（图4-3-2）。因而，民居形态、结构、细部等的生成都可能与其背后的制度等制约因素有着密切的关联。

（二）宗法制度关联

宗法制度是家庭内部推行的建立于小农经济基础上的家族制度，是中国封建宗法社会的基础。宗法制度的完善历经了不同时期的发展。周代实行大小宗法制度，如《礼记·王制》有云："天子七庙，三昭三穆，与太祖之庙而七。诸侯五庙，二昭二穆，与太祖之庙而五。大夫三庙，一昭一穆，与太祖之庙而三。士一庙，庶人祭于寝。"[②]宗法制度在宋代得以强化。北宋著名理学家张载、程颐提出了重建家族制的方案：家族内设立宗子、立家庙、立家法，极力推动家族制度的建立和发展。朱熹在前者的基础上，对其加以完善，设计了一套宗子祭祖的方案，即每个家族建立祠堂，供奉高、曾、祖、祢

① 肖旻. 广府地区古建筑形制研究导论［J］. 南方建筑，2011（2）：64-67.

② 礼记·王制。

四世神主牌位。家族设置族田，加大了族权在社会关系及经济领域的作用，强调“敬宗收族”。这种制度在建筑形式上的影响，首先体现在祠堂在家族空间中所占据的重要地位。祠堂在精神上象征家族组织的核心，在物质空间上承担集体议事、婚丧、执行家规等集体活动功能。随着家族人口的增多，支脉的不断延伸，各族内的支房又建立各自的支祠，促使村落群体在空间结构上的分裂与变化。

早在20世纪30年代，林耀华先生便从人类学视角考察了中国宗族乡村，从宗族结构的角度解读乡村聚落。①王其钧教授在遍及全国的调研基础上，做出结论，认为“南方的中原移民，也包括客家人在内，在保持古代民俗上远比其他地区的居民完整、系统”。②

宗法制度不仅影响着聚落结构生成，还扮演着空间秩序的指挥棒作用。宗法制度下的父系传承制度与男权在空间使用上的控制性衍生至空间中，表现出家庭内部的差序格局以及男、女权限上空间分离，甚至产生空间上的禁忌。宗法制度所对应的空间关联亦是研究中国传统民居与聚落的重要影响因素。

六、以“情”切入，“关联”美学之探讨

建筑的情感通过人对其美的体验而产生。建筑与人产生视觉、听觉、触觉的互动，唤起人主动去感受，获得美的体验、感受进而做出评价。

早在20世纪30年代，梁思成及林徽因先生即有对建筑意的论述。20世纪80～90年代，王振复③、王世仁④、汪正章⑤、余东升⑥、侯幼彬⑦、孙祥斌⑧、许祖华⑨等先生，从不同角度将中国传统建筑纳入美学中进行探讨，剖析它们的美学特征。延伸至下一阶段，沈福煦⑩、唐孝祥⑪、金学智⑫等先生分别从建筑和园林等多个视角进行了传统美学思想的解读。

侯幼彬先生从构架体系、构成形态与审美意匠、理性精神和建筑意境四个方面对中国传统建筑的美学性质做了深刻分析。侯先生认为中国传统建筑的美体现在自然适应性和社会适应性上。我国木构体系多取材于竹木，资源分布较广。同时，木构架灵活方

① 林耀华. 从人类学的观点考察中国宗族乡村［J］. 社会学界（第九卷），1936.
② 王其钧. 宗法、禁忌、习俗对民居型制的影响［J］. 建筑学报，1996（10）：57-60.
③ 王振复. 建筑美学［M］. 昆明. 云南人民出版社，1987.
④ 王世仁. 理性与浪漫的交织：中国建筑美学论文集［M］. 北京：中国建筑工业出版社，1987.
⑤ 汪正章. 建筑美学［M］. 北京：人民出版社，1991.
⑥ 余东升. 中西建筑美学比较［M］. 武汉：华中理工大学出版社，1992.
⑦ 侯幼彬. 中国建筑美学［M］. 哈尔滨：黑龙江科学技术出版社，1997.
⑧ 孙祥斌，孙汝建，陈丛耕. 建筑美学［M］. 上海：学林出版社，1997.
⑨ 许祖华. 建筑美学原理及应用［M］. 南宁：广西科学技术出版社，1997.
⑩ 沈福煦. 建筑美学［M］. 北京：中国建筑工业出版社，2007.
⑪ 唐孝祥. 近代岭南建筑美学研究［M］. 北京：中国建筑工业出版社，2003.
⑫ 金学智. 中国园林美学［M］. 北京：中国建筑工业出版社，2000.

便，适应于平原、坡地、依山、伴水等不同地形、地段，能体现出很好的自然适应性。同时，能很好地融合中国封建社会经济结构、政治结构、家族结构、意识形态结构、文化心理结构的需要，具有很好的社会适应性，是理想的建造模式。侯先生认为我国传统建筑的美学意识不仅受到儒家注重人伦关系、行为规范、崇尚等级名分、奉天法古，讲求礼乐教化、兼济天下的思想影响，且受到来自道家注重天人和谐、因天循道，崇尚虚静恬淡、隐逸清高，讲求清静无为、独善其身的思想影响。①

文学泰斗林语堂从心理视角剖析了中国人喜用院落式民居的原因，认为院落式民居如中国建筑的大屋顶一样，被覆于地面，而不如哥特式建筑一样追求的高耸，其精神内涵是强调人们尘世生活的和谐幸福之基础应在家中找到。②林先生阐释了中国人追求“和”的文化语境以及眷恋尘世生活的文化本质。

从美学角度对传统建筑的释读，不仅表现在物质层、造型层、还表现为心理层、精神层、社会层及文化层等多角度的深入，且表现为从“本体”美和“审”美两个主客体交互的维度，综合而全面地揭示本质。

七、以“意”切入，“关联”意念之探讨

我国传统的民居建造活动表现出极强的生态意念，是人们通过克制对自然的破坏达到与自然和谐共存的目标。这种意念不仅表现在选址、择地上，还表现在技法采用和用材上。

在选址上，传统民居一般择址于背山面水的优越环境中，这种选址是古人充分尊重自然并迎合自然的意念体现。因而，学者们在解读聚落环境时，通常将其聚居的空间模式与师法自然的生态意念相关联进行研究。此外，古人建造的意念还体现在提炼周边环境的抽象意义上，以象征主义的手法赋予环境中的事物以某种特殊的意义。因而，通过解读其意念，才能更充分地理解其建造行为。

结构体系上的生态意念诠释同样体现在研究中。传统建构以土、木、竹等生态材料作为主要建筑材料。木材作为最广泛使用的结构材料，榫卯为框架体系的建立提供了技术上的支撑。由于榫卯结构不需要钉或胶等材料即可固定，即自身结构的稳定性和抗震性亦是对环境的积极回应。在解释海南的黎居为何采用“船形屋”时，郑力鹏教授从其造型的防风性能上揭示它的生态意义。由于海南地区时常遭受台风，村民还在船形屋的侧边预留了木桩以固定拉伸栓，从而提高建筑结构的刚性和稳定度。此外，沿海的民居在抗台风方面，还使用高门槛和高地袱以强化孤立柱子间的横向联系，使其结构获得更

① 侯幼彬．中国建筑美学［M］．哈尔滨：黑龙江科学技术出版社，1997.
② 转引自：单德启．中国民居［M］．北京：五洲传播出版社，2003：6.

好的整体性，以抵抗大风对房屋的作用力。[①]因而，传统建筑的建造者不借助于其他污染性材料，仅使用天然材料本身的性能，从利用技巧和结构技术本身去克服各种自然力的作用和影响，表现出对破坏自然的隐忍克制以及遵从自然的生态建造理念。

从意念上释读我国传统民居的建造哲学和思想，将物质呈现背后传达的精神理念予以深刻的诠释，并形成文化意义上的解读，是从现象深入本质、从表象深入内涵的过程。

第四节

路径后拓：“关联”式研究路径对后期研究产生的影响

关联社会、经济、气候、地理、制度、美学、意念等要素，深刻揭示传统民居的建构逻辑，是建筑学领域区别于其他学科研究民居的核心差异。一方面，早期的研究关注民居的建构本身，新时期的研究已广泛拓展至隐藏在建构学背后的深层次文化领域，探讨多体现为建构学的人文观表达。另一方面，早期的研究主要着重于在微观层次上关注民居的建构形式与其周边地理环境的关系，或微气候对形式产生的影响，而其对后期的影响主要体现为地域上的跨空间逻辑线，而该逻辑线索亦受地脉这一核心要素的无形牵制，体现为跨空间体系的复杂型地脉观。

一、内生外延：建构逻辑诠释的人文观

构成民居的“民”与“居”，其内涵不仅包含建筑的部分，同时意涵人的参与，而且是人从建造到居住的全过程参与。因而，任何形式的建构，其背后都是人对事物的认知作用于具体物质上的呈现。在“人本主义”理念影响下，民居中的“人文”要素亦成为分析民居实体最为重要的诠释形式。

“关联式路径”为诠释民居特点提供了必要的方法和手段，其对后期研究的推进主要体现在对民居“生成逻辑”的深层次释读上。例如在21世纪的研究成果中：王冬教授从社群合作营造的视角，深入研究建立于血缘、地缘、业缘的云南少数民族村落在建房过程中所呈现出的人与人之间的相互关系及合作模式，分别解析出基于血缘村落的“惹罗”建造模式、基于地缘村落的“元一本主”建造模式以及基于业缘的“公本芝”建造

① 郑力鹏. 中国古代建筑防风的经验与措施（二）[J]. 古建园林技术，1991（4）：14-20.

模式。[①]即不同建造模式生成的背后深层逻辑是由其特定的社会关系所决定。卢健松教授则从自组织视域研究了以家庭为决策单位的自发、自觉、自省的独立性关系，这种独立性主要表现为外界干扰因素的不介入。[②]其自发性的语境是以乡村与城市对比为视角，进而诠释城乡聚落形态差异背后的建成逻辑。

宗法制在传统人文观中占有重要的地位，这亦深刻地体现于传统民居的建构逻辑中。陈志华、李秋香先生指出高隆诸葛氏宗族是非常典型的宗法制宗族，具有完善的组织机能。因而，在诸葛村的建构体系中，这套机制在空间中的体现尤为明显。[③]郭谦教授在湘赣民系聚落研究中，发现该地域聚落因多地处于理学发源及兴旺之地，因而宗法制度对在湘赣民系聚落的空间布局中有着更为深刻的影响。[④]冯江教授指出："宗法制度、奉祀世代、昭穆制度、迁祧制度、门塾制度、宾主之序、祭祀仪式等都会被形态化，从而产生空间上的形制。"[⑤]可见，体系化的思想和制度在血缘家族体系中占据着空间营造的制导权，这亦是空间社会化、空间人文化的体现。

唐孝祥教授认为建筑现象背后是一个民族、一个时代、一个地域所反映的艺术哲理、设计思维、文化精神、空间组合和审美情趣的综合，并将之概括为人文品格。[⑥]在释读建构逻辑时，将人的思维、认知、情感、观念等融于其中，才能把握现象背后的本质。可见，关联式研究路径在后期研究的拓展中，表现为内生外延，在方法上主要体现为用人文观深刻诠释民居的建构逻辑。

二、内牵外引：跨域线索关联的地脉观

"关联式路径"呈现对后期研究观念的影响特点，在另一个层面上则主要体现为跨空间体系的复杂型地脉观。这与民居建筑研究领域的研究内容演变有着重要的关系。从早期注重对民居建筑单体结构体系与层次的解剖，转向聚落结构体系与层次的解剖，进而转向以"某一特征"为连续因子的聚落群组的结构体系与层次的解剖这一系列转变过程。以"某一特征"为连续因子的聚落群组研究以"跨地域""线性"为主要特征，例如以防卫体系为特征的军事聚落群；以茶马古道、丝绸之路为联系特征的商贾线路；以水路沿线、铁路沿线为联系特征的交通聚落群，以及以移民通道、文化走廊为联系线索的不同特质聚落群研究等。这些线路以某一特定功能为核心联系要素，虽然在空间上呈

① 王冬．族群、社群与乡村聚落营造——以云南少数民族村落为例［M］．北京：中国建筑工业出版社，2013.

② 卢健松，姜敏．自发性建造的内涵与特征：自组织理论视野下当代民居研究范畴再界定［J］．建筑师，2012（5）：23-27.

③ 陈志华，李秋香．诸葛村［M］．北京：清华大学出版社，2010：101.

④ 郭谦．湘赣民系民居建筑与文化研究［M］．北京：中国建筑工业出版社，2005.

⑤ 冯江．明清广州府的开垦——聚族而居与宗族祠堂的衍变研究［D］．广州：华南理工大学，2010：157.

⑥ 转引自：唐孝祥．近代岭南建筑美学研究［M］．北京：中国建筑工业出版社，2003.

现连续或不连续的特点，但这些功能特质的共性形成均于有形或无形地受制于地脉。

跨区域线索关联的民居建筑研究在21世纪后不断丰富。这主要体现为关联式路径在后期研究中拓展出的“地脉观”。相关研究的物质脉络选择均受制于空间地脉有形或无形的联系。张玉坤教授带领团队从边防和海防角度，分别对长城军事聚落和沿海军事聚落进行了系统化的研究。团队借助地理信息系统，采用时空可视化的方法体系，和空地协同信息采集等现代技术，将长城聚落选点的分布规律及结构特征进行了整体而深度的解析，形成了明长城秩序带概念和整体性理论。①以防卫要素为核心特征，将其在地脉上进行关联，并形成研究线索，且利用空间体系，建立三维数据，研究聚落的特点和布局逻辑，将跨地域的线索进行关联研究，取得极大的研究进展。另一案例如朱雪梅教授对于岭南古驿道的研究。横亘于湖南、江西、两广之间的五岭山脉，成为阻隔北方和南岭之地的军事要塞。秦始皇的统一进程打通了南北联系的关键隘口，并沿途促成了驿站的形成。朱教授以粤北古道为线索，拟出五条古道支线，从移民文化、族权空间和防御体系等角度探讨古道上村落的形态和建筑特征。②

地脉观与地域观虽有着千丝万缕的关联，但二者在内涵上仍存在着差别，地脉观内涵着空间不连续体系的无形“联络性”，地域观内涵着连续空间体系在对比语境中“差异化”。“关联式”路径后拓形成的地脉观思路促使研究不断地往系统化方向深入。

总之，20世纪80年代后的民居建筑研究已突破上一阶段路径探索上的选择局限，表现为路径上的全新拓展，体现出强烈的“关联性”特征，成为这一阶段的路径主导，并广泛开展运用。而这一路径对其后的影响主要表现为建构逻辑诠释的人文观与跨域线索关联的地脉观在研究中的持续深远影响。

① 张玉坤，李严，谭立峰，等．中国长城志：边镇·堡寨·关隘［M］．南京：江苏凤凰科学技术出版社，2016.

② 朱雪梅．粤北传统村落形态及建筑特色研究［D］．广州：华南理工大学，2013.

第五章

民居建筑研究路径多元期：

21世纪初～21世纪20年代

21世纪的民居建筑研究在我国整体教育环境变化以及世界学科体系交叉发展的综合形势下，呈现出群学科交叉特性。随着研究领域深度拓展、研究人数不断增加、研究团队逐步丰富化、研究内容不断细化，民居建筑研究进入了路径探索多元发展期。

第一节

综合环境：研究人员、机构、团队基数增多

21世纪以后，我国高等教育持续实施扩招，入学人数不断增加，开设建筑系的院校不断增多，建筑学的本、硕、博人才不断累积。随着整体人数比例的上升（图5-1-1），从事民居建筑研究的人数亦增长较快。人员与机构基数的增大客观上促进了研究规模的扩大。而从中国知网所获得的文献量数据（图5-1-2）以及第二章第五节的民居书籍出版量可以看出，民居研究的文献量呈跨越式增长，尤其是21世纪之后，这从另一个侧面反映了民居研究在建筑学科中已经形成了一个非常庞大的领域规模。

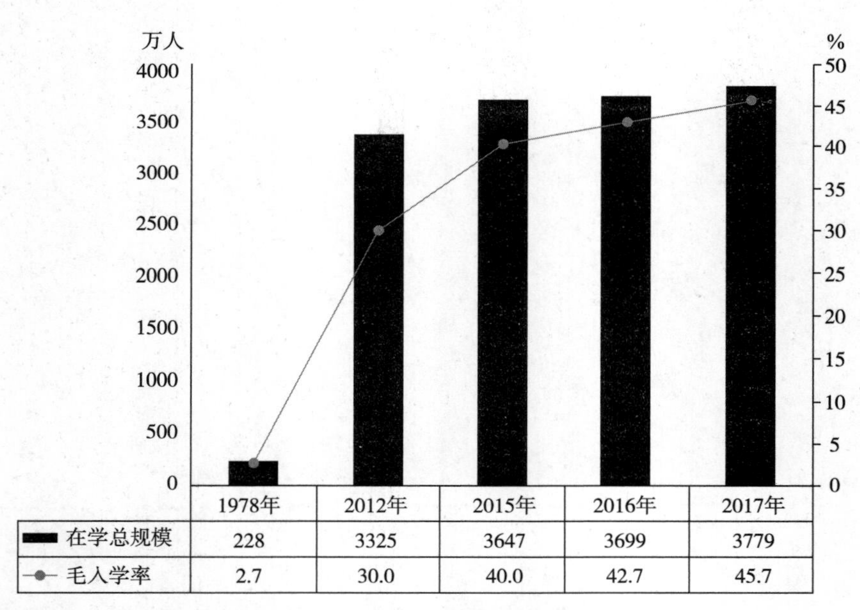

	1978年	2012年	2015年	2016年	2017年
在学总规模	228	3325	3647	3699	3779
毛入学率	2.7	30.0	40.0	42.7	45.7

图5-1-1　1978年、2012年、2015～2017年高等教育在学规模和毛入学率①
（来源：《2017年全国教育事业发展统计公报》）

① 统计数据均未包括香港特别行政区、澳门特别行政区和台湾省。

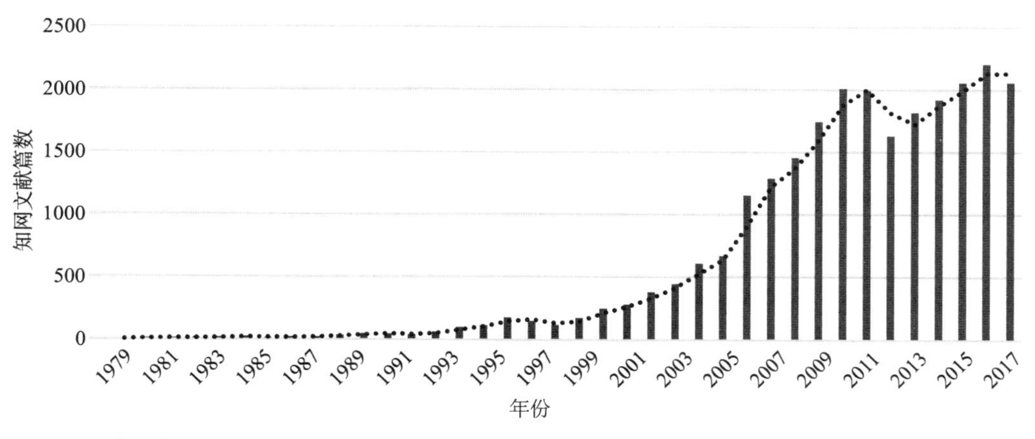

图5-1-2 “民居”主题知网论文年度数量

第二节

思潮交互：国际学界向复杂性学科迈进的整体趋势

一、体系转变：世界学科体系研究哲学从单线性向复杂化的转变

研究人数和成果增长只是一种表层联系，更为深层次的动因是21世纪的民居研究方法向多学科交叉转变，进而在民居研究的基础上又不断拓展出新的内容，如同系统的结点不断往外新生结点且不断成长和扩散。历经上一阶段的研究累积和沉淀，21世纪的民居研究在世界学科体系不断向多学科交叉转化的背景下，民居建筑研究方法也走向交叉、多元。这些激烈的转变与世界学科体系下研究哲学基础的转变密切相关。

（一）自然科学方法的哲学基础转变——从机械到随机、从线性到非线性、从简单到复杂

近代自然科学方法的产生是在意识上脱离以神为中心的宗教桎梏，从其发展出以人为中心、以实验为基础探索科学真理的过程。15世纪下半叶，在力学、天文学、物理学、化学等领域发展出的实验与观察以及生物等学科发展出的解剖等分析方法，引发了人对世界的认识，以及从形而上的古代哲学向实证主义的近代科学思维的转变。实证科学的发展，改变了人们对世界的认知，也使得人们更加理性地看待一切事物，并发展出

一种认知世界的方法，这种思维后来被称之为还原论。还原论是一种哲学思想，即认为任何事物、现象或复杂的系统都可以化解为组成它的各个部分并加以理解和描述。如物理学上将世界还原于基本粒子和相互之间的关系。因而还原论认为宇宙间一切复杂的现象和事物都可以理解为微小机械部分的组合。德谟克利特、卢克莱修、道尔顿对原子学说的理解以及牛顿的具有一定质量的物体运动理论，促使了人们对原子内部的基本粒子和能量的确认。把复杂事物简化为物质本源，追求现实世界的简单性，成为这一时期科学界的基本信条。牛顿经典力学理论创立后，产生了一批机械决定论者，他们强调因果之间的必然联系，即什么样的初始条件决定什么样的结果，排除对运动过程中偶发性的考虑，忽略生命机体的复杂性变化过程。认识事物内不变的本质及事物间线性的必然因果联系成为科学的目标。

从17世纪到19世纪，这种哲学观普遍影响了科学领域，也衍生出众多研究成果。将复杂体简化成基础单元的研究方法在很长一段时间内占据了绝对领导地位。不过，随着认识的不断深入，科学家们意识到一些新的科学问题无法用还原的方式来解答。这些问题在生物界已逐渐凸显出来。过去人们将生物简单地理解为分子的组合。德国哲学家汉斯·杜里舒（Hans Driesch）做了著名的海胆实验，证明海胆胚胎由一个分裂成为两个，进而发展出两个新的海胆，从而发展了生机论和活力论。他认为生物现象无法像机械一样用化学或物理的原则进行解释，并且识别到生命体的超物质性以及活力机制，并意识到生命构成与整体性之间的互动联系。科学界逐渐意识到，组成整体的个体并非孤立存在，而是与其他个体以及整体之间都存在广泛联系。20世纪初的生物界，已无法完全用还原论的思维解析生命体特征。同期，物理学界量子力学的诞生亦对还原论的思维方法产生质疑。19世纪关于物质由原子构成的理论，是认为只要将物质分割到原子就能弄清物质的真相。而微观物理领域中量子力学理论的发现，实则从认知上建立了物质构成领域的新规则。微观环境中的粒子不再被认为是静态存在，而是如同波一样的路径在物质间进行能量运动；并否认粒子存在由A到B的绝对路径，而是存在许多微观的随机性。量子纠缠理论认为由多粒子作用组合成的系统性状，无法描述为系统中单个粒子的性状。系统并非单体的集约，而是杂糅了单体集成之后的复杂性。随着格式塔心理学理论在心理学领域的兴起，以及经济学、历史学等领域使用原有分析方法遇到的种种困难，迫使科学研究视野逐步从过去的、经典的、机械的线性推导式思维扩展到复杂性、综合性思维领域。

20世纪20年代，美国理论生物学家贝塔朗菲（Bertalanffy）在生物学领域提出了机体系统理论，开创了理论生物学。并在此基础上，发展了“一般系统理论”。贝塔朗菲在其著作《一般系统论》中指出：“科学被分割为无数的学科，不断产生新的分支学科。结果物理学家、生物学家、心理学家和社会学家可以说是囿于他们自己的小天地，作茧自缚，很难相互对话。[①]”并提出：“研究孤立的部分和过程是必要的，但是还必须解决

① （美）冯·贝塔朗菲．一般系统论［M］．林康义，魏宏森，等，译．北京：清华大学出版社，1987：28.

一个有决定意义的问题：把孤立的部分和过程统一起来的、由部分间动态相互作用引起的、使部分在整体内的行为不同于在孤立研究时的行为的组织和秩序问题。”①他提出了学科之间相互对话的必要性，并提出了作为系统的整体和部分之间关联研究的重要性。

20世纪上半叶，在一般系统论、信息论、控制论、运筹学、博弈论等学科的引领下，滋生了一系列新的科学概念：系统、组织、信息、通信、反馈、控制、信息熵、整体性、秩序性等。上半叶出现的系统论、控制论、信息论被称为“老三论”。20世纪下半叶，新的一批复杂性理论和科学概念产生。20世纪60年代，德国物理学家赫尔曼·哈肯（Hermann Haken）提出协同学概念。20世纪60年代末，比利时物理化学学家伊利亚·普里高津（Ilya Prigogine）创立了耗散结构理论。20世纪70年代，德国科学家曼弗雷德·艾根（Manfred Eigen）创立了超循环理论。同一时期，法国数学家托姆（René Thom）创立了突变理论。20世纪80年代又产生了混沌理论、分形理论等。自此，组织、离散、混沌、分形、解构等新概念不断涌现。复杂性科学逐渐形成，在各领域引起了深刻的反响。美国数学家沃伦·韦弗（Warren Weaver）在《科学与复杂性》一文中概括了三个理论阶段的特征：“19世纪科学的研究对象为简单性，20世纪则转向复杂性，上半叶是无组织的复杂性，下半叶是有组织的复杂性。②”

（二）社会科学方法的哲学基础转变——从阐释主义与实证主义间的对立到弥合

近代西方实证主义科学的发展，清晰地划分了科学和神学之间的界限。然而，在这个过程中，人文和社会的研究内容因难以像自然科学一样可通过实验的实证来得到唯一的结果，而被部分学者排除在科学界线之外。这种划分标准淡化了人的精神要素，可视为将社会科学的特殊要义排除在外。法国哲学家孔德（Isidore Marie Auguste François Xavier Comte）将自然科学领域的实证主义方法引入了社会学研究领域，创立了实证主义社会学。他认为社会现象和自然现象本质上是一致的，都是客观的、有规律的、因果的。这一学说对社会学研究领域产生了重大影响，也开始了社会学实证主义倾向和阐释主义倾向的长期对立。

实证主义强调客观外部世界的存在，即不认为研究者主观价值观会对客观世界存在影响。而阐释主义者认为，不存在不依赖于人主观判断的客观世界，所有的认识通过认识者的大脑建立。即认为社会科学领域往往是被赋予研究者个体主观认识基础之上的话语建构。实证主义者倾向于用定量的研究方法，而阐释主义者则倾向于用定性的研究方法。定量的研究方法往往假定社会现象之间存在稳定的因果联系，并假定社会现象能简化为一系列可观察的变量，用数字和测量工具建立一系列可信的规范和标准，来试图找

① （美）冯·贝塔朗菲. 一般系统论［M］. 林康义，魏宏森，等，译. 北京：清华大学出版社，1987：29.

② 苗东升. 复杂性科学与后现代主义［J］. 民主与科学，2003（6）：29-32.

寻到现象背后的因果联系。定性的研究方法则主要通过移情式理解的方式对人类的行为予以阐释，即通过融入被观察者的情境当中，以局内人的视角在自然情境中收集数据。不过，这两种不同的倾向在20世纪60年代的系统论观点的作用下，发展出折中式的混合使用方法。①

二、建筑思潮：复杂性对纯粹性的宣战

受世界科学整体思想转变的影响，建筑学领域的理论及方法也呈现一系列变化。在现代主义建筑理论受到挑战的背景下，不断脱开原有疆域，在各学科交叉拓展中逐渐找到新的地位和身份。

（一）后现代主义的复杂性对现代主义纯粹性的宣战

现代主义在20世纪50年代盛极一时。实用主义建造观迎合了第二次世界大战后各国经济萧条及快速恢复建设的实际需求。此外，“形式服从功能”的价值观念满足了工业社会对建造体系简约化、程式化的要求。然而，因逐渐受到科学界关于系统性及复杂性阐述的影响，建筑学科在现代主义理论的发展范畴下也出现了流动空间论以及有机建筑论等理论，将建筑与周围环境视为整体，关注其有机互动关系。20世纪下半叶，自然科学与社会科学的边界逐渐模糊、学科间的渗透力及联密性逐渐加强，促使复杂性科学理论不断诞生。这无疑对建筑科学带来一定的影响，且建筑学科本身所具的自然科学、社会科学综合性特点，在此种趋势下，建筑理论的多元化出现空前繁荣的现象，不断拓展出新的领域。语言学、信息论、系统论、形式逻辑学和结构人类学等学科知识和方法得到广泛引用，遂在此基础上发展了建筑符号学、建筑类型学、建筑心理学、建筑形态学/结构主义等交叉学科方法。②这些方法无论在现代建筑研究领域还是历史建筑研究领域，都产生了积极的影响。（表5-2-1）

西方学者C.亚历山大将结构主义引入民居建筑研究，运用建筑的模式语言关联行为模式和场所。经过长达几十年的观察与总结归纳，透过现象找到图式背后抽象的某种内在规律和联系。③罗西则运用类型学原理，试图从古典历史中抽取建筑的内在本质，进而总结过去的法则，运用到现代的设计法则中，使其与历史相联系。而文丘里所表明的建筑的复杂性、矛盾性是充分肯定符号存在的意义。他对建筑“内在和外在”的阐明中提到：“内在和外在之间的对立可能是建筑中矛盾的主要表现形式。然而，一个20世纪颇具影响力的正统学说：内在应该表现在外在上，这对两者之间的连贯性来说是必要的……”④

① 蒋逸民. 社会科学方法论［M］. 重庆：重庆大学出版社，2011：9-12.

② 刘先觉. 现代建筑理论［M］. 第6版. 北京：中国建筑工业出版社，2004：107.

③ 姜梅. 民居研究方法：从结构主义、类型学到现象学［J］. 华中建筑，2007（3）：4-7.

④ 罗伯特·文丘里. 建筑的复杂性与矛盾性［M］//（美）查尔斯·詹克斯，卡尔·克罗普夫. 当代建筑的理论和宣言. 周玉鹏，雄一，张鹏，等，译. 北京：中国建筑工业出版社，2005：29-31.

20世纪下半叶计算机的快速发展，使之与建筑领域的结合更为紧密。计算机复杂的运算能力帮助设计者设计出复杂的三维非线性空间系统，同时也可模拟建筑周围的风、光、热等环境，使得研究建筑的方法迅速拓展。社会学科领域的阐释主义研究方式和实证主义研究方式在建筑领域也得到广泛的综合运用。

现代建筑理论图表 表5-2-1

信息名称	于建筑界产生时间	相关人物	主要论点
建筑符号学	20世纪50年代末	安伯托·艾柯（Umberto Eco）、斯卡维尼（Maria Luisa Scalvini）、加罗尼（Garroni）、考艾尼格（Koenig）、德·福斯科（de Fusco）、勃罗德彭特（Goeffery Broadbent）、詹克斯（Charles Jencks）、文丘里（Robert Venturi）、埃森曼（Peter Eisenman）等	建筑的存在意义取决于符号所表达出来的精神，重视建筑符号在创作中的运用。建筑符号有三方面的功能：即建筑符号的结构功能、建筑符号的意义功能、建筑符号的应用功能
建筑类型学	20世纪60年代	柯尔孔（A. Colquhoun）、罗西（A. Rossi）、列昂·克里尔（L. krier）、维德勒（A. Vidler）	在图形分析基础上抽象出简单的几何形体，根据其形体的共性和差异性，从差异性中找出共性的原型与变体，提取并将其结构运用于现代的城市和建筑设计中，形成与文化、环境的联系，并延续其文脉
建筑心理学	20世纪60年代	沃尔芬（H. Wolffin）、索趴（Soper）、希克曼（Sickman）、诺伯特·舒尔茨（Norberg Schulz）、霍尔（E. T. Hall）、索默（R. Sommer）、格林·李姆（Glenn Robert Lym）	空间是人类思考方式的集中体现，秩序是反映人们对生活的理解，并通过组合的逻辑体现它们的价值。因而，反映人类心理需求的设计体验是设计师在设计场地和空间时的重要依据，通过空间形式来反映他们的生活需求
建筑形态学/结构主义	20世纪50年代	路易斯·康（LouiS. I. Kahn）、丹下健三（Tange Kenzo）、埃斯克（Aldo Ven Eyck）、赫曼·赫兹伯格（Herman Hertzberger）	结构主义强调总体和元素之间的关系，元素有其自身的意义，同时其变化需依赖于整体结构。空间被视为城市与建筑整体的构成要素，并在整体结构中发挥着重要的作用。其变化与整体有着重要的关联

（来源：参考 刘先觉. 现代建筑理论［M］. 第6版. 北京：中国建筑工业出版社，2004. 编制）

（二）人文主义倡导下的隐喻、象征、高技、人情化、地方化等设计思潮

20世纪60年代，长期在西方建筑领域占据绝对优势的现代主义霸权格局被逐渐打破，取而代之的是隐喻、象征、高技、人情化、地方化等多元化现象。对社会科学、人文科学的折中研究及现代科学方法（如情报科学、系统方法等）的运用也成为当时建筑领域内一个引人关注的现象。[①]

① 刘先觉. 现代建筑理论［M］. 第6版. 北京：中国建筑工业出版社，2004：588.

三、民居研究：走向多学科交叉，注重人与空间复杂性的聚合

跟随世界各学科研究思维导向及体系结构所发生的变化，在不同学科间不断交叉、泛化、细致化、多维化的趋势下，民居建筑研究领域也逐渐分化，与社会学、人类学、地理学、美学、民族学、生态学等学科交叉，不断延伸出新的研究视点，丰富了研究内容，民居建筑研究从广度和深度上得到双重拓展。

（一）民居研究与社会学交叉

受世界科学价值观由关注“物”到关注“人”的哲学思想转变的影响，民居研究领域也开始由过去仅关注“建筑实物”到关注建筑使用中的“人”的转变。社会学方法的引入无疑为传统民居研究打开了新的视野，开始从“人”的群体视角审视空间的逻辑关系。

社会学研究的主要内容是透过对人们的社会关系以及行为来观察和分析，进而深入到对社会的结构、功能进行辨析以及对社会发展规律做出探索等。社会学的研究方法可从定性研究和定量研究两个角度深入。“定性研究法主要包括深度访谈、焦点组访谈、会话分析、内容分析、叙述分析和扎根理论等；定性研究法主要包括最小二乘法、对数线性模型、概率比模型、主成分分析、结构方程、社会网分析、固定效应模型、随机效应模型、工具变量、事件史分析、倾向性匹配等”。[①]

我国社会学的发展可追溯至20世纪初，其起始普遍认为是1903年严复的译著《群学肄言》的出版，其原著为英国著名社会学家赫伯特·斯宾塞（Herbert Spencer）的《社会学研究》一书。

群学的含义指社会学，群体聚集的学问。而民居的存在方式亦是以聚落为载体的集体聚居模式。其主体的社会结构模式表现为家庭、家族和聚落三层结构。一个家族由若干个小家庭构成。而一个聚落既可以是一个完整的大家族，也可以由多个大家族构成。但几乎所有以血缘联系为纽带的乡土群落所反映在空间上的控制力都表现为族权空间和礼制秩序。这是由我国乡土社会建立在农业生产基础上所决定的。聚族而居的方式成为这种经济模式的有力支撑，大家族聚居状态在生产、生活、防御、防灾等方面体现出了其优势。这种内在的群体关系往往反映在建筑空间关系的组合里，为民居研究提供了社会学视角的研究空间。关于民居研究与社会学的结合点，李晓峰教授认为：“在社会学理论框架中，社会结构、社会文化和社会变迁是与乡土建筑联系最为密切的内容。”[②]

① 陈云松．大数据中的百年社会学——基于百万书籍的文化影响力研究［J］．社会学研究，2015（1）：23-48.

② 李晓峰．乡土建筑——跨学科研究理论与方法［M］．北京：中国建筑工业出版社，2005：17.

（二）民居研究与人类学交叉

人类学是从生物体质和人类文化两个层面研究人类的一门学科。生物体质层面主要涉及形态、遗传、生理等，亦称自然人类学；人类文化层面主要涉及风俗、文化史、语言等，亦称文化人类学。文化人类学主要是从人类的文化上关切文化起源、变迁过程、文化差异等层面的探求，试图解释人类文化的性质特征以及变迁规律等。从人类发展的角度出发，人类学家试图通过自下而上的研究形式，来冲破长久以来自上而下的话语控制，以弥补经济与权力不平等之间的话语失衡现象。

由于文化人类学研究的自下而上、由边缘向中心的逆向性研究思维，田野调查方法成为人类学研究中极为重要和广泛的方法运用。德裔美国人类学家弗朗茨·博厄斯（Franz Boas）于19世纪80年代便开始将实地调研的方法引入研究。他经常到美国西北海岸的印第安部落做实地调查。波兰籍英国人类学家马林诺夫斯基（B. Malinowski），则推行长期驻扎实地的研究方法。他分别于1914～1915年以及1917～1918年两个阶段在新几内亚岛（New Guinea）和特罗比恩岛（Trobriand）上实地驻扎，与当地人生活在一起，观察、了解和研究当地人的制度风俗、行为规范以及生活方式。这两位学者的田野调查方法极大地影响了后来的人类学者。

20世纪20年代，外国人类学专著不断引入并相继翻译成中文。人类学在我国得到传播和发展。20世纪30年代，费孝通先生使用人类学的方法对江村进行实地调查，在英国伦敦大学完成了博士论文《江村经济》。论文随后被出版为专著，引起了国际人类学界的广泛关注。《江村经济》从人类学的视角，通过对人口、教育、婚姻、继承、生活、产业、土地制度等方面的观察和分析，细致总结了开弦弓村的乡村社会现实，是人类学领域调查工作开展以及研究方法的典范。

关于人类学的研究方法和研究逻辑，中山大学人类学教授容观先生指出，在特定地区内从事社会文化现象的调查研究，通常有历时态（Diachronic Method）、同时态（Synchronic Method）和社区内外关系的分析研究（The Study of Inter-Community Relationship）三种方法。历时态方法强调文化变化过程于一定时长的范围内做反复观察，以研究其中的文化变化和外部关系等问题。而同时态方法则着重于某一具体时段内文化的特点及社会生活表现。其具体的目的在于发现并记录这一特定地区的整个内部结构，诸如血缘关系、各种组织和政治制度以及生活方式等。①

人类学与建筑学的结合产生于20世纪后半叶。常青院士认为建筑人类学并非一个专业，也非一个流派，而是一种建筑学和人类学的交叉研究领域。“从实质上看，建筑人类学不过是一种强调在特定环境下，对建筑现象的习俗背景和文化意涵进行观察、体

① 容观. 关于田野调查工作——文化人类学方法论研究之七[J]. 广西民族学院学报（哲学社会科学版），1999（10）：39-43.

验和分析的视角与方法。”常青院士比较了人类学和建筑学在理论上看待建筑的五个关键性差别，并总结出：“建筑人类学是讨论人之于建筑的身体、行为、习惯及其规则的学问。”[①]

常青院士提出了建筑学与人类学相对应的五对概念范畴，即“变易性—恒常性”“空间形态—组织形态”“功能需求—习俗需求”“物质环境—文化场景”和“视觉感受—触觉感受”等地域风土聚落及建筑的认知方法。[②]（表5-2-2）

建筑学和人类学的五对概念范畴 表5-2-2

序号	建筑学	人类学
1	变易性	恒常性
2	空间形态	组织形态
3	功能需求	习俗需求
4	物质环境	文化场景
5	视觉感受	触觉感受

（来源：根据常青院士的访谈整理）

人类学方法广泛运用于建筑的研究中。此种研究相当重视第一手资料的获取，重视搜集资料主体与理论研究主体的合一。人类学家通常需要主动参与到研究现场，并参与到研究对象的生活中进行观察，包括使用当地语言，同时保证一个有效的、长期的田野调查时间。

在民居的研究领域，参与式的观察方法提供了一种新的研究视角，使得许多细枝末节的信息得以在调查过程中发现，尤其在调查不同区域匠作制度、工序和流程等方面具有优势。日本学者早在20世纪60年代左右便开始使用人类学方法对我国傣族、拉祜族等地区的民居进行研究。东京女子大学的乾尚彦教授在开始对佤族的民族建筑调查之前，先花了五个月时间去云南民族学院学习佤语。在掌握一定的语言知识之后，到当地老百姓家住了十个月，并进行跟踪调查。两年之后又进行回访，回访时又居住了三个月。由于跟踪观察的深入，在研究板扎结构时，绳子用多长，板扎多少，扣打在左边还是右边，都了解得一清二楚。现今，大阪民族博物馆中还保存了当时学者们调查的傣族竹楼建造全过程以及建造前后仪式的详细记录。[③]

黄汉民先生对日本学者的调研方法同样印象深刻。东京艺术大学教授茂木计一郎带领团队来中国调查，团队成员组成非常丰富，有老师，有学生，有民俗研究者，有专门测绘的人员，还有专门负责访谈的人员。他们不仅研究建筑，还研究民居内居住着的

① 常青. 建筑学的人类学视野［J］. 建筑师，2008（12）：95-101.

② 见附录：常青院士访谈。

③ 见附录：朱良文先生访谈。

"人"的生活，甚至把每个房间的家具都画下来，并对工匠进行访谈。①

目前，我国也有一些学者深入传统民居地区，跟踪记录匠人的建造全过程。但相对于广博的、丰富多彩的各地民居建造习惯和匠作差异化的比较研究，各地研究成果还普遍偏少。

（三）民居研究与地理学交叉

地理学这一领域主要包含自然地理和人文地理。自然地理主要关注地层表面的自然现象及灾害、土地利用以及环境生态与地理之间的关系问题。人文地理主要关注的内容不仅包含历史地理、文化地理，还包含社会地理、人口地理、政治地理、经济地理以及城市地理等。而在当代信息技术飞速发展的背景下，地理环境和过程可以借助计算机建模和模拟来实现可视化分析，实现地理信息系统在理性决策中的运用。

与民居研究领域最相关的分支是人文地理学。人文地理学对人类社会活动在地域上的分布情况做出分析，并就其不断扩展变化的情况进行跟踪，进而对"人"与"地"、"文化"与"区域"所对应的内在结构以及发展规律做出探索。民居及聚落常常被人文地理学家视为文化景观，进而对民居与聚落的地理分布进行研究。由于建筑在特定的自然、地理和人文条件下往往形成不同的风格类型，逐渐形成地域上的差别，因而，区划成为一种探讨差异的手段。区划是人为的，而形成区划背后的过程主要体现为"人""地"之间的相互适应并最终达到相对稳定的状态。人类建造活动取材于自然，材料生长于特定的地理气候环境。人类借助当地材料建造时还需考虑各地的地理、地势以及气候环境，当这些变量集合于一起，并在特定技术条件影响下，便会综合形成各地独具特色的民居及聚落特征。

人文地理学基于"人地关系"的讨论，将用地视为人类一切生活的载体。通过"地"这一具体的物质载体研究人的心理、行为、观念、思想，以及其背后的成因、逻辑、演变等。聚落作为人类生存的基本物质条件，从空间上演绎着人类情感与自然间最密切的关系。人类作用于地理所实施的建造行为，深受哲学价值体系的影响，不同的价值认知所影响的建造行为会呈现巨大差异。但就整个中国地域而言，天人合一、因势利导的哲学观成为主导地貌改造行为的哲学思想。因而，在中国极少出现极力战胜自然的突兀表现，更多体现于用地的亲和，传达出东方人的用地智慧。

在政治、经济、文化、地理、气候多重因素的综合影响下，人文环境的差异通常会在地域空间上呈现某种阶段性定格。这种定格表现在学科方法上，往往呈现出共时性的区划。区划的边界和范围因研究对象或提取因子的不同而呈现边界的非僵化特征，研究者往往根据不同的研究对象做不同的范围界定。无论是哪种界定，其目标通常是寻求出特性和差异。民居和聚落作为地域上独具特征的物质或景观因素分布，在民居建筑学与

① 见附录：黄汉民先生访谈。

地理学交叉融合后更有其切实可行的研究内容。

民居研究除了与社会学、人类学、地理学的学科交叉外，还与美学、生态学、政治学、民族学、宗教学、物理学、心理学、计算机学等其他学科有多种交叉形式。交叉的方式向多元化发展，交叉的内容向纵深发展。而在其动态的路径选择上，又体现出群学科复合交叉的特征，不仅是与某一学科交叉，还是与多学科交叉融合后，在复合基础上的路径选择方式。

第三节

方法新拓：群学科交叉特性下的多元研究路径探索

一、“划”为核心：与地理学及民族学等交叉的区系划路径

在众多民居研究中，区系划法是一种运用较多且较为典型的研究路径。区系划法既包括区划法也包括系划法。这两者划分的原理极为相似，只是在概念上的区别主要体现在前者注重地域内容的强调，后者注重民族内容的强调，但两者殊途同归的目标是借助区划、系化的方式从文化圈的角度对不同特质的建筑类型作区分，以达到建筑共性和特性探讨的目的。

（一）国外区系划研究

国外在建筑区划方面的研究，从不同层面和影响因素角度进行开展。注重自然环境因素，根据气候要素进行的有D. Yaeng在《炎热地带城市区域主义》一书关于全球建筑气候分区设想。美国的B. 吉沃尼在《人·气候·建筑》一书中关于不同气候类型下，建筑设计的原则和方法的探讨等。根据各地材料及结构来进行区划的有英国的R. W. Burnsikn，在《乡土建筑图示手册》一书中以区划图的方式呈现英国乡土建筑分布状态。从文化因素进行建筑区划的有美国的F. Kniffen教授，其做出了美国东部房屋类型的传播及形成的区域图。他研究房屋的形态和形状，并考虑人口流动迁移，即文化的交流因素。[①]

① 王文卿，陈烨. 中国传统民居的人文背景区划探讨［J］. 建筑学报，1994（7）：42-47.

（二）国内区系划研究

1．区系研究在其他领域的运用

我国学者从不同学科角度借用区系划法针对不同研究内容分别从历史、地理、文化等角度进行了区系划模式的探讨。如李孝聪教授进行了历史地理区划。[①]苏秉琦先生进行了考古学文化区划。[②]刘沛林教授进行了聚落景观区划。[③]司徒尚纪先生对广东地区进行了文化地理区划，并认为借助于文化区才能窥见文化在各地域的个性、差异和联系，以及空间转化、分异的规律。而区划的基础则是建立在一定地域里形成的语言、风俗、经济生活和心理素质的共性特征之上。[④]（表5–3–1）

不同学科学者区划研究对比表　　表5-3-1

区划依据	研究者	研究区域	区划数目	区划内容
历史地理区划	李孝聪	全国	一	蒙古地区：含历史上长城以北的内蒙古和外蒙古地区
			二	西南地区：含四川、云南、贵州、西藏、重庆等省市区及陕甘之秦岭以南地区
			三	中原地区：含陕西、山西、河南、山东、河北、北京、天津等省市区
			四	长江中下游地区：含湖北、湖南、江西、安徽、江苏、上海等省市区
			五	东南沿海地区：含浙江、福建、台湾等省区
			六	岭南地区：含广东、广西、海南等省区，以及香港、澳门特别行政区
			七	东北地区：含辽宁、吉林、黑龙江等省区
			八	西北地区：含甘肃、青海、宁夏、新疆等省区
考古学文化区划	苏秉琦	全国	一	以燕山南北长城地带为重心的北方
			二	以山东为重心的东方
			三	以关中（陕西）、晋南、豫西为中心的中原
			四	以环太湖为中心的东南部
			五	以洞庭湖与四川为中心的西南部
			六	以鄱阳湖至珠江三角洲一线为中轴的南方
聚落景观区划	刘沛林	南方	一	江浙水乡聚落景观区
			二	皖赣徽商聚落景观区
			三	闽粤赣边客家聚落景观区
			四	浙南闽台沿海

① 李孝聪．中国区域历史地理［M］．北京：北京大学出版社，2004．

② 苏秉琦．中国文明起源新探［M］．上海：生活·读书·新知三联书店，1999：31．

③ 刘沛林．中国传统聚落景观基因图谱的构建与应用研究［D］．北京：北京大学，2011．

④ 司徒尚纪．广东文化地理［M］．广州：广东人民出版社，1993．

续表

区划依据	研究者	研究区域	区划数目	区划内容
聚落景观区划	刘沛林	南方	五	丘陵聚落景观区
			六	岭南广府聚落景观区
			七	云贵高原及桂西北多民族聚落景观区
			八	四川盆地及周边巴蜀聚落景观区
文化地理区划	司徒尚纪	广东	一	粤中广府文化区，包括：珠江三角洲广府文化核心区、西江广府文化亚区、高阳广府文化亚区
			二	粤东福佬文化区，包括：潮汕福佬文化核心区、汕尾福佬文化亚区
			三	粤东北—粤北客家文化区，包括：梅州客家文化核心区、东江客家文化亚区、粤北客家文化亚区
			四	琼雷汉黎苗文化区，包括：琼雷汉文化亚区、五指山黎苗文化亚区

2．区系研究在民居研究领域的运用

20世纪90年代，王文卿、陆元鼎等先生就已从区系视角开始研究民居。早在1992年，王文卿先生、周立军教授根据我国自然地理等情况，从气候、地形、材料三个方面进行了区划探讨。王先生等将传统民居的屋面坡度根据坡度范围划分为平屋顶区（小于10度）、缓坡顶区（小于30度）及陡坡顶区（大于30度），根据对比各地降水量的结果发现，平屋顶、缓坡屋顶和陡坡屋顶分别对应降水量为0～250毫米、250～500毫米、500毫米以上的区域。同时，根据我国地形区划，将我国传统民居的形态分布划分为平原区、水域区和山丘区。并根据材料研究出我国土筑民居、石作民居、木构民居、竹构民居、砖作民居，以及草顶、帐幕顶民居的地理分布情况。①1994年，王先生又从人文背景的角度，通过对文化要素、制度文化要素和心理文化要素三个方面的综合分析进行了综合人文区划，将全国划分为八大区域。②

同期，陆元鼎先生从民系划分视角对传统民居进行研究，通过两个国家自然科学基金和指导的博士论文等成果，使得民系民居研究成果在全国范围内，尤其是南方地区产生了极大的影响，同时出版了一系列博士论著。根据南方地区方言民系的多样化特征，余英博士将东南地区的建筑类型归入五大文化区。③此外，朱光亚先生提出可从民居建筑结构体系和结构构件做法视角，将全国划分为十二个文化圈。④常青院士则探索了我国风土建筑的谱系构成，并将全国汉民族划分为北方六大区系，包括跨越南北的江淮和西南等两大区系，以及南方的四大区系。⑤（表5-3-2、图5-3-1）

① 王文卿，周立军．中国传统民居构筑形态的自然区划［J］．建筑学报，1992（4）：12-16.

② 王文卿，陈烨．中国传统民居的人文背景区划探讨［J］．建筑学报，1994（1）：42-47.

③ 余英．中国东南系建筑区系类型研究［M］．北京：中国建筑工业出版社，2001.

④ 朱光亚．中国古代建筑区划与谱系研究［M］//陆元鼎，潘安．中国传统民居营造与技术．广州：华南理工大学出版社，2002：5-9.

⑤ 常青．我国风土建筑的谱系构成及传承前景概观——基于体系化的标本保存与整理再生目标［J］．建筑学报，2016（10）：1-9.

民居建筑学相关学者区划研究对比表　　表5-3-2

区划依据	研究者	研究区域	区划数目	区划内容
经济类型 人口密度 宗教制度 宗教 哲学思想 地理 气候	王文卿	全国	八	未对八个区具体命名
民系 方言 宗族 移民 地域	陆元鼎、余英等	东南（汉）	一	越海系建筑文化区（越海民系）
			二	湘赣系建筑文化区（湘赣民系）
			三	闽海系建筑文化区（闽海民系）
			四	客家系建筑文化区（客家民系）
			五	广府系建筑文化区（广府民系）
建筑结构体系和结构构件做法	朱光亚	全国	一	京都文化圈
			二	黄河文化圈
			三	吴越文化圈
			四	楚汉文化圈
			五	新安文化圈
			六	闽粤文化圈
			七	客家文化圈
			八	蒙文化圈
			九	藏文化圈
			十	朝鲜文化圈
			十一	滇南文化圈
			十二	维吾尔族文化圈
民族、民系的语族、血缘、地缘、聚居关系	常青	全国（汉、少数民族）	一	东北区系（汉）
			二	冀胶区系（汉）
			三	京畿区系（汉）
			四	中原区系（汉）
			五	晋区系（汉）
			六	河西区系（汉）
			七	江淮区系（汉）
			八	西南区系（汉）
			九	徽区系（汉）
			十	吴区系（汉）
			十一	湘赣区系（汉）
			十二	闽粤区系（汉）
			一	藏缅语族区
			二	壮侗语族区
			三	苗瑶语族区
			四	蒙古语族区
			五	突厥语族区
			六	通古斯语族区

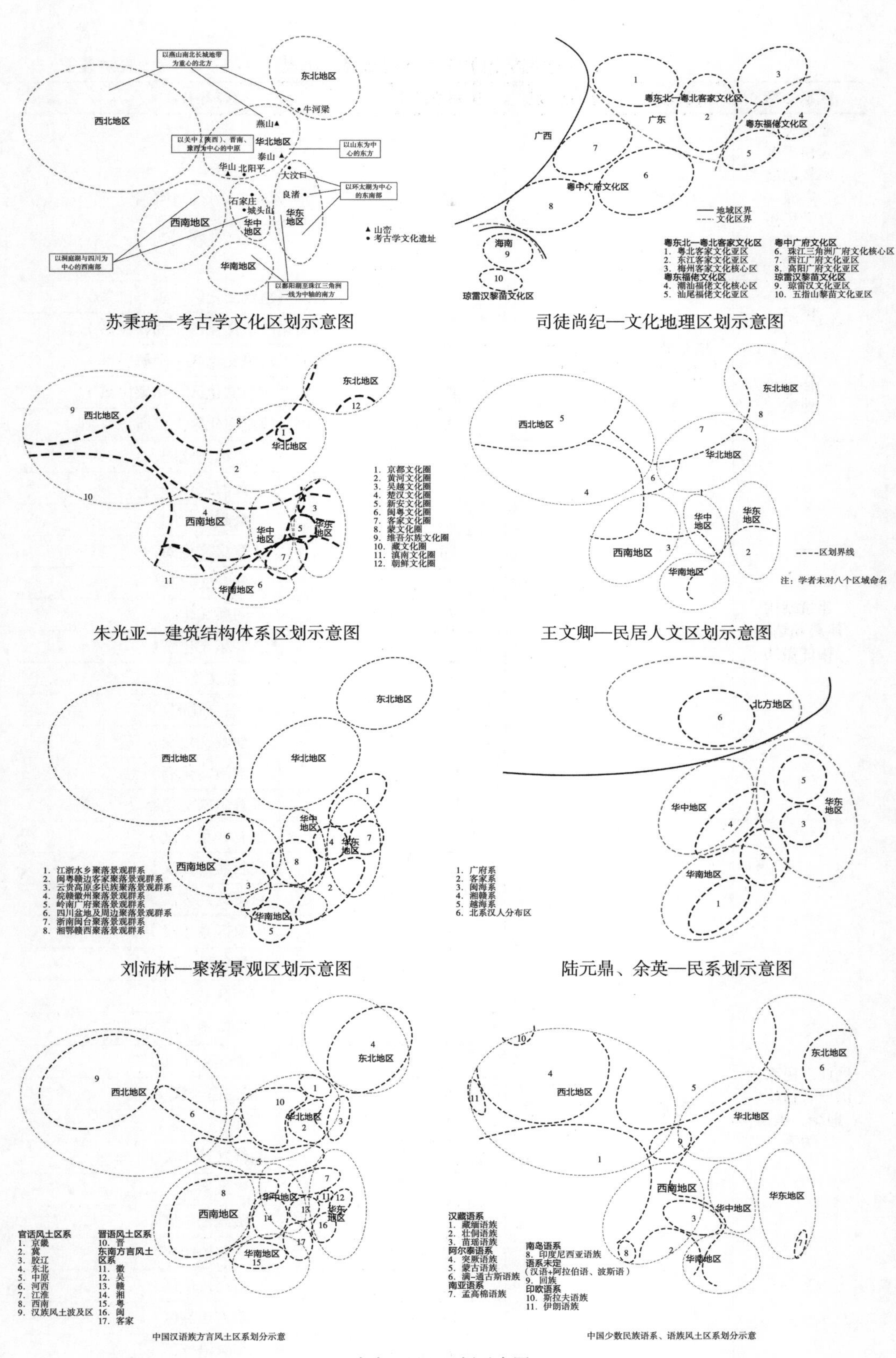

图5-3-1　各学者研究的区划示意对比

（来源：根据参考文献改绘）

（三）民居研究区系划分标准

1. 行政区划

行政区划是行政区域划分的简称，是国家为了进行分级管理而实行的区域划分。民居研究按照行政区域完成成果出版的情况可追溯至20世纪80年代。这一时期，中国建筑工业出版社出版的民居系列丛书主要按照行政区域而命名。如《浙江民居》《广东民居》《云南民居》《吉林民居》《福建民居》等。十几年后，由陆元鼎先生主持各地专家进行了《中国民居建筑丛书》的出版，共计十八册。其中，湖南、湖北两省合并为《两湖民居》；黑龙江、吉林、辽宁三省合并为《东北民居》；西北几个省合并为《西北民居》。此外，其他著作均以行政区命名。清华大学出版社出版的《中国民居五书》中也有按照行政区划分的研究成果，如《浙江民居》和《福建民居》。由住房和城乡建设部主持各地专家编写的《中国传统建筑解析与传承》系列丛书，亦是从行政区划的角度进行编写。

行政区划进行研究既有优势，又有局限。据陆元鼎先生介绍，以行政区划来进行研究便于人力和相关学术团体的组织。由于不同学术团体归属不同省份，在资料获取和调研便捷性上同省份内更具优势。[①]再如《中国传统建筑解析与传承》这类丛书编写则是分别由各行政省份的住房和城乡建设厅组织各地专家进行撰写，为便于管理和统筹成果，以省份为单位成为必然。不过，专家们同时也意识到以行政区划进行研究的局限，由于民居文化的传播不会受到行政边界的影响，更多的与地理条件与文化辐射有关联，因此不同文化圈、文化区域自然会形成不同的建筑特征。具有类似特征及紧密联系的民居区域可能分属不同的省份。例如，闽南民居与潮汕民居、闽东民居与浙南民居，虽然它们的特征很相似，但却分属不同的行政区。

为了更好地寻求各类民居源流特征存在差别的深层次影响因素，不同学者依据不同研究理念进行了其他类别的区划或系划研究的探索。

2. 民系划

相对于区划，民系划在以地理为核心的区划基础上，更多地纳入了方言对文化圈形成的影响因素，因此，它的“系”划特征较为突出。“民系”是客家研究学者罗香林先生于20世纪30年代提出用于研究汉族内部各种次民族、亚民族的研究概念。汉族作为中国包含人口最多的民族，其内部因语言、文化、风俗的差异，又体现为许多亚文化群体的共存，为了便于细致研究，罗先生将汉族划分为八大民系：北方民系、晋绥民系、吴越民系、湖湘民系、江右民系、客家民系、闽海民系和广府民系。这一划分被人文地理学者们广泛吸收，尤其是在南方地区的研究中得到较多运用。例如：司徒尚纪先生认为：“广东三大民系已经铸造了广东地域文化原型。”[②]可见，民系本不是一个地域概

---

① 向陆元鼎先生请教时获得的内容。

② 司徒尚纪. 广东文化地理［M］. 广州：广东人民出版社，1993：21.

念，但正是因为历史因素以及长期的文化、习俗积淀于特定的地理地域环境，又会沉淀出不同的地域文化基因。

陆元鼎先生认为："民系是民族内部文化区域性传播的独特结果。"它们具有共同的方言、共同的地域、共同的生活方式及共同的心理素质。使用民系划分是为了更好地研究一定区域内的共性特征，进而可提取出该区域的居住典型。①因而借用分区形式可为地域建筑文化研究提供一个相对客观的参照标准。陆元鼎先生将民系概念引入民居研究，提出了民系民居研究框架。余英学者在此基础上提出了东南系建筑区系类型研究方法。此外，多篇博士论文就东南五大区系的民居特征进行了研究。陆元鼎先生带领华南民居研究团队创立了民系民居研究方法。

3．流域区划

张十庆教授认为在地域建筑研究上，"南北两方是最基本的两大单元"。相较而言，南方建筑体系的构成较北方建筑更为复杂，南方是建筑地域特色最为鲜明的地区。因为南方的地理条件复杂，民族及文化构成更为丰富。为了探寻地域建筑的演化和交融的历程与规律，以及认识地域建筑的构成及其本质特征，张教授提出了以流域进行区划的建筑文化单元和谱系，以流域区划来研究相应属地的独特而稳定的建筑和文化特征，例如"南方的太湖流域、新安江流域、瓯江流域、闽江流域、珠江流域及沿海地区的建筑"等。②

4．结构区划

朱光亚先生则认为，一切的文化现象最终将作用于建筑的本体，从而导致它的变化；认为观念的、非物质的文化因素需要通过建筑本体的物质要素来体现；认为建筑本体的结构是建筑附丽其上的骨架，具有最为深刻的意义。他将建筑结构体系视同文法中的句法，其他部分则视为修辞，认为群体特征、梁架形式、挑檐类型、屋面与廊步做法等，皆具有地域分布明确的区系特点，因而提出了由结构体系进行区划的研究思想和方法。③

在此框架下，张玉瑜博士对福建民居木构架的稳定支撑体系进行了研究，并进行了区划尝试。在广泛调查的基础上，深入了解福建各地木构体系的地区做法特征，逐渐区分出闽南、闽东、闽北、闽西四个地域的木构架特征（表5-3-3）。从而建立福建民居木构架体系的区系脉络图。其结论认为不同区域工匠体系对木构体系的形成有极大影响，并认为这些特征的分区与福建方言分区现象相吻合。④

---

① 陆元鼎．从传统民居建筑形成的规律探索民居研究的方法［J］．建筑师，2005（3）：5-7.

② 张十庆．当代中国建筑史家十书：张十庆东亚建筑技术史文集［M］．沈阳：辽宁美术出版社，2013：61-62.

③ 朱光亚．中国古代木结构谱系再研究［C］//全球视野下的中国建筑遗产——第四届中国建筑史学国际研讨会论文集（《营造》第四辑），2007（6）：365-370.

④ 张玉瑜．福建民居木构架稳定支撑体系与区系研究［J］．建筑史，2003（7）：26-36.

福建民居区划大木作特征　　表5-3-3

序号	区划	大木作特征
1	闽南	圆作直梁、插拱替木与看架
2	闽东	扁作直梁特色的插拱、看架与托架梁式屋内额
3	闽北	扁作月梁类型，并且使用了顺脊串、副擦、顺身串、托架梁等构件，同时亦存在与圆作直梁混用的情形
4	闽西	以客家土楼建筑类型为主

（来源：根据张玉瑜．福建民居木构架稳定支撑体系与区系研究［J］．建筑史，2003（7）：26-36．编制）

5．风土区划

常青院士探索我国风土建筑的地域谱系研究方法，以风土区系为背景，以五大基质作为建筑谱系的判断依据，通过基质判断界定研究对象是否属于同一谱系，进而寻找到建筑谱系的中心。常青院士通过对全国范围内的风土建筑进行研究，依据民系方言人群的分布关系，将全国划分为若干区系。① 再通过对建筑特征以及营造禁忌的共性，来区分风土建筑的谱系。

针对具体的研究操作，常青院士提到："风土区系和建筑谱系并非一一对应的关系。一个区系中可能包含若干建筑谱系及其匠作系统。风土区系划分的基础是以血缘、地缘和'语缘'为纽带的民系方言人群的聚居分布关系，而'谱系'认定首先在于影响建筑本体生成的'基质'，我们从'聚落''宅院''构架''技艺'和'禁忌'等五个方面讨论风土建筑的基质构成。此外，由于语言区边界的模糊性，一个重要的问题是找出建筑谱系的中心所在。"②通过风土区系背景下的建筑谱系探讨，其目的是把握各地风土聚落的环境因应特征，进而，在保护与传承工作中可依照谱系划分进行分类保护，使其保护目标更为明确。

（四）详剖民系划法

1．民系民居研究方法起源

民系民居地域综合研究法，简称民系民居研究法，是由陆元鼎先生于20世纪90年代提出的一种针对南方地区汉族民居建筑研究的方法体系。该方法的产生源于特定历史条件下的一种积极探索。自20世纪三四十年代开始，民居研究长期处于对建筑形式、结构、材料等建筑学方面关注和探索的单一性局面，七八十年代学界虽逐渐开始关注民居建筑的文化意义，并做出了许多突破，但角度多是探讨建筑与某种文化关联的普遍性，如礼制秩序、宗法制度等，或者针对某一地域或某一民族的民居在某一研究时刻点上的

① 常青．我国风土建筑的谱系构成及传承前景概观——基于体系化的标本保存与整体再生目标［J］．建筑学报，2016（10）：1-9．

② 见附录：常青院士访谈。

静态文化表现。对于更大地域范围内，民居在历时态进程中的影响因素，如历史移民对民居在地域分布上的影响、在移民冲突与交融中的语言隔离与同化对匠作分布的影响，以及移民被动式选择不同地理条件进行定居后的地域文化性格对建筑形态的影响等，此前都没有进行过立体式讨论。为了使用整体的视野、动态的发展视域解读这些问题，民系民居研究叠加各种复杂信息，使用文化圈的概念，以“民系”为单位，探讨建筑在地域上的特征差异。

2. 学科交叉

民系一词源自民族学范畴，是基于方言差别的汉民族子系分类。民系民居研究方法是以民族学对汉族子系的分类为视野，借助多学科融合模式进行研究的一种民居研究方法。它建立在民族学、历史学、社会人类学以及人文地理学的综合交叉基础之上。之所以借助于民系来划分不同的建筑文化圈，是由于民系形成的历史过程与建筑形式的形成有着密不可分的关系。因而，民系民居研究需要使用一种动态视野，去对待历史过程中建筑形成的原因，与历史学联系紧密。同时，历史移民往往需要选择地域进行安定、建造，在各地气候差异、材料资源不同的条件下，针对不同地理环境又会形成建造上的差异。这又需要地理学知识来进行配合研究。此外，因历史上大量汉民从中原南迁，造成南方用地紧张，移民与原住民之间抢夺生产资源而冲突剧烈，这种关系进而逐渐体现为建筑防御性的增强。抢夺的过程也给抢夺群体的心理带来影响，对空间亦有影响。因而，群体之间、个体之间，以及个体、群体与社会关系也会反映在建筑中。这便需要与社会学进行交叉研究。同时，民系本来就反映着方言之间的差异，正是方言的差异阻隔了匠师群体之间的交流，进而使匠技在有限区域内传播，使得各地之间的做法有着相对稳定的差异。为深入了解各地的匠作差异，又需要结合人类学的调查和分析方法。因而，民系民居研究法是一种叠加了多种分析因素的综合动态研究法。

20世纪90年代中后期，陆元鼎先生申请了“客家民居形态、村落体系与居住模式研究”（1993～1995年）和“南方民系、民居及其居住模式研究”（1997～1999年）两个课题，带领博士生团队对南方五大民系民居建筑展开研究。几位博士分别就越海、闽海、客家、广府以及湘赣民系的民居建筑进行了研究，探索了历史移民过程与建筑或聚落形态以及精神含义上的关联，结合宗法制度、社会组织结构、家庭组织结构等社会学分析，并观察居住者的真实生活状态，以深刻剖析人的观念、文化、习俗对于建筑的影响。同时将以上因素纳入特定地理地域中进行综合分析。

3. 系统性和动态性

民系民居研究方法是复杂性学科方法中的一种，因此它具有复杂性学科研究方法的一些基本特征，即体现为整体性（或系统性）及动态性。复杂性学科研究将研究对象视为一个整体进行研究，认为整体是各部分的有机统一，部分变化会牵动整体的变化。在民居研究领域，多因素复合成了民居建筑中的开放系统。如刘定坤学者剖析了越海民系民居与文化特征，将整个民居长期的发展演变过程视为一个受诸多因素制约的开放动态系统，并将此系统概括为三个方面：一是自然地理生态环境，包括气候、地理、地形地貌和交通等条件；二是社会文化条件，包括政治、经济、历史和社会组织、思想观念等；三是技术手段，包括营建方法、程序、营建材料、匠师谱系等。①戴志坚教授通过对闽海系民居的深入研究，提出了民系形成的三个影响因素：语言条件（方言），外界条件（战乱、异族入侵、社会动荡），自然条件（相互阻隔的交通条件）。由于民系形成是多方面因素的动态影响过程，因此，从民系的角度深入研究需要将其纳入动态的分析过程中。②整体性与动态性的研究观念和思维方法在民系民居研究中体现得尤为明显。

4．研究实例

民系民居研究方法的运用已形成系列研究成果，对南方地区民居研究产生了深远的影响。早期奠定性成果主要集中于2000年前后，由陆元鼎先生指导的博士生分别对南方地区五大民系的民居建筑进行了研究，并有余英学者就其方法论进行了专门的探讨。

这些研究已初步构成一个南方地区民居研究框架，溯源了南方移民过程以及民系形成过程，并就动态中的迁移、定居等因素对建造形式的影响等进行了动态关联研究。依据南方地区的开发历史，余英学者初步判断了五大民系形成的先后顺序，认为越海系形成于南北朝时期；湘赣系和广府系形成于唐代；闽海系形成于五代；客家系形成于晚唐五代至宋初。③（表5-3-4）

南方各民系形成时期、方言、区域范围列表　　表5-3-4

民系	形成时期	方言	区域范围
越海民系	南北朝时期	吴语	宁镇皖南区，太湖、杭州湾区
湘赣民系	唐代	湘、赣语	赣江、鄱阳湖区，湖南区
广府民系	唐代	粤语	粤中、粤西、桂东南
闽海民系	五代	闽语	闽、浙南、台湾区，粤东区
客家民系	晚唐五代至宋初	客家话	梅州、汀州、粤北、赣南

（来源：根据各民系民居研究论文编制）

通过民系划法，六篇博士论文分别就各地建筑平面形制进行了研究，结合不同的主导文化和次生文化影响，以及礼制秩序、宗法观念和住宅制度等进行全面论述，总结出各民系民居建筑不同的平面形制和地域文化性格（表5-3-5）。

① 刘定坤．越海民系民居建筑与文化研究［D］．广州：华南理工大学，2000：12.
② 戴志坚．闽台民居建筑的渊源与形态［M］．北京：人民出版社，2013：13.
③ 余英．中国东南系建筑区系类型研究［M］．北京：中国建筑工业出版社，2001：55.

南方各民系民居建筑平面形制与对应的地域性格 表5-3-5

民系	民居建筑平面形制	地域性格或空间意境
越海民系	一明两暗型、田井堂庑型、天井堂厢型、四合天井型	尚武崇文、崇文重教、淡泊超脱、致用功利、刚柔相济
湘赣民系	一明两暗型、三合天井型、四合天井型、中庭型、天井式民居平面单元的拼接	室内外空间互相依存、互为补充、互相渗透
广府民系	三间两廊型、前院堂屋式及其亚型、城镇住宅	整齐划一、均财睦族
闽海民系	一明两暗型、四合中庭型、三合天井型、土堡围屋型、竹筒屋型	坚实华美、轻巧明快、精致实用
客家民系	二面围合、三面围合、四面围合/单环围合、双环围合、多环围合	屈曲生动、端圆体正、均衡界定、谐和有情

注：以上内容性总结来源于各民系民居研究论文。

针对客家民系民居建筑的研究，潘安博士利用图示学从点线关系的角度抽象出客家民系的几种基本类型。他将客家聚居建筑空间形式理解为“点”和“线”的关系，即将整个聚居建筑的中心视为较为稳定的视觉点，而将围绕中心布置的一系列重复的房屋连接在一起，视为流动的视觉线。进而得出几种点线的围合方式：二面围合、三面围合、四面围合。根据线不同的围合程度，将客家民系民居的平面形制区分为单环围合、双环围合、多环围合。从线的围合形态上，总结出方形、圆形和异形几种空间形态（图5-3-2）。并通过形态关系结合聚居建筑所体现的社会关系进行解析，认为在客家聚居建筑中，构成线性的房屋排布都较为均等，很难从房间结构上辨认出居住其中的每一户的地位差异，也很难辨别其间的亲属关系，只是比较明确他们属于同一祖公。潘先生认为这种模式的形成和客家人团结向心的精神内涵是不谋而合的。同时，这种图示的点状核心往往是祖堂和议事厅公共用房，其作用是从精神意向上维护家族的存在。这种图示性反映了客家社会关系中的“灭私兴公”，集体大于个人，以家庭个性削弱来保证家族核心地位的特征。基于此，潘先生认为客家建筑中空间组织结构和普遍传统合院式住宅的存在两个体系和一个体系的差别。即传统住宅系统中，是庭院组织着每个家庭的日常生活体系，家庭间的联系与分隔是通过庭院的组合关系来实现的。这种建筑内部的体系较为单一，很少有另一种性质的建筑体系存在，与其密切相关的宗祠、祖庙、园林等建筑，与居住空间的总体关系是并行排列的。而客家聚居建筑，采用周边式房屋排列，家庭间没有分隔和差异，没有围合具有生活意义的庭院，在其内部的居住体系当中，还存在另一种体系的建筑，即占有重要作用的宗祠。①（图5-3-3）

此外，使用民系民居研究方法，陆琦教授针对广府民系、潮汕民系以及客家民系的民居建筑，以及少数民族民居建筑、近现代民居建筑做了深入细致的研究。结合历史移民现象，综合层叠了宗族、文化、地域等因素，对各个地区的民居建筑文化以及性格

① 潘安. 客家民系与客家聚居建筑［M］. 北京：中国建筑工业出版社，1998：134-136.

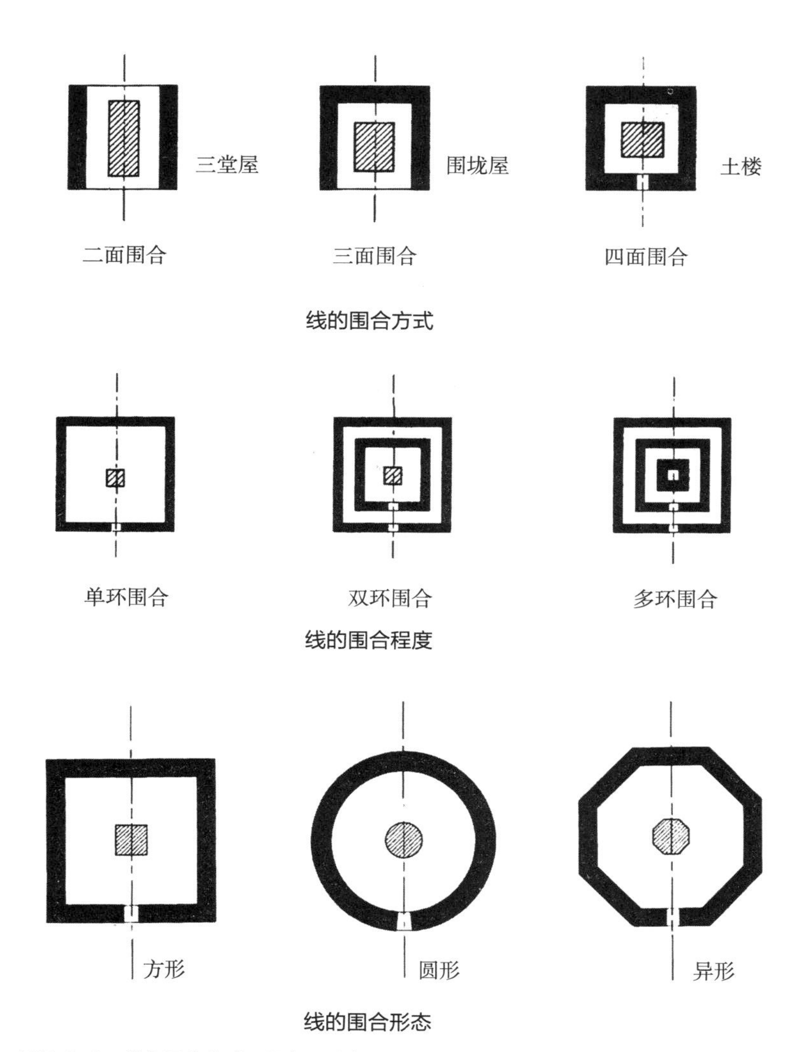

图5-3-2　线的围合方式、程度、形态

（来源：潘安. 客家民系与客家聚居建筑［M］. 北京：中国建筑工业出版社，1998.）

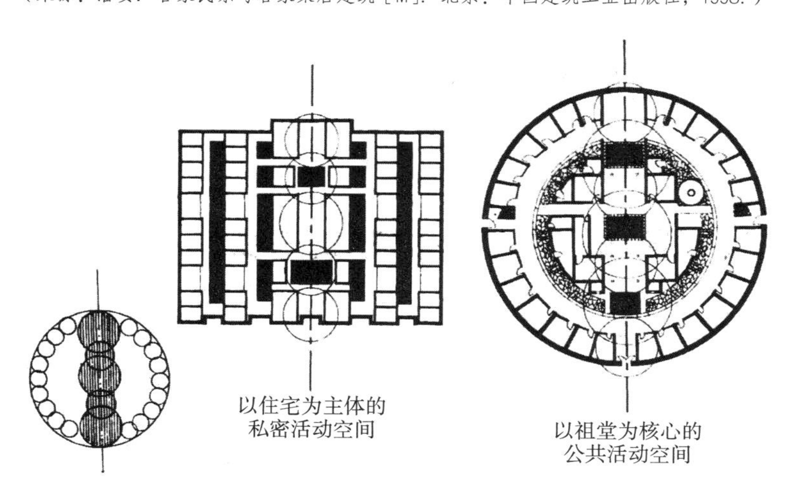

图5-3-3　客家聚居建筑中的两种用房模式

（来源：潘安. 客家民系与客家聚居建筑［M］. 北京：中国建筑工业出版社，1998.）

特征进行了总结。[1]在研究过程中，陆教授逐渐发现雷琼民系与广府民系的民居存在差别，因而在《中国传统建筑解析与传承——广东卷》一书中，在广东地区原有三大民系中增补了雷琼民系，以完善研究，并将这四大民系的文化地域性格和建筑聚落特征进行了对比、归纳、总结和提炼。（表5-3-6）

在后续研究上，潘莹教授、施瑛教授等从南方汉民系传统聚落形态比较的视角对湘赣民系与广府民系之间的形态进行了比较，对广府民系及越海民系的水乡形态进行了比较，进一步深化了文化要素作用于各民系间聚落形态差异的研究探讨。[2,3]

5. 方法特征

结合民族学、人类学、社会学、语言学、地理学等学科的交叉研究，以民系为研究单元，综合自然地理、社会人文诸因素，从民系分布、文化交流的角度揭示传统聚落与民居的形态特征、文化特性和发展规律，从而形成了“民系民居文化理论”。该理论重点取向是通过叠加各种制约和影响建筑类型形成的因素进而在区域文化、族聚关系及文化分类的基础上进行区划，运用类型学理论和结构主义理论，对分布于不同地域的聚落或建筑在组织形态和功能结构上做出差异性和典型性特征的诠释。试图探讨其原型和深层结构，挖掘出潜在的“建筑类型”，以识别丰富多彩的各特定地域环境下建筑的共性和特性。（图5-3-4）

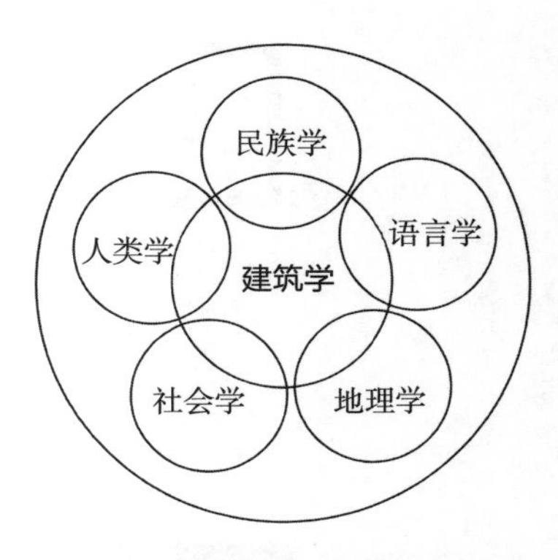

图5-3-4　民系民居文化理论示意图

广东四大民系建筑与聚落特征以及文化地域性格　　表5-3-6

民系	建筑与聚落特征	文化地域性格	图片
广府民系	规则有序、井然和谐	开疆扩土、开放务实	
潮汕民系	密集聚居、中轴对称	恪守礼制、平稳庄重	

① 陆琦. 广东民居［M］. 北京：中国建筑工业出版社，2008.

② 潘莹，施瑛. 湘赣民系、广府民系传统聚落形态比较研究［J］. 南方建筑，2008（5）：28-31.

③ 施瑛，潘莹. 江南水乡和岭南水乡传统聚落形态比较［J］. 南方建筑，2011（3）：70-78.

续表

民系	建筑与聚落特征	文化地域性格	图片
客家民系	向心聚集、坚固安全	敬宗收族、崇教尚武	
雷琼民系	空间多变、灵活组构	开放果敢、兼容并蓄	

（来源：根据中华人民共和国住房和城乡建设部. 中国传统建筑解析与传承　广东卷［M］. 北京：中国建筑工业出版社，2016. 编制）

（1）区划性

民系民居地域综合研究法的核心手段是系划。而其有别于其他区划方法，如自然区划法、地理区划法或人文区划法等研究方法的标准是，其重心是以民系为主要划分标准，再结合其他社会、文化、宗教等因素的影响，综合地探讨某一特定地域范围内的建筑类型特征和建筑文化。民系的形成是某区域内的社会群体与其他区域内的社会群体之间在历史发展的过程中出现了较大的、可描述的差别，其群体意识与特征得以强化，进而在某一较长时期内趋于相对稳定状态的形成过程。它们之间有着一定的地域界限、较为统一的方言体系、相似的风俗习惯、共同的经济利益、相近的社区结构、一致的道德和文化价值观等。

民系民居研究方法是以方言为基础，综合历史行政区划以及山脉水系的地理特征、移民历史因素，并结合社会历史变迁环境，进而探讨区系类型，从历时性和共时性进行双重考察的一种民居研究理论和方法。将某一历史阶段放在整个自然地理进化过程中进行考察和比较。自然、地理等要素较之社会文化要素的变化往往体现为相对的静态特征。而在这相对稳定的地域要素中，移民的素质、源地、迁移时间、路线和分布以及人口与土地的生态关系等，会在历时性上使各地域间的聚落和民居不断产生分化和差异。同时，相邻地域圈又易于产生文化辐射和互渗现象，使得物质文化形态一直处于动态的变化过程之中。但建筑作为一种中长期使用的物质实体，其兴建初始可能受各种因素影响，建成后的基本结构和形制在短时期内不会出现过大变化，而会呈现一定时期内的相对稳定性。因此，对形制的研究便成为民居建筑学中的基本研究对象之一。根据建筑形制、构架、造型等在构成上的共同性进行分类和研究，进而对深层观念进行阐述。从民系、地域环境等角度探查建筑形式及特征生成的原由，突破文化传播的路径和进程，可进一步考察建筑发展源流及传播关系等。

（2）整体性、层级性

民系民居研究方法是用系统的观念研究聚落与民居的特征与文化。因此，它具有整体性和层级性特征。一方面，民居个体的空间关系需置于聚落的整体背景中进行考察和探讨；另一方面，聚落也应置于更为宏观的地域文化圈中进行研究，从而可从更大的视域了解民居或聚落在社会历史中的时空关系以及所承担的定位和角色，这也是区划和系划的目的性所在。建立于整体之中的比较研究便于从区域和历史语境中寻求突破。

层级性是其另一个重要特征。民系民居研究方法并非一个平行的网络，它是一个多层级的立体结构。在以民系划分的不同文化圈范围下又可以细化出多层次的文化亚区。在大区域下有小区域，在大系统下又有分级系统。分级系统的建构有利于研究者有针对性、有重点地解决某一局部范围内的研究问题。

（3）可变性、修正性、互逆性

由于是系统、层级的立体式建构，系统内的各层级又相互联系紧密。研究层级的变化往往会引发系统的综合变化。民系民居研究方法是开放的体系，承认系统的弹性、可修正性和互逆性。无论是大系统还是小系统，其划分方式都不是绝对的、不变的、排他的，而是动态的、包容的。民系民居研究方法的动态性不仅体现在可置研究客体在动态语境中进行研究，也体现在对其自身方法的动态调整性和弹性。区系划分仅仅是一种研究路径，而不是划分界限和建造藩篱。承认分类的多种可能性，并提供一个互逆的求证过程。

因为民系并非一次过程所形成，而是多次过程的累积。社会变迁和文化变迁又互为因果。新的文化模式输入，会给原有社会关系、社会群体及社会生活带来影响，致使原有文化模式失调，产生新的社会问题，解决社会问题所引起的社会变动带来新的社会变迁，新的社会变迁又形成新的文化特质，并对新的文化模式形成带来影响。在互为影响的变动过程中，区划或系划都不会是绝对的、固定不变的。

为了便于研究，区、系划的大层次、小层次都是由研究者自行选定。无论初始选择或大或小，都是便于研究的。然而，无论何种选择，它与结论的关系又往往显示出互逆性。这主要体现在，研究者初始划分时，可能是一个较为粗略的界限和轮廓，而在不断研究过程中，可能实时发现界限的调整，即对之前的划分假设进行调整。例如，戴志坚教授长期致力于闽海民系的民居研究，早期研究将闽海系民居划分为五类，1993年调整为八类。在长期积累和反复论证的基础上，于2013年将其调整为六类。①②研究发现民系的区域分布与语言的区域分布有着相互对应的关系，民居建筑特征基本与福建方言区相吻合。在反复划分的基础上进行小心谨慎的求证，以获得更为客观的结果。

① 戴志坚. 闽海系民居建筑与文化研究［M］. 北京：中国建筑工业出版社，2003.

② 戴志坚. 闽台民居建筑的渊源与形态［M］. 北京：人民出版社，2013.

因此，民系民居研究方法具有可变性、修正性、互逆性。通过结论再不断自下而上地验证原先设定的区划、系划依据。局部地区成果可能只能对相应范围做出调整，一旦多区域、多层级的成果交叉立体出现，可能引发整个研究系统的大调整，甚至可以反观民系划定的边界，这是建筑作为一种文化景观、民俗载体所携有的巨大信息价值。因此，民系既是研究借助的一种视角，也是一种方法工具，其终极目的是为了进一步接近科学的真相。

（4）典型性

由于研究对象量大杂冗，研究者往往很难对其进行完整的普查。若有足够的人力、物力和资金支持，能建立完整的民居档案当然是最理想的状态。但现行的研究通常是选择典型类型，通过比较的方式，洞悉整体。如郭谦教授在湘赣民系研究中，没有将赣南的客家地域以及赣东的婺源（原徽派地区）纳入研究范围，其原因是这一区域在明清时期，有闽、粤移民的迁入，成为湘赣系的一个模糊地带，不便于湘赣系典型性特征的提取。[①]此外，在时间范围选择上，研究者也主要将研究对象锁定于明清时期，原因之一是这一时期的研究对象已趋于成熟、稳定；原因之二是该时期的实物留存较多，便于取得实物的调研资料。

（5）联接性、应用性

民系民居研究方法关联着过去与当下，以发展的眼光，从历史的视角寻找出各民系民居内在演变的规律，以应对当下地域特色提取的关键性问题。它是透过对文化特质、区域开发史、民系类型、宗族结构、社会体系以及聚落和民居地域性特征的提取，按照源流关系和地理分布来划分不同的系属，从文化传播、文化交流以及文化进化的角度，考察民居建筑的源流、文化技术传播影响下的建筑谱系关系，以及考察其地域分布等的综合研究法。

潘安博士认为："以民系为本的传统建筑研究重点在于寻求地域建筑的个性。[②]"余英博士认为："东南系建筑在定义上就比单纯地提南方或江南建筑更能体现一种关于地域性建筑研究的完整构思，从而增加这种研究的深度和对历史的说明力。[③]"可见，研究者们借此方法，提取出各区域民居与聚落的地域性特征，是对地域建筑研究的一种回应，是为创新的一种依据。通过对内生机制的深层次把握，借以发现地域建筑的核心特征和发展规律，进而贯彻于改造和创新活动当中，使其具有清晰合理的线索和脉络的延续。

① 郭谦. 湘赣民系民居建筑与文化研究［M］. 北京：中国建筑工业出版社，2005.
② 潘安. 客家民系与客家聚居建筑［M］. 北京：中国建筑工业出版社，1998：288.
③ 余英. 中国东南系建筑区系类型研究［M］. 北京：中国建筑工业出版社，2001：18-19.

二、“类”为核心：与图形学及历史学等交叉的形态类型学路径

如果说区系化是一种宏观背景的归纳路径，那么形态学和类型学则是对建筑或聚落在微观上的一种归纳路径。由于形态学和类型学于形态或类型的背后实质是反映了地理分布形成的差异、不同的生产生活方式以及社会文化模式等深层结构，其对于民居研究有着以图示语言反映背后深层逻辑的探索意义，成为民居研究中较为常用的路径。

（一）形态学在民居研究中的运用

1. 形态学起源与发展

形态学（Morphology）一词源于希腊语“Morphe”（形）和“Logos”（逻辑），意指形式的构成逻辑。早期形态学关注的焦点是人体解剖学，用形态以区别身体部分的结构特征。其研究方法后来不断被引入地理学、历史学、人类学、建筑学等领域。由于使用形态学的分析方法有助于对城镇历史做共时性比较和历时性形态演变分析，在城市与建筑历史和文脉研究领域获得了相应的研究地位，同时也被运用于聚落研究层次。

从形态的角度研究聚落，是由于聚落的空间构成可以进行图解。日本建筑学家藤井明认为传统聚落的空间结构和所处的自然环境都被构思者记述在地表的平面图上。而这种空间构成的图解里又能看到几何学的秩序。从这些几何学构图中可以看到一个民族、一个部族在经历长年累月的冲刷中形成的固有体系且被继承和发扬光大。[①]印度教的玛那萨拉（Manasara）是一种曼荼罗式的经典城市形式，与中国的九宫格式布局一样，是人们希望借由图示去隐含和表达心理世界及宇宙观。虽然传统聚落的空间图示并没有被如此严格的制度化，但其内涵的形式却能反映出各种力量在制衡当中所表现的强弱关系。因而形态学的介入包含图层结构和内力结构两个向度的分析层次。

2. 城镇形态

18世纪中叶，诺利将罗马地图作为图底，通过将空间格局在时间跨度中所形成的密度、尺度、几何等肌理作为分析基础，对罗马城市的平面结构特征做了深入细致的剖析，成为最经典的城市形态结构分析法。1914年，格莱德曼（R. Gradmann）对德国西南部城镇平面做出分析，并将其分为脊骨—肋骨型、阶梯型和过渡型三种类型，推动了城市空间形态学分析法的发展。

国内王建国院士认为城市形态具有三级复合分类，这三类分别是“型”“类”“期”。“型”对应着生成基型；“类”对应着形态类别；“期”对应着历史时段。同时提出：“型”的划分并不具有精确标准，只是用于揭示城市建设背后的主导动力；“类”是城市形态共性的横向维度提取；而“期”是应随着时间而转化的变量。[②]

① （日）藤井明. 聚落探访［M］. 宁晶，译. 北京：中国建筑工业出版社，2003：20.

② 王建国. 现代城市设计理论和方法（第二版）［M］. 南京：东南大学出版社，2001：17-21.

韩冬青教授就城市空间形态的分析方法进行了解析。他将空间形态的描述性分析划分为结构分析、要素分析、认知分析和形态的历时性分析四个部分，以图层结构为基础，将空间形态拟为四个部分进行分析。这四个部分分别是：（1）交通、路网等人为结构，以及山、川、湖、泊、绿地等自然结构以及地块、街区、地段构成局部肌理的差异或连续等形成的斑块结构的特性、密度、尺度和几何方向性等；（2）以物质空间元素与类型特征呈现为主的结构性要素（空间节点）以及填充性元素；（3）再次是认知分析。（4）最后是形态的历时性分析。韩教授认为对不同时间断面的形态进行同比例比对，是形态历时性分析的基本方法。[①]

3．村镇聚落形态

刘沛林教授根据深植于传统聚落景观中的基因图谱将聚落形态和结构解析为“胞—链—形”三种结构分析模式。“胞”主要指构成聚落中的基本景观单元，根据功能和性质区分为宗教类、教育类、纪念类、军用类等类型。“链”主要是指人们日常出行和运送物品之间的连接通道，即交通联系。“形”主要指围合聚落的几何形态。[②]

空间形态的形成是内力综合作用的结果。由于地理地势、生产方式和居住模式、社会习惯和制度约束等差异，聚落形态往往反映出各地差异化的内力制衡。刘克成、肖莉教授提出“乡镇形态结构演变的动力学原理”，将乡镇的个体形态置于整体地域形态中进行考察，从动力机制上研究乡镇形态结构形成的原因。[③]以上方法从形态学角度解析出城市和聚落的图层结构，使复杂、层叠、混合的多种城市和聚落形态要素被清晰地整理出来，并以层级清晰的结构网络呈现出来。

4．形态学在民居中的运用

自20世纪80年代开始，已有许多专家从文化动力的视角探究各种聚落形态生成的原因。之后不断从社会动力、制度动力等角度切入。不同的角度，其基础离不开形态的分类。以下列举的传统民居丛书中部分研究成果中，可窥见各地聚落形态的概貌，亦可见不同地域平原、山地、水乡聚落所呈现的不同形态类型（表5–3–7）。

民居著作形态学分析比较　　表5-3-7

作者	书名	聚落形态
丁俊清 杨新平	浙江民居	团状、带状、环状、梯田状（乡村）团状、带状、“Y”形、“十”字形（城镇）
王军	西北民居	带状、阶梯状、团状、自由型
陆琦	广东民居	梳式、密集式、围团式、自由散点式（排列式）（陆乡）线性、块形、网形（水乡）
李晓峰 谭刚毅	两湖民居	“一”字形、“十”字形、带状、漂浮状

① 韩冬青．设计城市——从形态理解到形态设计［J］．建筑师，2013（8）：60–65.

② 刘沛林．中国传统聚落景观基因图谱的构建与应用研究［D］．北京：北京大学，2011.

③ 刘克成，肖莉．乡镇形态结构演变的动力学原理［J］．西安冶金建筑学院学报，1994（增2）：5–23.

作者	书名	聚落形态
王金平 徐强 韩卫成	山西民居	散点形、条带形、团堡形、层叠形
李先逵	四川民居	“一”字形（鱼骨式）、“丁”字形、“十”字形、“井”字形、方格网（平坝）自由形（山地）廊坊式、云梯式、包山式、骑楼式、凉厅式、寨堡式、盘龙式、水乡式（场镇）

通过以上表格做进一步分析，广东地区出现一种比较独特的聚落形态，在南方称为梳式布局，在广府地区较为常见，是一种较为典型的形态特征。为何这一形态在广府一带分布广泛，学者们从气候、移民史、家庭结构、宗法制度等角度找到了它们之间的内在关联。

首先，该地区气候炎热，全年湿热多雨。建筑多注意隔热通风。梳式布局因整齐划一，巷道通风顺畅无阻，正迎合了通风需要。密集的巷道排布对太阳辐射有很好的遮蔽效果，因而密集式布局有利于炎热地区的夏季隔热。且梳式布局前低后高的排列形式非常利于排水，可保持地势高爽（图5-3-5、图5-3-6）。然而，如此优越的布局为何在同纬度气候类似的其他区域没有广泛出现呢？它却集中出现于广府核心地区（少量出现在与其他民系交界地带），借助气候的分析已不足以解答这个问题。因此，广东地区的学者试图从其他角度对其进行研究，部分学者从移民和宗族势力的视角解答了这个问题。

广府地区出现了梳式布局，而广东的客家地区却是围团式布局。陆琦教授阐释了形态生成与移民过程的关系，这一形态是经济较量和先来后到所造成的资源争夺以及力量抗衡之后的结果。在先秦以前，广东因受五岭之隔，与北方地区沟通较少。历史上三次大规模的汉民南迁，使得中原地区跨越五岭之隔，来到岭南地区，使当地从经济和文化上都得到了进一步开发。第一次大规模的迁徙源于永嘉之乱，大量黄河一带的汉民迁往

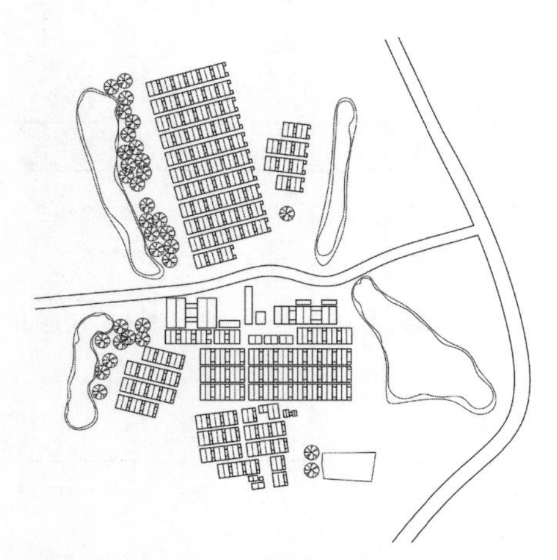

图5-3-5　广州从化大旗头村总平面
（来源：华南理工大学民居建筑研究所 提供）

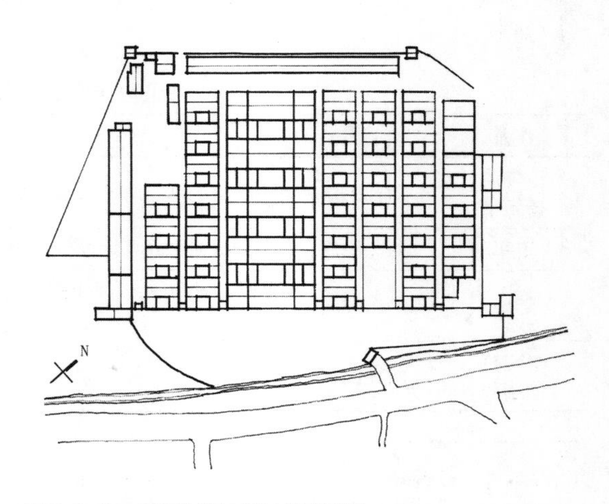

图5-3-6　广州从化钟楼村总平面图
（来源：华南理工大学民居建筑研究所 提供）

长江流域，流入广东地区的人口主要进入粤北和珠江流域，一部分经过福建进入粤东。最早一批移民选择了平川沃土的珠江流域作为迁移定居的最佳选择，在长期的汉化过程中，该地的文化在同化过程中又保留了自己的特色。广府民居一般两代人居住，孩子成年后一般要搬出自立门户，因而小家庭的结构模式是当地的典型特征，促成了三合院布局形式。与广府地区形成对比的是潮汕地区和客家地区。永嘉之乱后，又发生了安史之乱、靖康之乱等，导致大规模的人口多次南迁，此时经济繁荣的珠江三角洲地区人口和资源已趋于饱和。迫于土地资源的稀缺，后行到来的移民只能退居至粤东地区或粤闽赣交界的山区，经过长期的融合与发展形成潮汕民系和客家民系。①因长期受到新进人口的挑衅和对土地争夺的威胁，一个家庭通常需团结在一起集全族力量予以抵抗，因而之后形成的两个民系在建筑形式上分别形成密集式布局和围团式布局，以大家庭聚居模式为主导从而提高防御性和宗族凝聚力。

梳式布局的形成还受到强大的宗族力量的支配。冯江教授研究了宗族力量对空间形态形成的动力机制，认为祠堂在广州村落梳式布局的形成过程中具有结构性意义，是由宗族主导的社会形态在空间上的投影。由于乡村社会宗族势力的强大，尤其是南方地区，祠堂成为最具向心力的核心，因此过往的村落肌理主要是围绕祠堂展开的放射式结构布局。随着家族人口的增多，新建住房不断由内向外扩张，总祠下又发展出诸多支祠，而新祠堂的择址，也以好的朝向、面池塘以及前禾坪后树林的优质格局为最佳选择，进而形成了与总祠并列据于前排、以青云巷组织纵向方向建筑的整齐划一的梳式布局。②

（二）类型学在民居研究中的运用

1. 类型学起源与发展

“类型学”包含“分类学”思想，但并不等同于分类学。有学者辨析出分类学和类型学的区别主要在于：分类学主要针对于自然科学，例如对植物、动物进行科、目等分类；而类型学主要针对于社会学科中属性和现象的分类。由于社会学科中研究边界的可变以及弹性，很难有严格的边界，存在一定的过渡性、不绝对性。

类型学（Typology），在新古典主义时期，法国的建筑学家就已发展出一套古典建筑的类型学理论，即将古典建筑的平面和立面抽象出一些形式。19世纪，德·昆西（Q. D. Quincy）在《建筑百科词典》中提出建筑学领域“类型”的概念。意大利建筑师阿尔多·罗西（Aldo Rossi）在此基础上深化拓展，阐释了类型学中原型发掘对于历史延续的关键作用，他崇尚古典建筑之精美，意欲寻求出经典的历史原型以探求建筑永恒的奥秘。他的《城市建筑学》一书中探讨了类型学在城市建筑设计中的方法。他认为人类的集体记忆是对城市空间和实体的记忆，而这种记忆可以进一步塑造未来的空间形

① 陆琦. 广东民居［M］. 北京：中国建筑工业出版社，2008：38.

② 冯江. 明清广州府的开垦——聚族而居与宗族祠堂的衍变研究［D］. 广州：华南理工大学，2010：156.

象。[①]其类型观是动态的，将城市视为人类生活的剧场，场所被视为历史记忆的延续以及容纳新生活的开始。然而，建筑类型的物质形式在长期的发展中又很容易固定下来并形成特定的历史记忆。因而认为，寻求原型有助于找到与历史生活的联系[①]。对于历史性的理解，格拉西（Giorgio Grassi）通过对过去历史的模仿和复刻来认知自我，并通过简化模拟历史建筑的形式结构以强调记忆的联系。

汪丽君教授在辨析西方建筑类型学架构时认为其主要包含两个部分："从历史中寻找'原型'的新理性主义的建筑类型学；从地区中寻找'原型'的新地域主义的建筑类型学。"[②]新理性主义类型学中的结构主义倾向使其相对于具体的操作则更关注于形态的构造能力。

2. 历史原型——建筑类型学方法

使用原型观念进行分类的方法已经历长期的发展阶段。18世纪法国建筑理论家洛杰尔（Able Laugier）曾提出回到本源、原则和类型的思想。法国工业技术学院的迪朗（J. N. L. Durand）教授使用图解的方法对古典建筑的形态结构进行简化、抽象并提取出古典建筑中的十字构成、平行构成、"L"形构成和十字构成等不同类型。英国学者R. W. Brunskill于1970年出版了《英国建筑手册》（*Illustrated Handbook of Vernacular Architecture*），较为系统地介绍了乡村中传统建筑的类型学分类方法。并提供了如何从建筑材料、风格、细部等来标定年代的导则。通过对平面图的研究，探讨了从长屋到维多利亚时代民居的演化过程。朱塞佩·帕格诺（Giuseppe Pagano）则认为普通、大众化的建筑是构成从历史中演化过来的公共建筑的基础。他将乡村建筑看作一种工具。一种从文化习惯中遗传而来的自发意识。试图"从原初建筑传统进化到现代建筑的轨迹，发现成长的永恒规律并从一种逻辑的功能性中发展出美学。研究结果表明住宅深深扎根于其初始和原生态的当地条件中，他还发现了一系列相互制约的机制，按照这种制约机制，对建筑的调节保持了前一状态中结构的记忆，从一种基本布局到更为复杂的构成。"[②]

之所以能从建筑中提取原型，不仅与其功能作用下的稳定性有关，与其图形化表达意向和精神、心理意念亦有关联。《建筑：形式、空间和秩序》一书中分析了圆形图案所传达的意念，"圆形是一个集中性的、向内性的形状，在所处的环境中，通常是稳定的、以自我为中心的。"[③]这解释了纪念性建筑常用圆形的原故。如北京天坛祈年殿、意大利的坦比哀多。这些建筑所包含的原型即诠释了"圆"的稳定性、中心性特征，这一凝固化的意向抽取可看作对其本质逻辑和原型的提取。

① Aldo Rossi. The Architecture of the City［M］. Cambridge: MIT Press, 1982.

② 汪丽君. 广义建筑类型学研究——对当代西方建筑形态的类型学思考与解析［D］. 天津：天津大学，2002：6.

② 沈克宁. 建筑类型学与城市形态学［M］. 北京：中国建筑工业出版社，2010：104.

③ 程大锦. 建筑：形式、空间和秩序［M］. 刘丛红，译. 天津：天津大学出版社，2008：39.

3. 民居类型分类

“类型”思想在我国民居研究中的运用发展过程长远。纵观我国民居研究领域，类型思想早有发端。古文献已略及我国民居分类的思想，如晋朝文人张华在《博物志》中曾记述：“南越巢居，北朔穴居，避寒暑也。”[①]将我国传统民居的较为初始的形态粗略分为两类，即概括为“南巢北穴”，这是对南北两种建筑类型的精略概括。刘敦桢先生的《中国住宅概说》，依照民居的形态特征将明清住宅建筑分为九种类型。[②]刘致平先生在《中国居住建筑简史》中对明、清住宅形式进行了阐述。单德启先生在《中国民居》中，根据人的生活习俗、行为特征和空间模式，列举了三种典型的民居形式：院落式民居、楼居式民居和穴居式民居。[③]黄为隽、尚廓、南舜薰等先生著写的《闽粤民宅》中，不仅做了平面类型分类，还做了立面类型分析。[④]黄汉民先生的《福建传统民居》从文化、源流、地域视角对福建民居进行归类，将福建地区民居分为六种类型。[⑤]其他研究者也对整个中国地区或某一区域的分类做出了积极的探索，本书不一一详述。值得一提的是，2013年12月，住房和城乡建设部启动了传统民居类型调查，组织全国各方力量对我国三十多个省份的民居类型进行了一次全面调查，归纳出599种民居类型，并对每种类型的分布、形制、建造、装饰、代表建筑及其成因与演变做了简要归纳。[⑥]

4. 民居原型探讨

类型的归纳是一种重要的研究方法，然而，对于民居原型的提取有其更深层次的意义。民居原型的挖掘对于内在结构分析具有重要意义。韩冬青教授提出“类型”是事物相互之间结构模式相似性的聚合。民居中正是暗含了这种结构模式的统一，并在构成群体中重复这一模式，使其既保持了群体环境的统一，又保持了其个体的可识别性。“每种类型的成熟暗含着社会形态、生活形态和环境形态，并达成了相对稳定的联系。”现实社会中，由于人口增减、家庭组成和经济财力的变化为空间提出新的需求，因此出现通过重复增建、重新分割、局部改建、更换要素等方式产生结构模式的拓扑变换，比例尺度变换、空间要素的转换和实体要素变更，进而促使空间由原型向变体的转变。[⑦]在万千繁杂的变体中找到其初始的核心结构逻辑，对于把握其深层次状态和核心价值体系有重要意义。

关于原型和变体的探讨，余英学者进行了积极的探索，用类型学的方法将东南地区

① 博物志·卷一。

② 刘敦桢．中国住宅概说［M］．北京：建筑工程出版社，1957.

③ 单德启．中国民居［M］．北京：五洲传播出版社，2003.

④ 黄为隽，尚廓，南舜薰，等．闽粤民宅［M］．天津：天津科学技术出版社，1992.

⑤ 黄汉民，等．福建传统民居［M］．厦门：厦门鹭江出版社，1994.

⑥ 中华人民共和国住房和城乡建设部．中国传统民居类型全集［M］．北京：中国建筑工业出版社，2014.

⑦ 韩冬青．类型与乡土建筑环境——谈皖南村落的环境理解［J］．建筑学报，1993（8）：52-55.

五大民系的建筑基型和扩展型进行了提炼，并提出南方建筑的院落体系与北方四合院存在截然不同的空间模式。认为南方地区的四边合院式的组成特点是“四厅相向，中涵一厅”。这一模式涵盖的关键性特征是四向相对的四个厅堂围绕中庭，各厅堂处于“十”字形轴线相对的状态，因而提出使用“四合院式”和“天井式”来描述南方地区的“中庭式”院落结构是不够准确的观点。[①]余英学者在大量案例分析的基础上，通过原型提取，从形态层次上寻找空间组织上的本质区别（表5–3–8）。

中国东南系建筑区系类型研究　　表5-3-8

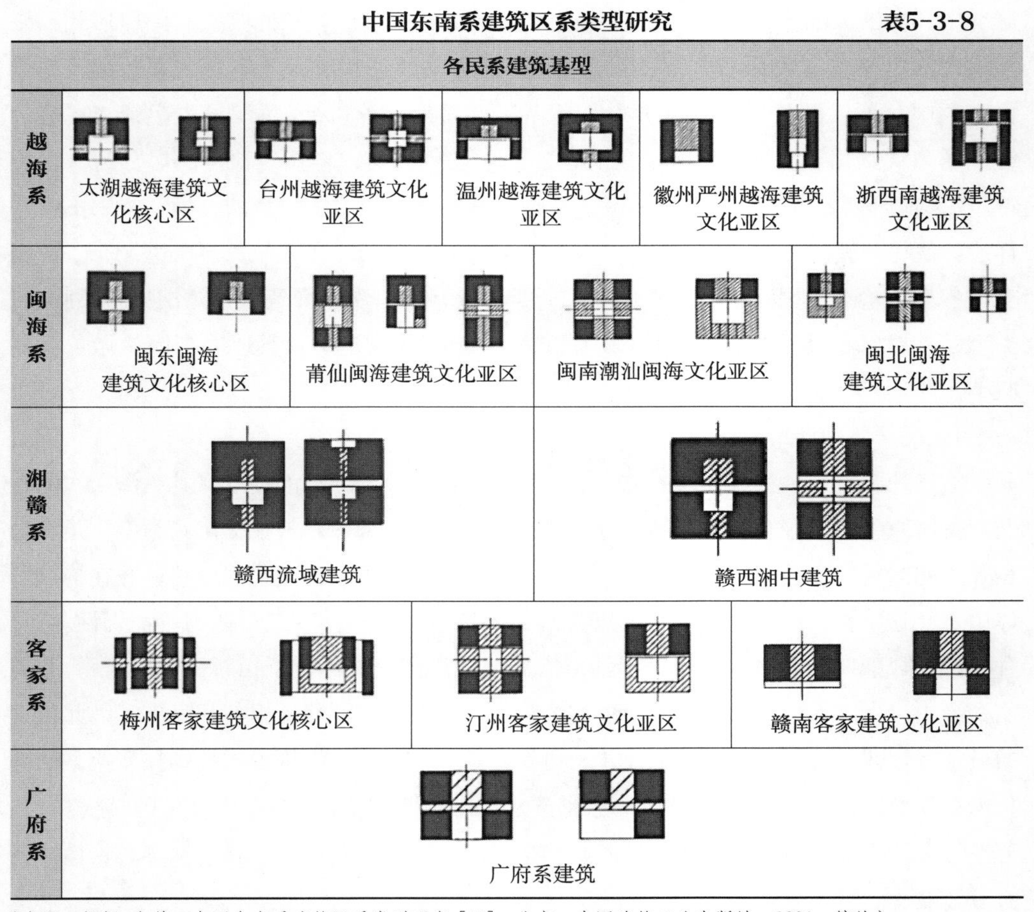

（来源：根据 余英. 中国东南系建筑区系类型研究［M］. 北京：中国建筑工业出版社，2001. 编绘）

三、“拟”为核心：与物理学及生态学等交叉的环境技术路径

民居的研究路径丰富多样，对民居建筑物理环境进行关注亦是一种视角。民居的物理环境主要包括民居热环境、光环境和声环境。对民居物理环境产生影响的外在要素主要包括太阳辐射、室外空气温湿度、室外风速和风向、噪声影响等；内在要素主

① 余英. 中国东南系建筑区系类型研究［M］. 北京：中国建筑工业出版社，2001：161.

要包括民居形体特征、开口及建筑平面布局、围护结构的热工指标、建筑材料的隔声性能等。

建筑物理环境广泛存在于我们周围的热、光、声等环境。民居物理环境实测主要是使用测量仪器对民居室内外环境进行物理性能测量的一种研究手段。环境作用于人体会使人产生热觉刺激、视觉刺激、听觉刺激以及振动、冲击等感官反应，带来人体舒适与不舒适的主观感受。人体虽有一定的自我调节机能促使身体适应环境，但身体感受仍然存在一定的舒适范围。人类可通过调整和控制外界物理刺激量，如温度、湿度、光照、噪声等，来使周围环境达到适合人类生产、生活的舒适需求。

对人体舒适度影响最为关键的外部因素是气候条件。各地气候因海陆位置、地形、纬度高低等不同因素的影响呈现出极大的差异。气候条件主要在太阳辐射量、温度、湿度、风条件几个影响因素下对建筑室内物理环境产生影响。（1）太阳辐射得热取决于纬度位置、天气状况、海拔高低、日照长短等因素。太阳辐射随太阳高度角减少，从低纬度向高纬度递减，纬度位置进而影响太阳辐射得热。大气对太阳辐射有吸收、反射、散射作用，能削弱照射到地面的太阳辐射。天气晴朗与否亦影响辐射得量。同天气状况下，高海拔地区获得的辐射量往往高于低海拔地区。高海拔地区云层较稀薄，大气对太阳辐射的削弱作用较弱。日照时间长短同样影响太阳辐射得量，日照时间越长，辐射得量越高。（2）气温主要指大气的冷热程度。影响气温的非人为因素主要是太阳辐射和大气运动的整体状况。（3）空气湿度是在一定的温度下和一定体积的空气里含有的水汽，常用绝对湿度、相对湿度、比较湿度、混合比、饱和差以及露点等物理量来表示。（4）风是由太阳辐射引起的空气流动，它是一个表示气流运动的物理量。风包括风的大小和方向，即风向和风速。以上气候因素共同影响和作用于自然界的能量流。

无论城市或是乡村，能量始终在城乡的自身环境与大自然之间进行交换。人们很早就注意到光照和风的作用。城乡环境的物质存在，其所有表面会吸收光谱中0.3微米到3微米之间的短波太阳辐射，同时又以3微米到100微米之间的红外长波辐射将能量传播出去。[①]1806年，Francis Beaufort最早注意到风速与人体舒适度之间的关系。1973年，Penwarden整合了风对热的综合影响，并认为：当平均风速为5米/秒，标志着人体不适的开始；风速为10米/秒可能被定义为不愉快的；风速大约为20米/秒的速度时可以被认为是危险的[②]（图5-3-7）。环境和人体反应之间的联系逐渐得到注意和认识。

热舒适是以人体的感知为标准，客观上受到室内空气干球温度、湿度、风速和平均辐射等环境因素影响以及主观上受到人的运动量及衣着影响的复合反应。人体热舒适度

① Darren Robinson. Computer Modelling for Sustainable Urban Design [M]. NewYork: Earthscan Publications , 2011: 17.

② Darren Robinson. Computer Modelling for Sustainable Urban Design [M]. NewYork: Earthscan Publications , 2011: 97.

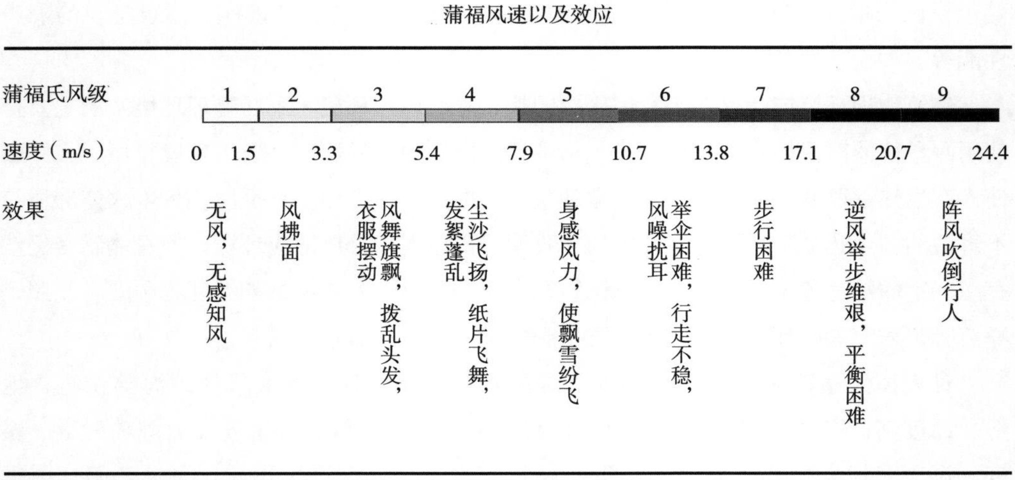

蒲福风速以及效应

蒲福氏风级	1	2	3	4	5	6	7	8	9
效果	无风，无感知风	风拂面	风舞旗飘，拨乱头发，衣服摆动	尘沙飞扬，纸片飞舞，发絮蓬乱	身感风力，使飘雪纷飞	举伞困难，行走不稳，风噪扰耳	步行困难	逆风举步维艰，平衡困难	阵风吹倒行人

速度（m/s）　0　1.5　3.3　5.4　7.9　10.7　13.8　17.1　20.7　24.4

图5-3-7　风速和人体反应

（来源：根据Darren Robinson. Computer Modelling for Sustainable Urban Design [M]. Newyork: Earthscan Publications, 2011. 改绘）

是综合各因素变量平衡后所构成的数值范围。一个普适性经验是：我国南方的传统民居具有较好的通风性能，夏季室内非常凉爽，而北方地区的生土民居在冬季具有很好的保温性能。我国地广人多，国土疆域辽阔，地势西高东低，地形复杂多样。气候上跨热带、亚热带、温带三个气候带。受气候、地形、文化多重因素的影响，在相应的物质和文化条件下，各地形成了丰富多彩的民居建筑形态。低纬度湿热地区的通透、轻巧及干阑式架空布局；高纬度严寒地区的敦实、规整及纳阳式松散布局，无不饱含着人类通过建筑手段改造环境，以达到热、光、声舒适度的主动适应的被动式节能智慧，成为今天地域性建筑设计的借鉴典范。为究其气候适应性背后的深层次原因，获取真实有效并具有说服力的统计数据，调查和实测成为人们研究民居物理环境的主要手段。获取人的舒适感受通常可通过发放问卷、实地访问使用者的感受以及对舒适度的评价，进行实地调查和记录获得。同时，也可借助实测数值代入公式进行评判，或将两种方式结合进行综合评判。

（一）民居物理环境实测

1. 民居物理环境实测简况

为了解析传统民居的生态智慧，许多学者从20世纪便开始关注传统民居的物理环境。早在20世纪70年代，陆元鼎先生便关注到传统民居通风防热的设计手段。1978年，陆先生从朝向、通风、遮阳及绿化、水体降温等角度阐述了南方地区民居的物理环境适应性做法。①陆先生认为影响人体热舒适性的主要因素是通风和热作用。民居主要依靠

① 陆元鼎. 南方地区传统建筑的通风与防热［J］. 建筑学报，1978（5）：36-41.

自然通风实现室内的降温。风使室内空气流速增加，带走室内余热，同时利于人体对流散热和蒸发散热，从而使夏季室内获得较好的热舒适性。20世纪90年代，汤国华教授对民居的物理性能进行了系列研究。在广州西关小屋的研究中，不仅对通风和热舒适性数值进行了实测和分析，还关注到民居的声环境，并做了相应的实测。实测的噪声数值说明了西关小屋具有隔绝街道喧闹、闹中取静的良好性能（测得室内平均噪声为44分贝，远低于马路两旁平均噪声75分贝）。但同时也关注到，西关小屋室内相互之间的噪声干扰较大，隔声效果较差。①在此基础上，汤教授又对整个岭南地区的传统建筑在湿热气候条件下的太阳辐射和通风散热情况进行了定量分析。②

李兴发先生对云南一颗印民居进行日照角度计算，分别得出各设定点的日照时长。并对房间的热损失系数进行了计算③（图5-3-8）。陈启高教授从健康建筑视角解读传统四合院的空气质量和舒适性研究等。④1997年，西安建筑科技大学建筑学院承担多项国家课题，专门从绿色生态视角对黄土高原地区的窑居和西部地区的生土民居进行了一系列的实测和研究工作，提出了绿色更新思路，形成了多项研究成果和多篇硕博论文，成果丰硕。21世纪以来，使用计算机对民居建筑物理环境进行模拟的研究不断增多。程建军教授使用计算机模型分析方法对开平的近代聚落进行了通风研究。⑤林波荣教授等对皖南民居夏季热环境进行了实测分析。⑥再如对上海石库门里弄和周庄民居进行的建筑

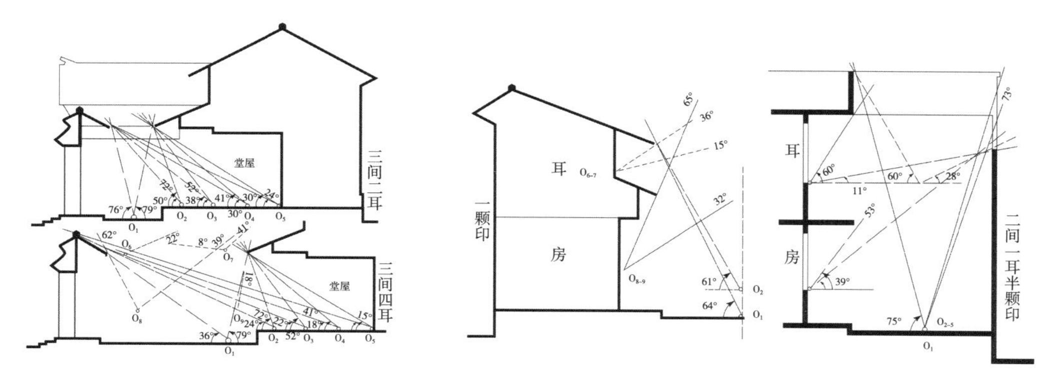

图5-3-8　云南一颗印民居日照分析点之计算简图
（来源：根据：李兴发．一颗印的环境[A]．中国传统民居与文化（第二辑）[C]．北京：中国建筑工业出版社，1992．重绘）

① 汤国华．广州西关小屋的热、光、声环境［J］．南方建筑，1996（3）：54-57．

② 汤国华．岭南湿热气候与传统建筑［M］．北京：中国建筑工业出版社，2005．

③ 李兴发．一颗印的环境［C］//中国传统民居与文化（第二辑）．北京：中国建筑工业出版社，1992：176-186．

④ 陈启高，唐鸣放，王公禄等．详论中国传统健康建筑［J］．重庆建筑大学学报，1996（11）：1-11．

⑤ 程建军．开平碉楼——中西合璧的侨乡文化景观［M］．北京：中国建筑工业出版社，2007．

⑥ 林波荣，谭刚，王鹏，等．皖南民居夏季热环境实测分析［J］．清华大学学报（自然科学版），2002（8）：1071-1074．

风环境实测研究。[①]从全国建筑热工区划角度，对围护结构的热工性能、屋面坡度、屋檐出挑深度与气候因素的相关性进行深入研究等。[②]

对传统民居中的声环境进行专题性研究和探讨始于20世纪60年代，同济大学王季卿先生曾对住宅噪声及隔声进行了大规模的测量和调查。2002年发表了关于传统戏场建筑的系列文章[③④⑤]，通过实测舞台距离、舞台比例和分析室内外空间环境，提出传统剧场存在的声学问题。此外，相关声学视角的民居研究还有薛林平博士对山西传统戏场建筑的分析[⑥]、彭然对湖北传统戏场建筑的实测和研究等[⑦]。对居住空间的声研究如丁允的傣族干阑民居声环境现状分析等[⑧]。毛琳箐、康健、金虹等对贵州苗族、汉族的空间声学特征进行对比研究，通过测定混响及声压级，得出结论认为苗族聚落空间声传播具有报警作用。[⑨]

声学研究的成果主要通过实测噪声等级，对民居的建筑空间、材料等声学性能等进行研究。一些文章在关注民居热环境、声环境的同时，也关注到民居的光环境，部分研究对民居内的照度进行了实测。不过，由于我国传统民居普遍开窗面积不大，屋内照度不够理想。因而，当代建筑对其进行继承的诉求相对较少，民居声环境研究成果较热、光等环境的研究成果数量偏少。

2．测点选择及实测内容

以下拟选了几篇不同地域涉及民居物理环境实测的博士论文进行比较，就实测的内容、使用仪器、实测方式（部分论文涉及模拟）和观点进行了梳理。由于每篇论文内容依据研究目的不同，其研究倾向亦存在诸多差异。实测的内容也仅是这些论文其中的一个部分，也是实现其研究目的的手段之一。为了有效地提取方法，此处只比较各论文与实测部分相关的内容。[⑩⑪⑫⑬⑭]（表5-3-9）

① 陈飞．民居建筑风环境研究——以上海步高里及周庄张厅为例［J］．建筑学报，2009（S1）：30-34.

② 张涛．国内典型传统民居外围护结构的气候适应性研究［D］．西安：西安建筑科技大学，2013.

③ 王季卿．中国传统戏场建筑考略之一——历史沿革［J］．同济大学学报（自然科学版），2002（1）：27-34.

④ 王季卿．中国传统戏场建筑考略之二——建筑特点［J］．同济大学学报（自然科学版），2002（2）：177-182.

⑤ 王季卿．中国传统戏场声学问题初探［J］．探声学技术，2002（5）：74-79，87.

⑥ 薛林平，王季卿．山西传统戏场建筑［M］．北京：中国建筑工业出版社，2005.

⑦ 彭然．湖北传统戏场建筑研究［D］．广州：华南理工大学，2010.

⑧ 丁允，柏文峰．傣族干栏民居声环境现状分析［J］．低温建筑技术，2014（3）：35-37.

⑨ 毛琳箐，康健，金虹．贵州苗、汉族传统聚落空间声学特征研究［J］．建筑学报，2013（S2）：130-134.

⑩ 曾志辉．广府传统民居通风方法及其现代建筑应用［D］．广州：华南理工大学，2010.

⑪ 张乾．聚落空间特征与气候适应性的关联研究——以鄂东南地区为例［D］．武汉：华中科技大学，2012.

⑫ 解明镜．湘北农村住宅自然通风设计研究［D］．长沙：湖南大学，2009.

⑬ 张继良．传统民居建筑热过程研究［D］．西安：西安建筑科技大学，2006.

⑭ 饶永．徽州古建聚落民居室内物理环境改善技术研究［D］．南京：东南大学，2017.

部分博士论文中民居实测仪器使用、模拟方式、论点等比较　　表5-3-9

篇名	对象	时间（年）	实测内容	使用仪器	实测和模拟方式	论文观点
广府传统民居通风方法及其现代建筑应用	广府民居	2010	温度、湿度、WBGT指数	温湿度自记仪、红外线温枪、水银温度计、热线风速仪	分为：聚落群体、民居单体、细部三个层面进行通风实测、模拟和分析	广府建筑群通风是通过外界夏季季风的引入和群组内局部温差的综合作用形成的。单体通风靠天井空间、冷巷空间、高敞厅堂形成通风体系。细部门窗使用遮阳、挡雨等手段
聚落空间特征与气候适应性的关联研究	鄂东南聚落	2012	温度、湿度、风环境、PMV	温湿度自记仪、黑球温度自计测量仪、红外摄像机、普通摄像机、热线电子微风仪	根据聚落的建筑密度、容积率、巷道高宽比、窗墙比、窗地比等特征进行实测、模拟和分析	密集的聚落形态、大高宽比的巷道环境有利于夏季防热。自然通风+高热质量围护结构是鄂东南地区被动式节能策略
湘北农村住宅自然通风设计研究	湘北农村住宅	2009	温度、湿度、风环境、电磁压力扫描阀	便携式气象站、温湿度自记仪、铂电阻、无纸记录仪、热线式风速仪、微风速/风温探头	实测室内热环境和自然通风情况、模拟村落选址、空间设置等的通风情况	从自然通风角度而言，传统民居的选址具有较大的优点，以房间内的风速判断，现代住宅优于传统民居
传统民居建筑热过程研究	陕南山地民居与云南彝族民居	2006	温度、湿度	自计式温湿度计（Thermo Recorder）、数字温度巡回检测仪（Procos-VⅡ）	南北各选取一典型民居案例，实测夏、冬季室内外温度、相对湿度	民居建筑具有冬暖夏凉、室温波动相对较小、热稳定性优的热工特点，且生土外墙具有保温、透气、不潮湿、不结露的特点
徽州古建聚落民居室内物理环境改善技术研究	徽州古聚落民居	2017	温度、湿度、风环境、采光、噪声	激光测距仪、热舒适度仪、微风速仪、照度计、红外热像仪、温湿度计、风速仪、声学测试系统、小型气象站、建筑墙体保温性能检测仪	对传统聚落和民居进行物理环境实测，对主体材料进行性能研究	传统民居主体围护结构保温隔热性能不足，室内相对湿度较高，室内通风状况不理想

测试点选取主要依据研究目的而定。例如，为了解巷道通风的情况，《广府传统民居通风方法及其现代建筑应用》在对大旗头村的通风实测时，将实测点分为两类。一类测风速、风向，拟为A、B、C三条线路，每条线路上涵盖不同的测试点，以A1、A2、B1、B2、C2等点表示。另一类测温度，测试点用⓪1、⓪2、⓪3……表示（图5-3-9、图5-3-10）。这些选点主要设置于禾坪、纵巷口、纵巷中部、横巷中部、纵巷尾、纵巷后部、纵横巷交叉口、横巷中部、村外池塘边等重要节点位置。通过对巷道的实测，得到相关结论，认为风速于纵巷巷口处最大，从巷头向巷尾方向不断减弱。这正是村民偏爱于巷口纳凉休息的原因。此外，实测结果还显示，虽然受阳光不均衡的影响，纵巷和横巷之间存在温度差，可是温度差异不大，横纵巷之间能形成的局部热压风非常有限。

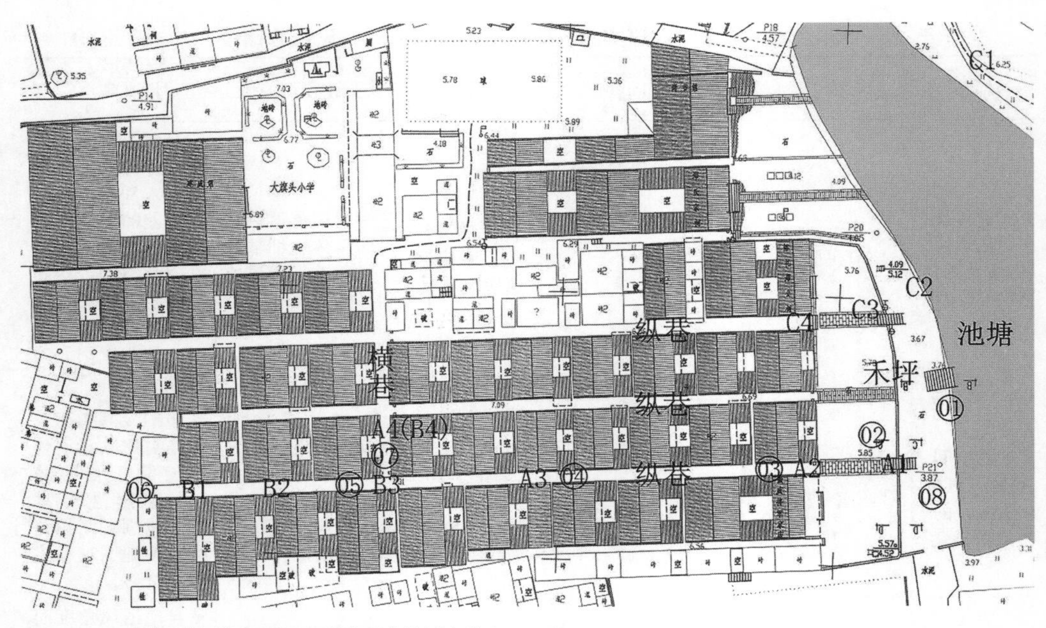

图5-3-9　大旗头村群组通风及相关物理参数测点分布
（来源：曾志辉. 广府传统民居通风方法及其现代建筑应用[D]. 广州：华南理工大学，2010.）

图5-3-10　大旗头村鸟瞰图
（来源：李丰延 摄）

再例如，为测试皖南民居典型双坡式、“望砖”屋面结构的隔热效果，林波荣教授等在实测中，选择了瓦峰、瓦谷和望砖内表面三个测点。通过比较不同测点在中午12点至下午8点间的温度测值，推论该类型的屋顶具有较好的隔热和散热性能①（图5-3-11）。

① 林波荣，谭刚，王鹏，等. 皖南民居夏季热环境实测分析［J］. 清华大学学报（自然科学版），2002（8）：1071-1074.

对于民居单体室内热环境的实测，研究者依据不同研究需要进行相应的布点。对于整套民居，经常对不同功能房屋进行布点。如《传统民居建筑热过程研究》在对西部地区民居实测中分别对堂屋、厅房和楼房进行布点。而在一些重要房屋实测时则进行多点布置，如研究者在测量堂屋时，沿堂屋进深设置3点，每点分别距地面0.1米、1.5米、3米。也有研究者对室内外进行同时布点的案例，如《民居建筑风环境研究——以上海步高里及周庄张厅为例》在实测上海石库门民居时，室外选择了南北纵向巷道，东西横向巷道处测点；室内选择了天井、南向房间正中、梯间井、厨房及北向天井处等。在诸多研究成果中，我们发现距离地面1.5米的点是使用频次非常高的测点，究其原因，是由于1.5米正处于房间内人体感知最敏感的离地高度。

从以上分析可知，对物理环境进行实测主要涉及仪器选择、测量时间段安排以及测点选取等要素。物理环境实测常用仪器包括温度计、温湿度自记仪、红外线温枪、热线风速仪、便携式气象站、数字温度巡回检测仪、照度计、噪音计、音频测试仪、振动测试仪等。时间选择上主要依据研究者测试目标而灵活选择。当需要测得极端天气情况下的舒适情况时，往往选择全年最冷日或最热日进行实测。当需要测试一天之内的温湿度、光照或声变化情况时，可进行24小时逐时测量。在测点选择上，温湿度测量主要考虑均匀布点、不同功能空间的布点或与人舒适性相关的点；声音实测主要考虑室内外的差别以及室内之间交叉干扰产生的噪声；照度则主要考虑室内外差别以及室内进深方向的递减情况等。无论选取何种方式，研究者依据各自的研究目的通过实测的物理量了解建筑室内外热压、风压及建筑围护结构的蓄热性、光照度、声环境等情况，为进一步分析民居群体布局、内部房间组织、天井及冷巷布局、廊檐设置、门窗位置、材料选择等影响因素作用于民居建筑物理实况的情况，并为剖析其内在联系奠定了量化的基础，同时为优化民居建筑物理环境舒适度提供了参考依据（图5-3-11）。

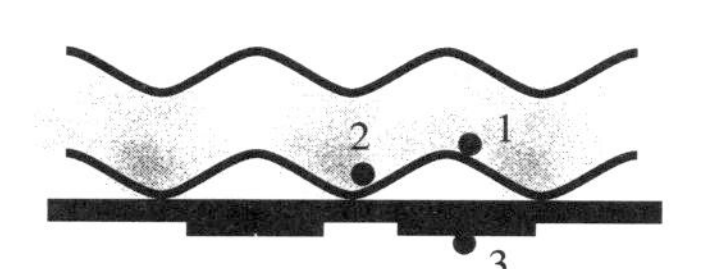

屋顶、望砖表面温度测量（测点1和测点2分别为瓦峰、谷；测点3为望砖内表面）

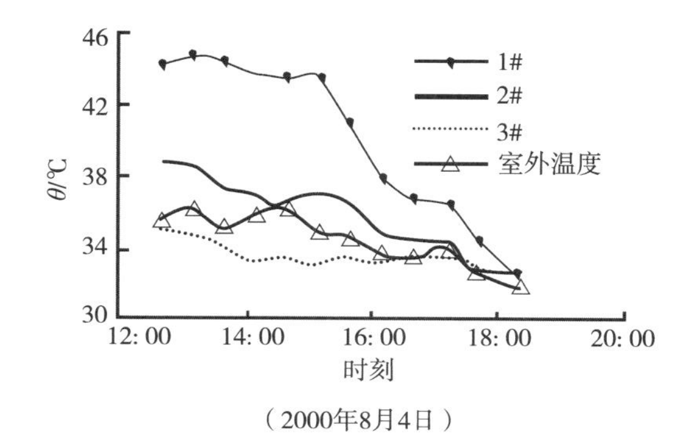

（2000年8月4日）

图5-3-11　屋顶温度测点及屋顶内外表面温度比较
（来源：根据林波荣，谭刚，王鹏等.皖南民居夏季热环境实测分析[J]. 清华大学学报（自然科学版），2002（8）：1071-1074. 重绘）

（二）民居物理环境模拟

实测的数据往往能较真实而客观地反映建筑内外的物理环境实际情况，但实测对人力、物力、时间、精力的投入都有较高的要求。多测点对人员和仪器设备充足的要求、时间选择对稳定天气状况的精确预测要求、逐时测量需要人员日夜持续作业或轮班作业，这些特点往往需要测量者有充足的投入，尤其是个人作业会受到极大的制约。为了提高物理环境数据测量的效率，模拟提供了相应的技术手段，在计算机上效仿真实环境从而大大降低了实测的难度。

1. 模拟发展及相关原理

（1）热环境模拟

第一代动态建筑模拟程序是在20世纪70～80年代间发展起来的，主要用于建筑物内外之间动态热能交换的模拟，随后又扩展至耦合装置以及质量流量模型的探索。20世纪90年代中期，又增加了3D传导模型、光线追踪程序、有限差分法的瞬态温度场、电力模型、嵌入式CFD等新技术。[①]模拟程序得到迅速发展，模拟对象也从建筑单体不断向整体、街区、群落、多样性环境发展。

近年来，许多软件根据辐射度和光线跟踪等原理以及混沌、随机等流体变化特性建立算法，以预测太阳辐射及相应气候条件下环境对建筑的影响，进而建立模型，运用数值模拟方法仿真现实环境及能耗情况。常用的CFD（Computational Fluid Dynamics）是计算流体动力学的简称，是研究流体流动的常用数值模拟方法。CFD在自然通风模拟中的运用是通过计算机对建筑物周围风流动所遵循的动力学方程进行数值求解，即采用计算流体力学CFD技术，仿真实际的风环境。其基本原理是将描写流体流动的非线性方程转变为线性方程，并通过计算机进行数值计算和图像显示，从而能定量分析流体流动和热传导等相关物理现象。CFD技术在长期的发展过程中也不断实现模拟的拓展和突破，经历了从二维模拟到三维模拟、从层流模拟到湍流模拟、从稳态模拟到非稳态模拟的发展。

在CFD中，常用的计算网格有交错网格（Staggered Grid）和同位网格（Collocated Grid）。交错网格的特点是将压力、温度、湍动能量等标量变量控制在体积中心，而将速度等矢量变量定义在控制体积的边界面上。同位网格则将所有的变量都定义在控制体积的中心。运用同位网格在处理方法上较交错网格简明，但结果的精确度往往不及交错网格。[②]

CFD技术以其强大的特征，目前在热环境模拟中成为大部分软件使用的核心法则，如Phoenics、Fluent、ENVI-met等。它耦合了室内外对流、导热和辐射换热等参数并进行热环境计算，属于数值参数法中的分布参数法。当然，仍然有基于其他法则的软件，如DUTE，是一款基于CTTC模型的热环境模拟软件，它使用建筑群热时间常数来计算空气温度随外界热量（如太阳辐射）扰动的变化，属于集总参数法。[③]

（2）声环境模拟

绿色建筑设计将建筑声环境视为重要的因素。声环境的模拟是对封闭空间或者敞开

① Darren Robinson. Computer Modelling for Sustainable Urban Design [M]. Newyork: Earthscan Publications , 2011: 113−114.

②（日）村上周三. CFD与建筑环境设计［M］. 朱清宇，等，译. 北京：中国建筑工业出版社，2007.

③ 孟庆林，王频，李琼. 城市热环境评价方法［J］. 中国园林，2014（12）：13−16.

空间以及半闭空间的各种声学行为加以模拟，并较准确地模拟声传播的物理过程，如镜面反射、扩散反射、墙面和空气吸收、衍射和透射等现象，并综合地输出接收位置的听音效果。目前，声环境模拟软件主要是利用数字技术或者边界元法（BEM）分析模式来对噪声和插入损失等实际参数进行评估。国内使用较多的声模拟软件有SoundPLAN、Cadna/A、Raynoise等。SoundPLAN使用的模拟计算方法是扇面法、Cadna/A与Raynoise使用的是声线法。声线法精度略低于扇面法。

（3）光环境模拟

建筑物理环境中涉及的光环境问题日益受到重视。随着软件开发的迅速发展，如今也出现许多可以模拟天然光的软件。通过这些软件可以建立虚拟的模型，快速计算照度、亮度和眩光等参数。如WINDOW、Sunshine、Radiance、Ecotect、Daysim等软件。对采光系统的光学性能进行分析模拟，可运用在模拟日影变化状况以分析相邻建筑之间的遮挡，眩光产生与视觉舒适性研究，以及不同采光方式分析照明能耗等多种情况。不同软件的核心原理是建立不同的算法，如WINDOW是利用有限元和辐射度算法、Sunshine是解析法和遗传算法、Radiance是采用蒙特卡洛采样和反向光线追踪、Ecotect是光通量法和简单公式、Daysim是使用Perez sky模型和Skartveit-Olseth 模型。[①]

2．民居物理环境模拟简况

20世纪90年代，我国就有学者开展民居的热环境模拟研究。1994年，江帆学者使用建筑热特性动态模拟程序NvBTCP对福建两类传统民居夏季室内外建筑气候进行仿真模拟，证明这两类民居建筑夏季室内有良好的热性能。[②]2000年后，清华大学林波荣教授和宋凌学者等分别对四合院民居风环境（2002）和安徽传统民居夏季室内热环境进行数值模拟（2003）[③④]。2004年，赵敬源教授等用Phoenics软件模拟庭院温度场，对实测与计算的庭院水平温度场和垂直温度场的大量数据进行比对，发现极小误差，从而证实用Phoenics软件模拟半开敞空间的可行性。[⑤]2006年，《自然通风条件下传统民居室内外风环境研究》对比了彝族民居室内外通风的实测数据与计算机模拟结果，验证了CFD模拟方法的有效性以及分析模型的可行性。[⑥]此后，对传统民居进行模拟的研究不断增多，对不同地域、不同类型的民居模拟相继展开。

模型的建立既可通过设计数学公式的方式建立，也可借助计算机的软件进行建立。基于数学公式的模型建立，《徽州古建筑聚落民居室内物理环境改善技术研究》依据实

① 罗涛，燕达，赵建平，等．天然光光环境模拟软件的对比研究［J］．建筑科学，2011（10）：1-6，12.

② 江帆．福建两类传统民居夏季室内外建筑气候的微机仿真分析［J］．暖通空调，1994（8）：45-48.

③ 林波荣，王鹏，赵彬，等．传统四合院民居风环境的数值模拟研究［J］．建筑学报，2002（5）：47-48.

④ 宋凌，林波荣，朱颖心．安徽传统民居夏季室内热环境模拟［J］．清华大学学报（自然科学版），2003（6）：826-828，843.

⑤ 赵敬源，黄曼．用Phoenics软件模拟庭院温度场［J］．长安大学学报（建筑与环境科学版），2004（6）：11-14.

⑥ 林晨．自然通风条件下传统民居室内外风环境研究［D］．西安：西安建筑科技大学，2006.

测数据、访问调查获得的主观热反应评价信息以及居民在改善室内热舒适环境所采取的适应性行为及措施等作为依据，参考ASHRAE55-1992和ISO7730等热舒适标准初步建立适于徽州地区的热舒适气候适应模型。[①]《生土建筑室内热湿环境研究》则通过研究建立生土建筑围护结构的热质迁移微分控制方程。[②]不同地区的研究者针对特定地域、特定建筑形式或特定材料均进行了积极的探索。

通过软件对传统民居通风采光进行模拟和分析的研究也广泛开展。如《典型渝东南土家族聚落夏季风环境及吊脚楼夏季热环境模拟研究》通过对渝东南土家族的吊脚楼温度场的模拟论证了吊脚楼的错层、吊脚、出挑等空间设计方式，具有利于空间通风散热的作用。[③]此外，通过软件对传统民居进行声模拟的研究也有所发展。如《湖北传统戏场建筑研究》使用RAYNOISE软件对湖北两个典型戏场进行声环境模拟，以获取混响时间、早期衰变时间、总声压级分布与强度指数等声环境参量，并分析戏场声环境的研究等。[④]用软件进行民居建筑的光环境研究也有所进展。例如《徽州古建筑聚落民居室内物理环境改善技术研究》用Ecotect软件分别对黟县同德堂、有庆堂、何文学宅三座清代民居进行了改造前和改造后的采光对比模拟等。[⑤]

通过软件模拟不仅在物理环境模拟领域等到广泛运用，在民居抗震和防火方面也有所运用。例如，利用ADINA有限元软件建立离散型石砌体墙有限元模型，并对其工作机理进行数值模拟分析的研究。[⑥]再如对藏族民居石砌体基本力学性能试验与数值仿真的研究。[⑦]防火方面的研究如模拟传统村落的火灾蔓延结果等。[⑧]可见，模拟在民居研究中的已相当广泛。

透过以上分析可知，建立物理模型对声、光、热等物理性能进行模拟，从量化的角度对民居中不可见的要素进行研究，能够客观地掌握民居建筑的物理性能优劣以及传统民居因地制宜的空间智慧与气候之间的内在关联性，同时通过模拟数值的结果可对其部分不适宜性或存在劣势的层面进行分析，进而为民居改造或新建提供数据上的参考。纵观民居领域，物理环境实测模拟法运用较为广泛。研究对象不仅包括聚落整体环境，还包括对单体或局部构建的实测和模拟。这些研究从定量角度论证了各地不同类型民居在聚落组织、空间布局、材料选择上所具有的物理环境优越性，提出具体要素在遮阳、通

① 饶永．徽州古建聚落民居室内物理环境改善技术研究［D］．南京：东南大学，2017.

② 闫增峰．生土建筑室内热湿环境研究［D］．西安：西安建筑科技大学，2003.

③ 孙雁，李欣蔚．典型渝东南土家族聚落夏季风环境及吊脚楼夏季热环境模拟研究［J］．西部人居环境学刊，2016（2）：96-101.

④ 彭然．湖北传统戏场建筑研究［D］．广州：华南理工大学，2010.

⑤ 饶永．徽州古建聚落民居室内物理环境改善技术研究［D］．南京：东南大学，2017.

⑥ 李想，孙建刚，崔利富．藏族民居墙体抗震性能及加固研究［J］．低温建筑技术，2015（11）：62-64，79.

⑦ 刘伟兵，崔利富，孙建刚，等．藏族民居石砌体基本力学性能试验与数值仿真［J］．大连民族学院学报，2015（3）：252-256.

⑧ 回呈宇，肖泽南．传统村落民居的火灾蔓延危险性分析［J］．建筑科学，2016（9）：125-130.

风、保暖性能上可继承的手段和经验，就其不可取的因素也进行了量化剖析，为民居的改造和更新提供了依据。

实测法具有真实、客观等优势，但耗时耗力。对更大区域、更密集分布点的实测显得力不从心。目前，虽已出现遥感观测法，可运用热红外反演技术反演出地表温度等热环境相关参数，不过，遥感观测法获得的热环境参数为地面亮温，还需要经过反演计算获得地表温度。[①]这对于大尺度的宏观区域研究具有较好的适应性，对于需要深入小尺度单体民居研究以及微环境多角度、立体化测点分布的情况尚未具有优势。

模拟法具有低成本、收效快、结论直观乃至可视化的系列优势，但模拟结果往往与实测结果间存在误差。只有将模拟模型建立地越优越，结论才越容易接近真实。在计算机中，模型主要划分为网格进行计算，形体越复杂，需要计算的网格面就越多，耗时越长。因此，实际模拟过程中大部分研究者会简化形体，忽略掉一些细节。例如，一些研究者在模拟相邻的两个门洞时，会将其简化为一个入口，但其门洞大小取值两洞之和。这是限于软件网格数限制以及时耗效率的考虑。针对复杂的民居形态，研究者更倾向于简化模拟来得到更为普适性的结论。因而在实际操作中，研究者对于多样性和复杂性会有所取舍，更为倾向对民居原型的模拟。物理环境实测法和模拟法之间可以相互参考。实测法既可作为模拟法模型建立正确与否的佐证，又可作为数值模拟研究中的计算边界条件，成为模拟条件建立的依据。

四、“数”为核心：与计算机学与信息学等交叉的数字化路径

现代科学技术正在飞速改变世界，信息时代的变革促使人类生活逐步迈向数字化和智能化。新的生产技术正在革新传统生产技术，新的科技产品不断取代传统产品，新的建造手段不断替代传统建造方式，新的研究手段也创造了研究上的新格局。

数字化路径，是将各种信息转化为数据，利用原始数据、通过计算机运算，借用软件建立信息数据库，或者进行参数化设置，达到信息分析、存储、计算和运用的目的。该路径在现行民居研究中主要体现为民居基础信息库的建立、民居或聚落参数化设计以及大数据分析等多种运用数据信息来处理研究对象的研究方法。

（一）参数化运用

1．参数化相关内容

参数化一词来源于数学学科中的参数方程。方程式中可编辑的参数变量能改变方程的最终结果。参数化后被引入设计界，起初于图形参数化中运用，后逐渐发展为非线性的参数化设计。参数化设计是基于算法思维的过程，各种参数通过输入信息和输出信息

① 孟庆林，王频，李琼．城市热环境评价方法［J］．中国园林，2014（12）：13-16.

之间的关联运算，通过设定相应的参数和规则一起定义、编码和澄清设计意图，使之产生设计响应，从而由参数引导模型于动态变化之中。

（1）图形参数化

图形参数化主要是基于图形的拓扑关系和几何约束建立参数模型的过程。绘制一张图便建立了一个相应的参数模型。图形的信息都以参数的形式存储于模型中。在计算机图形制作领域，参数化技术大致可分为三种方法：基于几何约束的数学方法、基于几何原理的人工智能方法和基于特征模型的造型方法。①早期的参数化主要运用在CAD制图领域，随着技术的进步，参数化运用已从早期的计算机辅助设计发展到模拟人工智能的算法领域，掀起了由线性向非线性的革命性转变。

（2）参数化设计

由于计算机能突破手工设计无法进行的“迭代”，其“碎形递归”手段能根据程序反复运算，在混沌状态中寻找存在的秩序，这种复杂性正好能符合设计的多样性需求。Mandelbort将“碎形递归”的学术概念和“迭代”设计算法进行了结合，将参数化引向了设计实践领域。②

KPF资深合伙人拉尔斯·赫塞尔格伦在谈到参数化设计优势时指出，传统的设计过程中，在每一个步骤中往往只能选择一个方向往下发展，不会知道其他路径会通向哪儿，而利用参数化设计，可以平行发展所有已有的选择，并贯穿项目始终，最后优化定案。最后方案的发展可能性成几何级倍数扩大，从而使方案更优化、更高效。③

基于智能、高效、即时可视化等多种优势，参数化设计被广泛运用于航空、机械、工程等各大行业领域。以下我们主要探讨参数化与建筑领域的结合和运用。

2．参数化在建筑领域的运用

格雷戈·林恩（Greg Lynn）是参数化建筑理论研究的先驱，受哲学家吉尔·德勒兹的“褶子理论”影响，他结合建筑领域提出了“泡状物”概念，建构了“折叠”理论。④20世纪90年代，派特里克·舒马赫（Patrik Schumacher）将参数化引入城市研究领域并提出参数化城市主义概念（Parametric Urbanism）。⑤

参数化广泛结合在建筑和城市研究领域，其基本原理是建立具有逻辑关系的参数模型，通过设定算法，获得变量输出下的设计响应，是从无序中找到秩序的涌现过程。计算机以其强大的计算能力能精确地计算复杂的几何形体，在其初始阶段建立“算法”，可构建起事物间的逻辑关系，当参量条件发生变化时，无需重建模型，即可获得新的结

① 林峰，颜永年，卢清萍，等．基于图形数据的图形参数化方法［J］．计算机辅助设计与图形学学报，1993（7）：184-190.

② 高岩．参数化设计出现的背景——KPF资深合伙人拉尔斯·赫塞尔格伦访谈［J］．世界建筑，2008（5）：22-27.

③ 同上.

④ Greg Lynn. Folds Bodies & Blobs: Collected Essays[M]. Bruxelles: La Lettre Volée, 1998.

⑤ Patrik Schumacher. Parametricism: A New Global Style for Architecture and Urban Design[J]. Architecturak Design, 2009(4): 24-33.

果。这为比较设计结果和优化设计方案提供了一种高效手段。

3．参数化方法在民居研究领域的运用

目前，参数化方法在民居研究领域的运用，主要体现在通过对原有民居或聚落的特征提取基础上，建立参数、构件模型以及设定新条件，由计算机自动生成与传统村落相匹配的新空间。目前，该方法在规划、景观领域均有运用。

童磊博士的博士论文《村落空间肌理的参数化解析与重构及其规划应用研究》，将参数化方法引入民居建筑整体环境的村落研究当中，试图以参数化的方法提取旧村落的空间肌理，并对村落肌理的规律做出量化解析，通过参数提取，使用City Engine软件自主生成新的空间格局及肌理。其方法分为解析和重构两个步骤。

地块肌理的参数提取主要结合地理环境中山、河、水等对地块的分割特点以及农村地块分家传承模式，并结合地块组团形式的“网格型”“内退型”“骨架型”三种类型，以此拟定出地块面积、地块朝向夹角、地块与地形调适程度等参数。通过对旧村落地块肌理进行分析和参数提取，进而据此生成新的地块格局。

通过道路肌理、地块肌理和建筑肌理的参数设定，借助软件计算，即可按照现状肌理中各类型建筑的比例随机生成多种群体建筑空间肌理的组合形式。动态关联村落空间肌理的组成元素，以在新的地块中重现村落演化的随机性以及构筑村落内在秩序组织的不规则性特征。（表5-3-10）

使用参数化解析村落空间肌理的研究案例思路呈现 表5-3-10

肌理分类	主导因素	次级	核心参数	方案图示
道路空间肌理	单体道路	人行道	捕获距离；交叉口最小角度、比率；发展中心偏好；各路段的附加偏角；道路数量；主次路模式；长路段与短路段的平均长度、长度变量、宽度变量；主路段与短路段的人行道宽度、宽度变量；有机形道路与放射形道路的最大偏角；路段对齐模式、路段的平均长度、长度变量	
		机动车道		
	道路交叉口			
地块空间肌理	网格型		组团地块划分类型；地块面积最大值、平均值、最小值；地块面积区间大小及其概率分布；地块密度的空间分布；地块最短边与最长边长度；地块长宽比的最大值与最小值；地块最大角度与最小角度；地块方向；地块适应地形的校准度、不规则度、对齐方式、内退宽度、转角处对齐方式	
	内退型			
	骨架型			
建筑空间肌理	平面空间肌理	建筑空间	建筑基底形状与形状比例；建筑基底面积、高度（最小／最大／平均值）、（最小／最大／平均百分比）；建筑屋顶形式、比例、纹理；建筑屋顶与墙体的纹理类型的概率分布	
		庭院空间		
		街巷空间		
		竖向空间肌理		

（来源：根据 童磊．村落空间肌理的参数化解析与重构及其规划应用研究[D]．杭州：浙江大学，2016．编制）

参数化的过程是建立了要素与设计程序之间的关联，使得村落间不同要素的内在联系得到量化解析，并在随机组合的基础上创造了多种可能，使用量化手段完成旧村结构肌理的提取和新村体系的建构，以及空间结构的延续。当然，为满足现代生活使用的要求，在参数设定时还需剔除不合适于现代生活内容的尺度和结构，以实现延续上的现代化。[①]

参数化在民居研究中的另一种运用，是利用软件模拟离散事件，以仿真某事件发展过程。如《客家民系迁移过程仿真模拟研究》，即借由离散事件动态系统，仿真模拟客家民系文化迁移扩散的时空分布，进行空间可达性、迁移最优路径以及定居适宜性的分析和研究。离散事件动态系统（DEDS）是由一系列离散事件过程组成来表示物理系统状态的改变。借由离散事件模拟的仿真方法能对人文事件的自然规律进行模拟和预测。通过设定参数进行仿真模拟，研究者据此推断：客家民系从赣南盆地中心出发不断向外围扩张，并呈现以长汀为中心继而沿汀江轴状发展的迁移规律。[②]

（二）建立民居数据库

1. 数据库相关内容

为了便捷地保存和提取信息，传统信息资料电子化已成为一种趋势。传统纸质文档保存工作因耗时大、保存不易、占用空间、容易损毁、不易调取，信息叠加分析难等劣势，电子数据库的建立已越来越得到重视和推广。由于技术的高速发展，云存储以其10万亿次/秒的运算能力，能迅速处理存储在互联网上大规模服务器集群中的数据，大大提高了工作效率，利于数据的存储、分析以及共享。各省各部门逐步开始借用云计算平台搭建档案数据库。2012年，广东省制订了《广东省实施大数据战略工作方案》，在全省展开大数据工作。[③]江苏省住房和城乡建设厅也开始加强数字城建档案馆的建设。[④]全国各地也逐渐重视并开展数据库相关建设。

2. 数据库在建筑领域的运用

目前与建筑相关的基础数据库对建筑单体信息进行详细记录的还偏少，主要着力于群体建筑的基础数据收集上。多学科借助Arcgis平台进行综合地理信息系统的建立已逐步发展。在历史研究领域，数据库建立时常在地理数据信息基础上附带事物的时间属性。比较有代表性的有英国的“The Great Britain Historical Geographical Information System”（GBHGIS）系统以及美国的“The National Historical Geographic Information System”（NHGIS）等。[⑤]

---

① 童磊. 村落空间肌理的参数化解析与重构及其规划应用研究［D］. 杭州：浙江大学，2016.

② 何郑莹，徐建刚，李永强. 客家民系迁移过程仿真模拟研究［J］. 遥感信息，2014（2）：85-90.

③ 张欣. 解读大数据时代下档案管理的价值提升［J］. 理论观察，2014（1）：108-109.

④ 王晴月. 论大数据时代的城建档案建设［J］. 山西档案，2015（5）：81-83.

⑤ 杨申茂. 明长城宣府镇军事聚落体系研究［D］. 天津：天津大学，2013：169.

3．建立数据库在民居研究领域的运用

建立民居相关的数据库思路在当今也得到迅速发展。这不仅有整体平台的搭建，也有基于不同研究团队的数据库搭建体系。

“基于大数据架构的中国古村落文化保护与传承云服务平台”项目是多学科融合、多领域合作的大数据平台系统建设，试图策群力构建一个古村落、古民居的传统文化数据公共平台的项目。①

广东地区率先建立中国古村落数据库。华南理工大学出版社出版的《大数据与中国古村落保护》，立足于广东地区实际，优选200多个古村落为示范，运用大数据分析思维，充分挖掘古村落文化资源并数字化处理，以发展保护与传承的新思路。以上项目依托云平台建立古村落调查与信息采集的标准方法与标准化信息采集归档形式，借助历史学、社会学、建筑学等多学科体系集成，通过众包模式完成文化资源和古村落的调查和信息采集工作，采用系统工程思路综合构建复杂的古村落文化遗产数字化路径，达到开放的大众采集、共享和检索目的。② 通过碎片化信息收集以及村落资源信息整合，来方便专家决策和促进大众参与，以实现古村落的综合持续发展目标。

不过，目前村落数据库的建立尚属探索阶段，许多研究成果仍较为分散，存在许多难点需要突破。也有学者指出目前不同学术团队、机构之间由于受时空限制、学术成果的保密要求、学术团体差异的问题等障碍，使得在传统村落的数据信息存在交流不畅、分散建设、整合度不够、重复建设等问题。③ 因而，数据平台的整合和共享变成未来的发展目标。

张玉坤教授团队长期致力于明、清长城军事聚落历史地理信息数据库的收集和建立（图5–3–12）。其团队的数篇博士论文，收集和整理了一系列长城周边军镇、关隘与堡寨的具体信息。如地理信息方面的经度纬度、海拔高程；行政信息方面的辖属关系、建置时间、城池规模、文武官员、驻扎卫所；军事方面的军事级别、驻军情况、马匹数量、武器装备、边墙长度、墩台个数、军屯数量等信息，利用地理信息系统（GIS）进行空间运算、储存和管理。从而建立综合的明长城军事聚落历史地理信息数据库。④

虽然各位博士从不同理论进行深入，如《清代长城北侧城镇研究——以漠南地区为例》用分型理论进行城镇扩散研究，《明代海防聚落体系研究》利用大数据思维进行明代海防聚落体系研究。但多篇博士论文有其共性的研究点和研究方法。经整理，主要体现在空间分布、高程和视域和最短路径等要素的分析上。

借助ArcGIS平台，聚落在地域上的分布可以清晰地在地图上呈现。利用ArcGIS内置

---

① 蔡亚兰．古村落保护开发数字化处理新模式［N］．经济参考报，2017–11–10（008版）．

② 本书编写组．古村落信息采集操作手册［M］．广州：华南理工大学出版社，2015：21.

③ 曾令泰．“互联网+”背景下中国传统村落保护与发展路径探析［J］．小城镇建设，2018（3）：11–15.

④ 张昊雁．清代长城北侧城镇研究——以漠南地区为例［D］．天津：天津大学，2015：36.

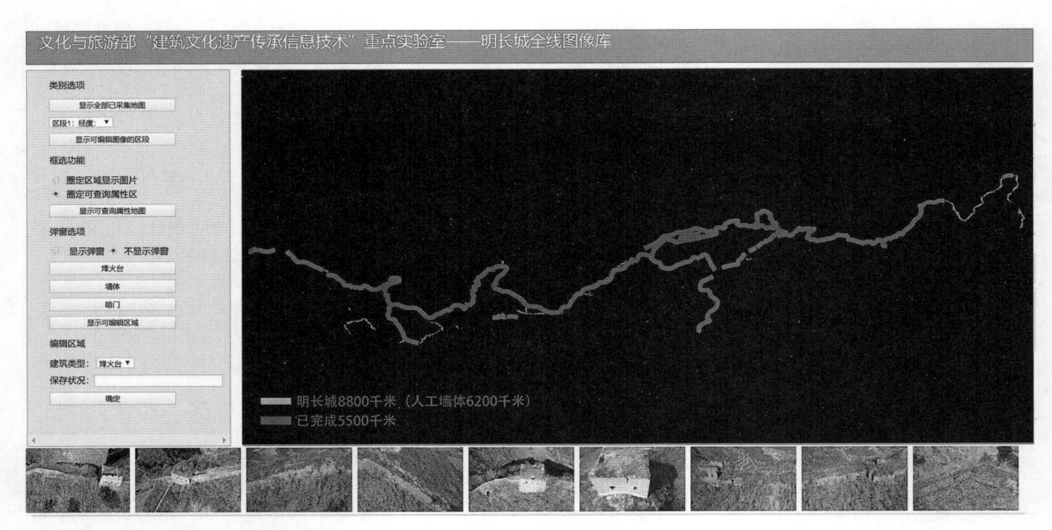

图5-3-12　明长城全线图像库界面
（来源：李哲教授 提供）

的核密度分析、点密度分析、线密度分析算法，可以计算某种特定元素在区域分布上的联密度。其中，核密度分析"Kernel"是对目标点搜索半径内点进行权重赋值，越邻近搜索点的赋值越高，反之越少，搜索半径处赋值为零；点、线密度分析则是点数和指定面积的比值。通过计算，可以清晰地对聚落的分布数量、分布密度、区域面密度、聚落间距、聚集度、邻近度等特征进行刻画。

除平面分析外，ArcGIS的优势还体现在三维可视化的分析上。加载 DEM 高程数据建立数字高程模型（Digital Elevation Model）。用数字表征海拔高度，由此可进一步获得坡度、起伏度、坡向等派生模型，借此模型可计算生成目标之间最短路径以及分析视域范围。例如《明代海防聚落体系研究》利用空间分析工具栏下的栅格计算进行叠置分析，最终得到所有烽燧的可视域范围，进而判断、评价区域内烽燧布置的合理性。可视域分析在军事建筑设计中有着重要的应用价值，如观察哨所的设定、火灾监控等。①（图5-3-13）

肖大威教授团队从文化地理学角度探索广东地区民居数字信息库的建立，形成了一套村落民居数据库建立和区划研究方法，指导了数篇硕博论文。在对广东地区的尝试基础上，将该方法不断推广到其他省区的研究上。以下主要以广东地区的研究为主要研究对象，剖析其具体的研究方法。

"基于文化地理学的民居研究方法"旨在通过普查性村落调研，建立某一具体地区的传统村落档案，以传统村落与民居的数据库和地理图册的方式予以呈现。其具体做法分为几个步骤。首先，确定研究地域范围，对研究范围内的传统村落进行普查，记录村落地址、地理坐标、村落建设年代、地形、村落与河流关系、民居类型、屋顶形式、

① 尹泽凯. 明代海防聚落体系研究［D］. 天津：天津大学，2015：244-247.

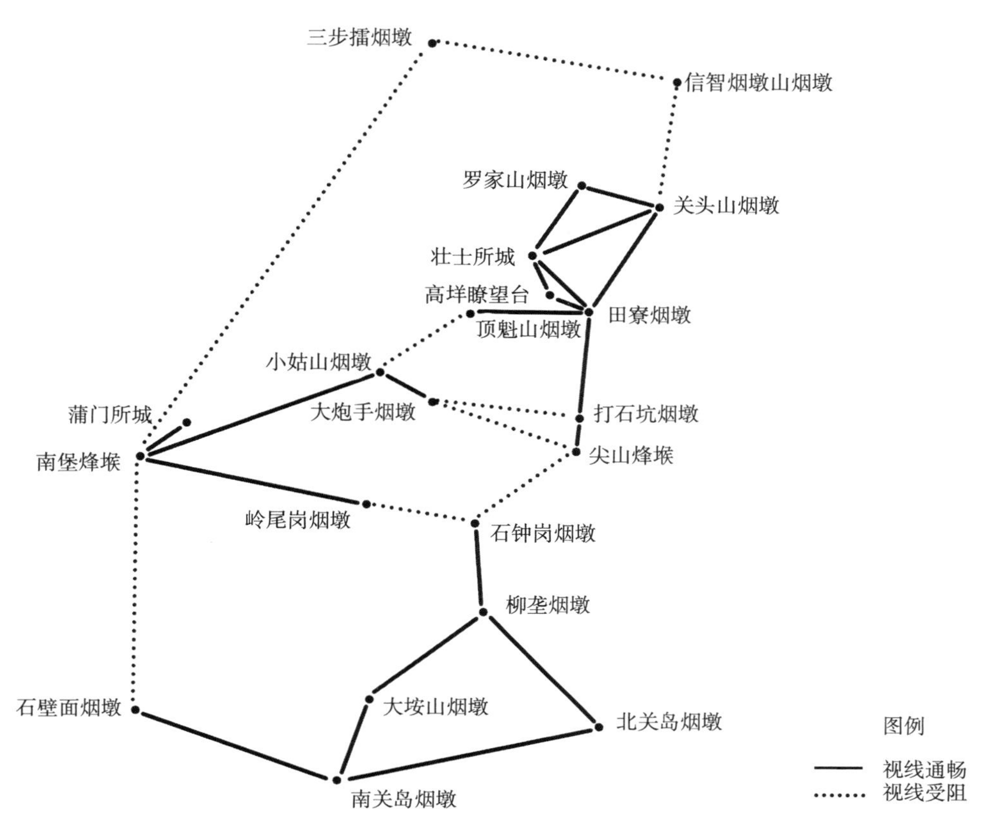

图5-3-13　蒲门、壮士二所辖区烽燧体系可视域分析图
（来源：根据尹泽凯. 明代海防聚落体系研究[D]. 天津：天津大学，2015. 重绘）

屋脊造型、建筑材料、雕饰类别等基本信息（基础信息由研究者自定）。然后，使用ArcGIS软件，将调查信息转化为可视化的图示模型。将村落位置、建筑形式、建筑年代等相关信息以不同的符号形式于地图上进行表达。（图5-3-14）

基于ArcGIS软件叠图分析技术，可将各信息元素进行分类提取，再复合叠加。文化地理学常将传统村落视为文化景观的部分，对传统村落与民居的文化因子进行提取便是其对文化景观内容的基础分级分层归纳。提取的因子由研究者根据具体研究对象决定。以下以论文《基于文化地理学的广州地区传统村落与民居研究》为例来展示研究者对文化因子的提取方式。①（表5-3-11）

有了前期对各村落和民居文化因子调查的数据库信息，载入软件数据库的信息可以以图示形式在界面上出现。首先，通过提取不同的层，如地域分布、布局模式、民居类型、屋顶形式、屋脊造型、建筑材料、山墙形式、年代+屋顶+建筑材料等层，分别逐层进行分析，得到相应的图示带；然后，叠加各层图示带的面域轮廓线，得到综合的分

① 冯志丰. 基于文化地理学的广州地区传统村落与民居研究［D］. 广州：华南理工大学，2014.

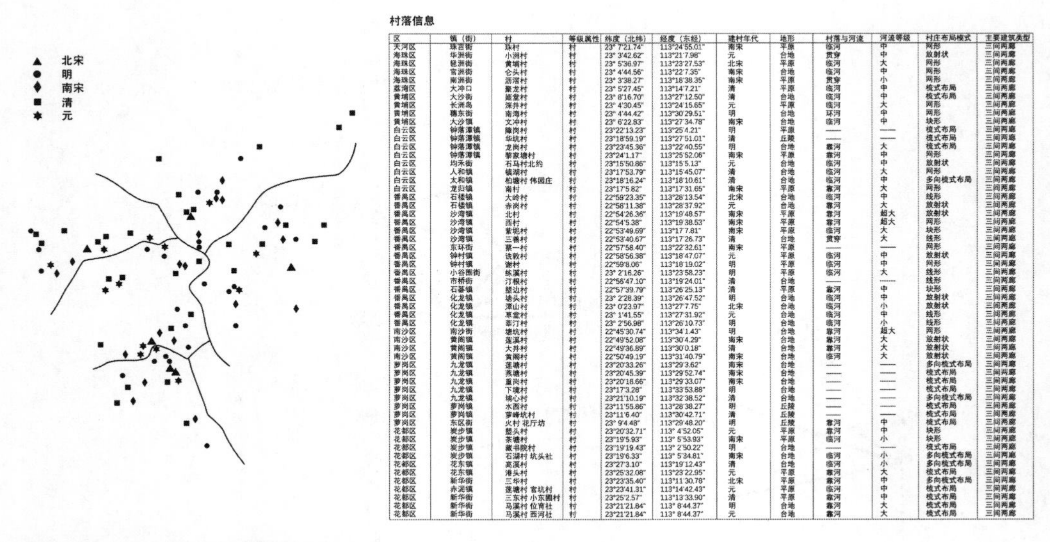

村落信息

区	镇（街）	村	等级属性	纬度（北纬）	经度（东经）	建村年代	地形	村落与河流	河流等级	村庄布局模式	主要建筑类型
天河区	珠吉街	珠村	村	23° 7'21.74"	113°24'55.01"	南宋	平原	临河	中	网形	三间两廊
海珠区	华洲街	小洲村	村	23° 3'42.62"	113°21'7.98"	元	台地	贯穿	中	放射状	三间两廊
海珠区	琶洲街	黄埔村	村	23° 5'36.97"	113°23'27.53"	北宋	平原	临河	大	网形	三间两廊
海珠区	官洲街	仑头村	村	23° 4'44.56"	113°22'7.35"	南宋	台地	临河	中	网形	三间两廊
海珠区	南洲街	沥滘村	村	23° 3'38.27"	113°18'38.35"	南宋	平原	贯穿	小	网形	三间两廊
荔湾区	大冲口	聚龙村	村	23° 5'27.45"	113°14'7.21"	清	平原	临河	中	梳式布局	三间两廊
黄埔区	大沙街	姬堂村	村	23° 8'16.70"	113°27'12.50"	清	台地	临河	中	梳式布局	三间两廊
黄埔区	长洲岛	深井村	村	23° 4'30.45"	113°24'15.65"	元	平原	临河	大	网形	三间两廊
黄埔区	穗东街	南湾村	村	23° 4'44.42"	113°30'29.51"	明	台地	环河	中	网形	三间两廊
黄埔区	大沙镇	文冲村	村	23° 6'22.83"	113°27'34.78"	南宋	台地	临河	中	块形	三间两廊
白云区	钟落潭镇	障岗村	村	23°22'13.23"	113°25'4.21"	明	平原	——	——	梳式布局	三间两廊
白云区	钟落潭镇	华坑村	村	23°18'59.19"	113°27'51.01"	清	丘陵	——	——	梳式布局	三间两廊
白云区	钟落潭镇	龙岗村	村	23°23'45.36"	113°22'40.55"	明	台地	靠河	大	梳式布局	三间两廊
白云区	钟落潭镇	黎家塘村	村	23°24'1.17"	113°25'52.06"	南宋	平原	靠河	中	网形	三间两廊
白云区	均禾街	石马村北约	村	23°15'50.86"	113°15'5.13"	元	台地	临河	中	放射状	三间两廊
白云区	人和镇	镇湖村	村	23°17'53.79"	113°15'45.07"	清	台地	临河	大	网形	三间两廊
白云区	太和镇	柏塘村 伟园庄	村	23°18'16.24"	113°18'10.61"	清	台地	临河	中	多向梳式布局	三间两廊
白云区	龙归镇	南村	村	23°17'5.82"	113°17'31.65"	南宋	平原	靠河	大	网形	三间两廊
番禺区	石楼镇	大岭村	村	22°59'23.35"	113°28'13.54"	北宋	台地	临河	中	线形	三间两廊
番禺区	石楼镇	赤岗村	村	22°58'11.38"	113°28'37.92"	元	台地	靠河	大	放射状	三间两廊
番禺区	沙湾镇	北村	村	22°54'26.36"	113°19'48.57"	南宋	平原	靠河	超大	放射状	三间两廊
番禺区	沙湾镇	西村	村	22°54'5.38"	113°19'38.53"	南宋	平原	靠河	超大	网形	三间两廊
番禺区	沙湾镇	紫坭村	村	22°53'49.69"	113°17'7.81"	南宋	平原	临河	大	块形	三间两廊
番禺区	沙湾镇	三善村	村	22°53'40.67"	113°17'26.73"	清	台地	贯穿	大	线形	三间两廊
番禺区	东环街	聚一村	村	22°57'58.40"	113°22'32.61"	南宋	平原	——	——	网形	三间两廊
番禺区	钟村镇	诜敦村	村	22°58'56.38"	113°18'47.07"	元	平原	临河	中	放射状	三间两廊
番禺区	钟村镇	谢村	村	22°59'8.06"	113°18'19.02"	明	平原	临河	中	网形	三间两廊
番禺区	小谷围街	练溪村	村	23° 2'16.26"	113°23'58.23"	明	平原	临河	大	线形	三间两廊
番禺区	市桥街	汀根村	村	22°56'47.10"	113°19'24.01"	清	台地	——	——	线形	三间两廊
番禺区	石碁镇	鳌边村	村	22°57'39.79"	113°26'25.13"	清	平原	靠河	中	块形	三间两廊
番禺区	化龙镇	塘头村	村	23° 2'28.39"	113°26'47.52"	明	台地	临河	中	放射状	三间两廊
番禺区	化龙镇	潭山村	村	23° 0'23.97"	113°27'7.75"	北宋	台地	临河	小	放射状	三间两廊
番禺区	化龙镇	塞堂村	村	23° 1'41.55"	113°27'31.92"	元	台地	临河	中	线形	三间两廊
番禺区	化龙镇	莘汀村	村	23° 2'56.98"	113°26'10.73"	明	台地	临河	小	线形	三间两廊
南沙区	南沙街	塘坑村	村	22°45'30.74"	113°34'1.43"	明	台地	靠河	超大	网形	三间两廊
南沙区	黄阁镇	莲溪村	村	22°49'52.08"	113°30'4.29"	南宋	台地	靠河	大	放射状	三间两廊
南沙区	黄阁镇	大井村	村	22°49'36.89"	113°30'0.18"	清	台地	靠河	大	放射状	三间两廊
南沙区	黄阁镇	黄阁村	村	22°50'49.19"	113°31'40.79"	南宋	台地	临河	大	放射状	三间两廊
萝岗区	九龙镇	莲塘村	村	23°20'33.26"	113°29'3.62"	南宋	台地	——	——	多向梳式布局	三间两廊
萝岗区	九龙镇	燕塘村	村	23°20'45.39"	113°29'52.74"	南宋	台地	——	——	梳式布局	三间两廊
萝岗区	九龙镇	重岗村	村	23°20'18.66"	113°29'33.07"	南宋	台地	——	——	梳式布局	三间两廊
萝岗区	九龙镇	下境村	村	23°17'3.28"	113°33'53.88"	明	台地	——	——	梳式布局	三间两廊
萝岗区	九龙镇	埔心村	村	23°21'10.19"	113°32'38.52"	清	台地	——	——	多向梳式布局	三间两廊
萝岗区	萝岗镇	水西村	村	23°11'55.86"	113°28'38.27"	明	丘陵	——	——	梳式布局	三间两廊
萝岗区	萝岗镇	萝峰坑村	村	23°11'6.40"	113°30'42.71"	清	丘陵	——	——	梳式布局	三间两廊
萝岗区	东区街	火村 花厅坊	村	23° 9'4.48"	113°29'48.20"	明	丘陵	靠河	中	梳式布局	三间两廊
花都区	炭步镇	塱头村	村	23°20'32.71"	113° 4'52.05"	元	平原	靠河	中	块形	三间两廊
花都区	炭步镇	茶塘村	村	23°19'5.93"	113° 5'53.93"	南宋	平原	临河	小	块形	三间两廊
花都区	炭步镇	藏书院村	村	23°19'19.43"	113° 2'50.22"	明	台地	——	——	梳式布局	三间两廊
花都区	炭步镇	石湖村 坑头社	村	23°19'6.33"	113° 5'34.81"	南宋	台地	临河	小	多向梳式布局	三间两廊
花都区	花东镇	高溪村	村	23°27'3.10"	113°19'12.43"	清	台地	临河	小	多向梳式布局	三间两廊
花都区	花东镇	港头村	村	23°25'32.08"	113°23'22.95"	元	平原	靠河	大	梳式布局	三间两廊
花都区	新华街	三华村	村	23°23'35.40"	113°11'30.78"	北宋	平原	靠河	中	多向梳式布局	三间两廊
花都区	赤泥镇	莲塘村 官坑村	村	23°23'41.31"	113°14'42.43"	元	平原	临河	中	梳式布局	三间两廊
花都区	新华街	三东村 小东圃村	村	23°25'2.57"	113°13'33.90"	清	平原	靠河	中	梳式布局	三间两廊
花都区	新华街	马溪村 位育社	村	23°21'21.84"	113° 8'44.37"	明	台地	靠河	大	梳式布局	三间两廊
花都区	新华街	马溪村 西河社	村	23°21'21.84"	113° 8'44.37"	元	台地	靠河	大	梳式布局	三间两廊

图5-3-14 Arcgis 整合调查信息界面
（来源：冯志丰 提供）

区信息；最后，得到区划结果后，结合历史地理文化知识进一步阐释区划产生的原因。

《广东传统聚落及其民居类型文化地理研究》的研究范围则扩大至整个广东省区域，使用类型学的方法对村落和民居平面形态进行分类，选择带宽（Search Radius）30千米、38千米对不同类型在地域上的空间分布密度进行估算，借助ArcGIS软件将各类型的分布密度进行可视化。结合史料和田野调查，从行政、地理、气候、灾害、方言和文化区区划等方面分析聚落及民居的分布状况，并从空间层面剖析了聚落及民居如此分布的原因。“针对聚落文化区划和民居文化区划的差异，结合类型、文化背景研究，最终求同存异，划分出广东省7大传统聚落民居文化区，其中包括5个典型文化区和2个混合文化区。”①

文化因子提取示例 **表5-3-11**

<table>
<tr><td rowspan="8">文化因子</td><td rowspan="8">传统村落</td><td rowspan="5">建村年代</td><td>北宋</td></tr>
<tr><td>南宋</td></tr>
<tr><td>元</td></tr>
<tr><td>明</td></tr>
<tr><td>清</td></tr>
<tr><td rowspan="3">地形环境</td><td>地形</td></tr>
<tr><td>河流与村落关系</td></tr>
<tr><td>水系等级</td></tr>
</table>

① 曾艳. 广东传统聚落及其民居类型文化地理研究［D］. 广州：华南理工大学，2016：261.

续表

文化因子	传统村落	村落形态布局	梳式布局
			线性布局
			块形布局
			放射状布局
			网形布局
			围团式布局
		民居类型	三间两廊 客家民居（杠屋、四角楼、堂横屋、围龙屋和枕头屋）
		公共建筑	庙宇
			书舍
			门楼
			炮楼
			文塔
		环境要素	旗杆夹
			古井
			古树
			古桥
	传统民居	屋顶形式	硬山顶
			悬山顶
			歇山顶
		屋脊造型	平脊
			龙船脊
			博古脊
			卷草脊 带瓦垄镬耳山墙
		山墙形式	无瓦垄镬耳山墙
			莲花山式山墙
			方耳山墙
		建筑材料	青砖
			蚝壳
			泥砖
			土坯
		雕饰类别	木雕
			石雕
			砖雕
			灰塑

（来源：根据 冯志丰．基于文化地理学的广州地区传统村落与民居研究[D]．广州：华南理工大学，2014．编制）

对于研究对象的选择，《广东传统聚落及其民居类型文化地理研究》在省域内选取了879个广东传统村落，《基于文化地理学的广州地区传统村落与民居研究》在市域范围内选取了101个广州传统村落。后者在论文的结尾处谦逊地表示："广州有历史研究价值的传统村落不止以上的101个，还有部分村落没有完全覆盖，故可能会对数据库和地理图册的精确性和信服力有所影响。在制定等级评价和文化区划时，虽然有大量参考的资料，但也有较多笔者自己的主观判断，故可能会呈现较多的主观性。"[①]可见，由于文化因子提取的主观价值取向会对结果产生一定的影响，而结果的精确度也与是否为完整调查有关。不过该方法将村落和建筑视为文化景观，通过文化因子提取的方式达到区划目的，为区划研究提供了一种独特视角。而其对民居研究本身而言，其价值更体现在对民居基本信息的收集并以数据形式进行储存的意义上，对民居数据库的建立迈进了一大步。

总之，21世纪的民居建筑研究已体现出多学科交叉方法的广泛运用，区系划路径、形态类型学路径、环境技术路径、数字化路径的运用逐步丰富了民居建筑研究内容，并使得研究领域逐渐向多维层次的深度延展，但同时也可感知到，在很多领域仍处于探索的初期，仍存在较大的拓展空间。

① 冯志丰. 基于文化地理学的广州地区传统村落与民居研究［D］. 广州：华南理工大学，2014：120.

第六章

回顾与展望

前述已通过纵向脉络分析与横向因果线索分析，将民居建筑研究的路径特征进行了历时性探讨。最后，本书将对民居研究八十余载的发展情况进行整体回顾，结合量化分析对研究主体对象的变化进行概览，并依据各式路径探索的异质性特征，归纳其基本类型。此外，借由专家视野中的阶段定位及发展指引，对未来民居研究发展方向进行展望。

第一节

纵向回顾：八十余载民居建筑研究历程与路径探索

从20世纪30年代营造学社对民居的初始探索开始，民居研究已历经八十余载的发展历程。自20世纪30年代起，伴随着近现代建筑教育学科体系的建立，建筑史学科发展迅速，为后期民居建筑研究的发展奠定了坚实的人才基础。中华人民共和国成立后，受苏联文艺方针的影响，在建筑界强调“社会主义内容，民族形式”，各大机构试图通过调查历史建筑以汲取民族建筑形式的营养。在教育界，强调在建筑系高校开设中国古建筑营造课程，进一步促进了传统建筑研究人才的培养和积淀。而20世纪50年代中期开始批判大屋顶建筑形式则将设计界的导向转向了向民居学习，“人民的”“大众的”价值取向促成了民居研究地位的转变。1958年，中国建筑科学研究院建筑历史学术讨论会后，民居研究的地位发生实质性改变，“当时认为中国建筑历史的研究应以民居为重点”①，“民居”这一称谓亦于此会议上得到广泛认同。编写“三史”的任务以及民居调查任务的分派，促成了民居研究进一步在全国各地广泛开展。因而，无论是教育界的课程内容设置，或是设计界对民族形式的汲取和学习，又或是建筑史学撰写工作的分派和开展，都促使民居建筑研究不断得到开拓与发展。

由于民居研究伴生于建筑史学研究的发展而不断萌芽、推进，早期阶段的研究主要依托于经典建筑史学研究方法的运用。这一路径特征对其后的影响主要表现为法式理念引导的建构观以及源流探索引导的谱系观在后期阶段的拓展运用与持续影响。然而，随着时间推移至中后期，民居研究语境已有所扩充，进而使得类型观逐渐打破了该阶段研究路径的单一化传承之局限，而转为下一阶段的路径突破。

自20世纪80年代初期开始，国内研究环境得以恢复，学术研究机构及相应出版机构恢复运转。20世纪五六十年代积淀的研究成果也陆续在该时期发表。研究生恢复招

① 温玉清. 二十世纪中国建筑史学研究的历史、观念与方法［D］. 天津：天津大学，2006：143.

生，与民居建筑内容相关的硕博论文不断增多。出版机构积极支持，民居类书籍出版如雨后春笋般增长。1988年，中国民居建筑学术会议的召开成为重要转折，促进了国内外民居研究领域交流平台的建立。新时代环境下各项事业的开展，综合地推进着我国民居建筑研究的发展。而民居建筑研究领域产生深层次思想转变，是由于西方建筑界现代建筑理论与后现代建筑理论的思想同时叠加影响而产生的综合结果。20世纪下半叶，国际学术界对机械工业文明进行反思，批判过往僵硬、冰冷的教条化设计，并提出了“人文关怀”，进而强化了文脉化、地域化、乡土化在新的设计语境中的重要性，该价值导向客观上促进了我国学者对民居研究领域的关注及反思。过往民居研究中多注重对民居实体的关注，而忽略了对其使用核心——“人”的密切关注，而正是物质载体与人经过长久互动才产生了文化上的意义，进而更凸显其价值。住屋的文化意义遂开始得到广泛关注。由于人本主义思潮影响的是整个哲学领域，因而，对文化的关注和研究不仅体现在建筑领域，20世纪80年代的国内学界各个领域均掀起了文化研究热潮。在国内外综合研究环境的影响下，对文化的密切关注成为这一时期的重要转向。

由于民居文化的形成有赖于社会、经济、制度、民俗、心理等多重因素于民居上的积淀，试图解开民居文化的密码，不得不从其背后的关联因素中寻求答案。这些关联因素，学者们多从意识和非意识两个层面的关联进行解读与诠释。具体表现在其集体性路径选择上的以“群”切入的社会关联研究、以“利”切入的经济关联研究、以“气”切入的气候关联研究、以“势”切入的地理关联研究、以“知”切入的制度关联研究、以“情”切入的美学关联研究、以“意”切入的意念关联研究等。此时，民居研究已突破上一阶段路径探索上的选择局限，表现为路径上的全新拓展，体现出强烈的“关联性”特征，并成为这一阶段的主导研究路径，被广泛运用。

21世纪以来，民居研究受到世界学科体系下哲学思潮转变的影响，开始过渡到学科交叉下的多元研究路径探索阶段。在民居研究的具体运用中，又体现为群学科交叉特征，并主要呈现出四个方向的主体路径：与地理学及民族学等交叉的区系划路径、与图形学及历史学等交叉的形态类型学路径、与物理学及生态学等交叉的环境技术路径、与计算机学与信息学等交叉的数字化路径。

综上所述，八十余载的民居研究发展历程，不仅成果丰硕，研究方法和路径不断更新，且在历时性发展过程中，于建筑学科领域中开拓了民居研究的独特路径，并形成了独特的研究领域。几辈学者由点及面、由浅入深地不断构建着民居研究的学术图景。

第二节

量化参考：基于词族分析的民居研究主体探讨指向

前文已对研究历程及研究路径进行了阐述和探讨。然而，研究对象是否也应随时间而发展变化，可借由数据统计来探察秋毫。

以“民居”为主题词在中国知网中进行搜索，在文献分类目录中选择建筑科学与工程，从库中选择第一篇发表年度（1956年）截至2019年1月1日的民居相关文献，通过网站平台将参考文献导成End Note格式文件。再借SATI3.2软件以及EXCEL软件对文件进行去重处理及剔除不符合研究范围的报刊、信息快递等简讯类内容，筛选出符合要求的16876篇论文，并提取出文献的标题和关键词。为了更为全面地统计和分析，同时借助《中国民居建筑年鉴》（1988–2008）、《中国民居建筑年鉴》（2008–2010）、《中国民居建筑年鉴》（2010–2013）、《中国民居建筑年鉴》（2014–2018）四册书中的民居中文书目统计，提取书目题名以及出版年份，综合以上操作，建立民居研究信息库。

由于文献的题名与关键词在很大程度上体现了著作者的核心研究对象、研究范围以及研究思路，借助题名与关键词，较容易获取以上信息。将题目及关键词分别进行词频分析，可以发现文化、空间、艺术等词的出现频次最高，结构、技术、设计等内容也较为广泛。然而，现有词频分析软件仅能实现对词语构成的简单划分和判断，为进一步体现专业词汇特性，需要对数据进行清洗及分词，通过进一步的深度加工，从过滤后的数据库中依据文献题目和关键词，逐词、逐句提取出与民居研究相关的关键词词族。（表6–2–1 ~ 表6–2–5）

“文化”关键词词族　　表6–2–1

文化	以文化为词头	文化传统、文化价值、文化差异、文化特质、文化因素、文化形态、文化功能、文化艺术、文化品格、文化品质、文化符号、文化背景、文化意蕴、文化含量、文化精神、文化表征、文化成因、文化空间、文化仪式、文化脉络、文化体系、文化景观、文化积淀、文化遗产、文化现象、文化基因、文化语汇、文化视角、文化载体、文化内涵、文化成因、文化属性、文化渊源、文化迁移、文化精神、文化资源、文化意识、文化机构、文化思考、文化变迁、文化分区、文化人类、文化考辨、文化地理、文化心理、文化生态、文化建构、文化旅游、文化交流、文化重构、文化交融、文化线路、文化自省、文化解读、文化回归、文化潜质、文化表达、文化互动、文化转型、文化导向、文化资本、文化透视、文化产业、文化断层、文化创新、文化体验、文化适应、文化入侵、文化服务、文化活动、文化心态、文化营造、文化共生、文化名城、文化街区、文化名镇

续表

文化	以文化为词尾	装饰文化、山水文化、产业文化、大众文化、伦常文化、色彩文化、消费文化、流域文化、性别文化、耕读文化、考古文化、海派文化、隐性文化、建造文化、礼制文化、民系文化、宅形文化、考古文化、住居文化、民俗文化、建筑文化、民族文化、风水文化、时代文化、社会文化、历史文化、商业文化、地域文化、礼制文化、人文主义、乡土文化、聚居文化、物质文化、非物质文化

透过关键词词频分析可知，既往研究对象对“文化”“空间”的关注率最高，研究落点最为细致。从以上表格中可见，研究者的文章中提及的文化词族，出现以“文化”为词头以及以“文化”为词尾的两种用词现象。作为词尾的文化词族往往体现出研究者对文化的分类。将词尾词族进一步返回至文献库中进行分析，可将文化角度的研究主要归纳出历史文化、地域文化、民族文化、类型文化、构件文化、产业文化、信仰文化、制度文化、流域文化、性别文化等研究类型（表6–2–2）。

基于词族分析的民居建筑研究文化分类 **表6-2-2**

历史文化	良渚文化、仰韶文化、河姆渡文化、龙山文化……
地域文化	巴蜀文化、闽南文化、徽州文化、岭南文化、荆楚文化、湖湘文化、中原文化、淮楚文化、巴楚文化、黔贵文化、河洛文化、京旗文化、康巴文化、吴文化、赣文化……
民族文化	汉族文化、白族文化、傣族文化、回族文化、佤族文化、侗族文化、藏族文化、羌族文化、满族文化、彝族文化、黎族文化、瑶族文化、土家族文化、布依族文化、朝鲜族文化、傈僳族文化……
类型文化	土楼文化、吊脚楼文化、屯堡文化、鼓楼文化、巷井文化、庭院文化……
构件文化	匾额文化、火炕文化、影壁文化、门文化、窗文化、图腾文化……
产业文化	商业文化、海洋文化、农耕文化、稻作文化、游牧文化……
信仰文化	伊斯兰文化、儒家文化、佛教文化、妈祖文化、道教文化、理学文化……
制度文化	宗族文化、礼制文化……
流域文化	汉水文化、长江文化、黄河文化、珠江文化……
性别文化	男性文化、女性文化

一、文化探讨：静态的类型诠释到动态的目的营造

纵观民居研究关键词词族的时段性特征，早期的“文化”主题注重对文化背景、文化传统、文化价值、文化特质、文化因素、文化差异、文化脉络、文化内涵等客观要素内容的挖掘、阐释以及解读。中后期出现了对消费文化、文化产业、文化服务、文化营造、文化导向、文化资本等内容的关注，更多地体现为从能动性上将文化作为旅游消费方式的路径打造及商业氛围营造思路。同时，这一阶段还发展出反思性的文化自省、文化回归、文化透视等批判性研究视角。整个过程透视出民居“文化”研究从静态的类型诠释到动态的目的营造的发展变化过程。

"空间"关键词词族 表6-2-3

空间	以空间为词头	空间概念、空间环境、空间特征、空间构成、空间行为、空间特色、空间形态、空间序列、空间图示、空间模式、空间形制、空间要素、空间尺度、空间情境、空间结构、空间层次、空间性质、空间等级、空间界面、空间布局、空间艺术、空间格局、空间匠意、空间载体、空间景观、空间陈设、空间特质、空间理论、空间品质、空间观念、空间伦理、空间演变、空间体系、空间审美、空间构造、空间感受、空间意识、空间氛围、空间性格、空间设计、空间哲学、空间利用、空间组合、空间重塑、空间处理、空间解析、空间再造、空间更新、空间利用、空间规划、空间继承、空间比较、空间转译、空间美学、空间场所、空间文脉、空间整合、空间优化、空间界定、空间分隔、空间阅读、空间意向、空间仪式、空间原型、空间营造、空间限定、空间句法、空间分割、空间策略、空间推导、空间认同、空间肌理、空间组构、空间系统、空间塑造、空间意匠、空间演进、空间语境、空间场景、空间导控、空间耦合、空间消费、空间聚类、空间协同、空间评价、空间衍化、空间共生、空间转型、空间对话、空间叙事、空间分异、空间精神、空间量化、空间再生、空间释义、空间意图、空间复兴、空间理景、空间生态、空间改造、空间活化、空间热工、空间安全、空间气候、空间语汇
	以空间为词尾	河道空间、城镇空间、街巷空间、居住空间、过渡空间、宗祠空间、园林空间、聚落空间、开放空间、商业空间、节事空间、观演空间、餐饮空间、缓冲空间、合院空间、院落空间、场镇空间、入口空间、交通空间、中庭空间、廊道空间、天井空间、形态空间、叙事空间、陈设空间、游憩空间、边界空间、景观空间、公共空间、私密空间、模糊空间、物质空间、虚拟空间、精神空间、信仰空间、交往空间、社区空间、架空空间、自明空间、隐蔽空间、防御空间、女性空间、男性空间、亲水空间、滨水空间、吊脚空间、体验空间、流动空间、复合空间、邻里空间、视觉空间

二、空间探讨：静态的要素分析到动态的目标控制

借助"空间"主题的词族分析，可见研究探讨倾向表现出从被动向主动的转化。虽然基础的空间分析，如空间概念、空间环境、空间特征、空间构成、空间形态、空间序列、空间模式、空间形制、空间要素、空间尺度等静态空间内容仍然被重视。但有一点变化特别值得关注，即早期的空间设计亦极大地向更为细致的空间化手段处理方式方向深入，如空间重塑、空间组构、空间整合、空间分隔、空间限定等，且出现了空间导控、空间耦合、空间聚类、空间协同、空间量化等新的空间处理方式或空间分析方法。整个研究过程体现为从民居"空间"的静态要素分析到动态的目标控制之变化倾向。

"形态"关键词词族 表6-2-4

形态	以形态为词头	形态结构、形态演变、形态控制、形态类型、形态肌理、形态表述、形态特质、形态量化、形态渊源、形态构成、形态保护、形态比较、艺术形态、形态特点、形态美学、形态变化、形态变迁、形态演化、形态演进、形态解析、形态评价、形态生成、形态语言、形态创作、形态更新、形态关联、形态体系、形态修复、形态格局、形态传承、形态特色、形态形成、形态识别、形态调查、形态成因、形态解读
	以形态为词尾	技术形态、聚居形态、村落形态、建筑形态、自然形态、空间形态、心灵形态、物化形态、文化形态、行为形态、文物形态、簇群形态、居住形态、社会形态、物质形态

“装饰”“审美”“保护”关键词词族　表6-2-5

装饰	装饰艺术、装饰意义、装饰语言、装饰特征、装饰纹样、装饰色彩、装饰工艺、装饰材料、装饰文化、装饰构件、装饰图案、装饰类别、装饰效果、装饰题材、装饰内容、装饰内涵、装饰技法、装饰风格、装饰元素、装饰雕刻、装饰细部、装饰审美、装饰美学
审美	审美文本、审美意境、视觉审美、审美意识、审美体系、审美特征、审美情趣、审美误区、审美想象、审美心理、审美结构、审美关照、审美习惯、审美文化、审美观念、审美历程、审美意蕴、审美属性、审美形态、审美价值、审美视角、审美内涵、审美功能、审美分析、审美艺术、审美表现、审美探源、审美特色、审美维度、符号审美
保护	历史保护、风貌保护、类型保护、街区保护、街坊保护、静态保护、动态保护、文物保护、古城保护、古镇保护、民居保护、综合保护、空间保护、园林保护、异地保护、协同保护、文化保护、环境保护、景观保护、保护传承、保护模式、保护利用、保护策略、保护措施、保护模式、保护原则、保护改造、保护更新、保护实践、村落保护、聚落保护、整体保护、保护规划、保护方法、技艺保护、肌理保护、保护评估、防灾保护、保护概念、文脉保护、保护修缮、保护制度、单体保护、群体保护、形态保护、原真保护、地段保护、居式保护、保护延续、再生保护、保护现状、保护历程

从以上的剖析可见，民居建筑研究无论是从“文化”还是“空间”上，研究者在深入研究其本体的基础上，已开始试图将其以各种方法和手段运用于保护、更新和开发过程中，助推民居理论研究不断地向实践转化。

第三节

统筹归纳：民居研究路径中的“基本类型”总结

通过上文对民居研究发展历程、研究路径以及研究关注内容的整理，下文试图对民居研究发展历程中所出现的研究路径进行分析和提炼，提取民居研究路径中的“基本类型”。

一、类型提取：民居研究路径的“基本类型”分析

纵观民居理论研究的发展历程，学科渗透下的多元研究范式逐渐成形。其方法由早期单一的民居建筑学，不断地与历史学、社会学、人类学、地理学、民族学、生态学、美学、心理学等学科融合，再发展至与计算机学的融合，并衍生出一系列新的研究方法或手段（图6-3-1）。历经八十余年的积淀与发展，民居理论研究已积累众多研究成果。透过民居成果的分析可以发现，民居研究领域的发展已呈现视域不断扩大、

内容逐渐广泛、深度不断拓展、落点不断细化等典型性特征。民居研究方法的发展亦呈现由单一走向多元、由传统走向现代、由均一化走向细致化的过程。

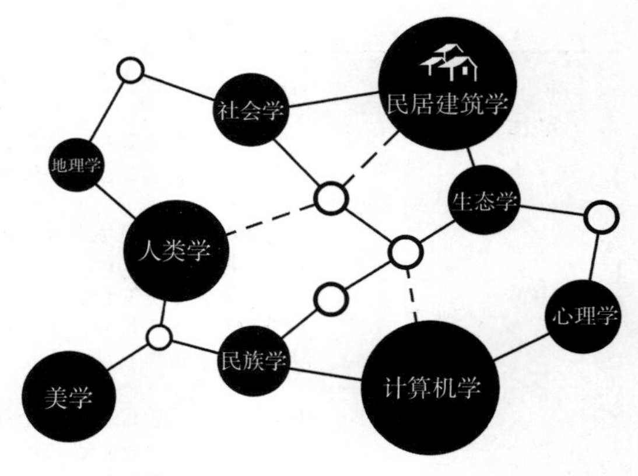

图6-3-1 学科交叉图

民居研究方法在与不同学科交叉、融合、拓深的基础上，逐渐交叠出自身的特色，并形成了若干有效的路径，这种交集产生后的路径被不同研究者运用在不同的研究对象中达到一定频次后，便形成了较为稳定的方式类型。“基本类型”的内涵较“方法”微观，并非研究范式，而是基于研究路径基础之上就其动态特性进行提取的进一步归纳方式。根据民居研究中所运用到方法路径的特色进行综合提炼后，可凝练出研究路径的八大“基本类型”。

二、异质区分：民居理论研究路径类型间的异质性

以下尝试从“考”“划”“形”“型”“联”“测”“拟”“数”八大路径基本类型进行阐述。由于区分八大基本类型的关键线索在于实现研究目的的“路径”，因而这八种类型所体现的内涵是一种动态的途径。它属于研究者主观状态下的一种选择，是执行研究者行动力的关键过程（图6-3-2）。

路径基本类型一——“考”，主要是与历史学融合过的一种研究模式。无论是对遗址的“考古”，还是对文献的“考据”，或是使用测绘手段对实物进行“考绘”，或深入贴近研究对象的“考察”，抑或是结合文献和实物的“考辨”，都与“考”有着密不可分的联系。其实现过程主要是针对研究对象，譬如遗址考古、建筑形制、建造年代、修筑过程、民居结构、民居材料、民居装饰、技术源流、技术发展、技术特色、谱系特征等的实录和考证。

路径基本类型二——“划”，主要是与民族学、地理学等融合的一种研究模式。民族学通常以族群及支系划分为基础进行划分；地理学通常使用地理区域划分，两者均使用“划”这一研究模式开展研究。而在民居研究的发展过程中，因建筑学与民族学、地理学等产生交叉，相应地纳入了区划、系划等方法实施对民居的研究。基于民居建筑学为核心，发展出行政区划、民系划、流域区划、结构区划、风土区划等区划、系划的研究模式。通过空间分布、民系分布、水土关系、匠系分布等内容研究各种类型建筑的时空分布差异等。

路径基本类型三——“联”，主要是与社会学、经济学、生态学、地理学、政治学、美学、民俗学等融合的一种研究模式。其核心是找出抽象的内在关联、制约因素以

及动力机制等。“联”型主要表现为从地形地貌、气候条件、风土特征、景观格局、移民特征、礼制秩序、宗法制度、生活方式、居住方式、生产方式、社群模式、交往模式、经济结构、民俗信仰、审美情趣、人文品格等要素中寻求对建筑本体空间、形态、结构、材料、装饰等产生影响的内在及外在影响因素。

路径基本类型四——“形”，主要是与图像学、设计学、城市学融汇的一种研究模式。无论是单体抑或群落，空间形态始终属于建筑学领域研究的核心范畴。由形所反映的空间关系，不仅是内部结构关系的反映，也是主体“人”行为驱使的结果。而其形态产生变化的过程亦是内外力驱使其结构产生变化的结果。“形”的类型在民居研究的运用，主要是针对聚落结构、聚落肌理、动力机制等的研究。

路径基本类型五——“型”，主要是取自类型学的一种研究模式。型是长期发展下来的一种较为稳定的状态或模式。在千变万化的民居形式中，通过归类分析，可总结出其原型及衍化型等。通过对原型的提取，利于把握某一类建筑的共性特征，提取出原型及演变衍化型之间的内在牵连关系，便于将之置于历史语境中寻求其原始身份以及用以区分不同民居类型。

路径基本类型六——“测”，主要是与物理学及生态学等融合过的一种研究模式。“测”式主要是对建筑物理环境进行实测，通过定量数据的测量以获得有关建筑的能耗、舒适度等性能信息。民居建筑因其材料使用上的有机性以及建造方式上的主动迎合气候，其生态性能一直备受关注。然而，传统的研究方式主要是从定性的角度分析民居材料和空间设计上的生态性，而后来发展出的定量研究为定性结论提供了更为确凿的数值证据。目前，“测”型主要运用在民居或聚落的声、光、热环境实测以及材料性能的实测上。

路径基本类型七——“拟”，主要是与物理学、生态学、与计算机学等融合过的一种研究模式。目前，“拟”的类型在民居研究运用范畴中主要体现为对民居或聚落的声、光、热等物理环境的模拟。通过模拟获得结果，有助于分析民居的物理性能，以提高民居建筑环境的舒适性。

路径基本类型八——“数”，即数字化、参数化过程。主要是与算法学和统计学等融合的一种研究模式。目前，民居领域已开始逐渐开展传统民居数据库、村落数据库建设，使用统计的方法，运用数字化软件，将民居、聚落信息与地理信息相结合，建立信息量丰富的数字数据库。此外，大数据对实时信息的分析也为民居研究提供了相关思路。同时，参数化被运用到民居研究领域。目前的运用范围主要体现为以参数形式提取传统建筑或聚落的相关参数因子，以辅助与之逻辑结构相匹配的新设计智能化生成过程。

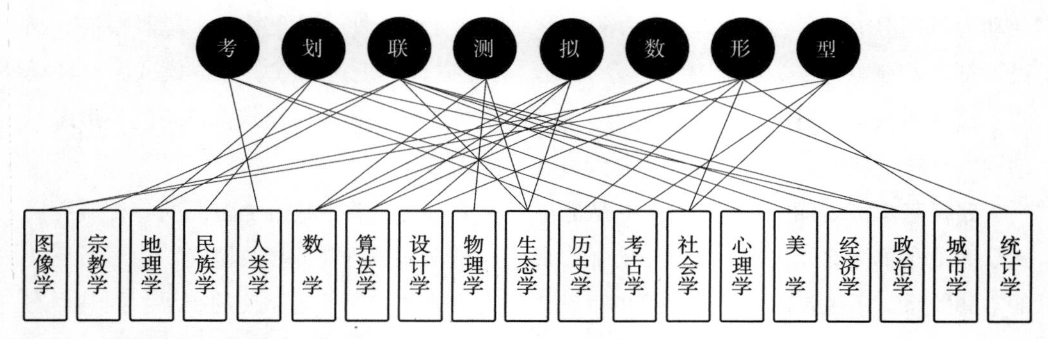

图6-3-2　各基本类型所体现的民居建筑学与其他学科交叉示意图

三、路径互融：民居理论研究各路径类型间的融汇运用

基于以上分类的八大研究基本类型，一项研究往往可以是一种类型单用，或一种类型多用，也可是多种类型并用。例如："考"式类型由于具有方法上的完整性，其实施过程可单用。对于绝大多数的研究情况而言，"考"式类型是其他研究开展的基础，因而，它往往是与其他路径类型并用的基础和前提，也是经典建筑史学研究方法具有不可替代性的关键原因之一。然而，随着研究方式的扩展，新的方法特征逐渐显现。区系划、物理环境观测、数字化等研究手段具有史学研究方法中所不具备的特性和优势，能极大拓展其运用上的需要。因而，在当今的民居研究中，其他路径基本类型与"考"式类型的地位关系是:史学研究方法的地位并未被取代，但新的方法有效地从其他层面上补充和扩展了民居研究方法，客观上摆脱了过往民居研究方法中的单一性。

多数情况下，研究者采用各类型路径融贯的形式进行研究。各路径类型融贯的形式因研究对象、研究目标的不同，各研究者对基本类型的选择往往存在差异，在对基本类型的选择和组合上都会体现各自的特点，进而形成研究者研究方法上的独特性。

以陆元鼎先生团队的民系民居研究方法为例，其路径除了对最基本"考"式的运用，其特异性的路径体现在：民系民居研究方法，主要是采用民系的视角进行系"划"，进而借用类型学方法找出民系间建筑类型的差异以及分析出相应的原型，再使用关联路径，分析各民系间民居差异形成的各种影响因素。它与其他方法的本质差别在于"系划"。其研究路径的选择大致可概括为："划"—"型"—"联"。而以肖大威教授团队为代表的文化地理学方法则采用的是建立民居数据库，提取民居或聚落文化因子，复合叠加各种因子，进而达到区划的目的并关联分析区划形成的原因等。它与其他方法的本质差异在于其核心手段是建立数据库，即以数字化、信息化过程为基础。它的路径选择是"数"—"划"—"联"。因而，民系民居研究的研究路径与目的恰好与文化地理学方法的路径与目的形成互逆过程。前者是通过系"划"来达到研究民居差异的问题，后者则是通过提取建筑和聚落的因子差异来达到区划的目的，并关联分析形成的原因等。若没有以上基本类型的提取，以上两种方法的关系及差异很难得到本质意义上的辨析和阐释。

大多数研究中，均采用多路径类型并用的情况，因而，仅从方法运用的表层进行分类，就很难把握方法差异上的本质特征。从路径角度的分类便类似于提取出方法中的“原型”，更易于辨析清楚研究者所采用的具体手段，以及了解其需要达到何种目的。（表6–3–1）

民居研究路径基本类型提取表 表6-3-1

路径类型	核心内容	研究关键点
考	考古 考绘 考察 考辨	遗址考古、建筑形制、年代过程 民居结构、民居材料、民居装饰 技术源流、谱系特征、技术特色
划	行政区划 民系划 流域区划 结构区划 风土区划	空间分布、人地关系、 民系分布、水土关系、 匠系分布（所形成的建筑差异）
联	非意识关联： 群—社会 利—经济 气—气候 势—地理	地形地貌、气候条件、风土特征、景观格局 移民特征、礼制秩序、宗法制度、生活方式 居住方式、生产方式、社群模式、交往模式 经济结构、民俗信仰、审美情趣、人文品格
	意识关联： 知—制度 情—美学 意—意念	
测	声 光 热	民居热环境、民居声环境、民居光环境 聚落热环境、聚落声环境、聚落光环境 与民居相关的动态事件模拟
拟	声 光 热	
数	参数化 数据库	建立传统模型、代入参数，辅助生成新设计 民居数据库、传统村落数据库
形	图层结构 内力结构	聚落结构、聚落肌理 动力机制、历史原型
型	原型 衍化型	

从各基本类型的使用阶段分布来看，早期阶段使用“考”“划”“联”的方式居多；中期阶段在前三种类型并用的情况下，“形”“型”“测”的方式开始逐渐增多；后期阶段“拟”“数”手段发展迅速，尤其在聚落研究中，表现更为明显。虽然，传统研究方式在民居研究中仍然是一种非常基础、重要的研究手段，但随着信息技术的迅速发展，民居研究与计算机学科的结合越来越密切。未来，民居研究或有可能与新兴出现的其他学科进行交叉，民居研究领域或将更为扩展、不断深化。

第四节

突破创新：专家视野中的民居研究阶段定位及未来研究方向指引

通过回顾，民居建筑研究的发展过程以及各阶段研究者们的路径探索已经大致呈现。对过往的总结和分析，是为民居建筑研究未来更好的发展服务。鉴于此，笔者对部分民居建筑研究领域的资深专家进行了访谈，以了解专家视野中的民居研究阶段定位，并请各位先生高屋建瓴地对未来民居研究方向做出指引。限于时间和机遇，笔者未能对所有民居建筑研究领域的重要贡献者进行访谈。仅能以点带面，找出共性问题进行解读。

一、阶段定位：专家述及的民居研究现状与尚存问题

首先，中国民居建筑研究发展已历经八十余年。在老一辈学者筚路蓝缕、新一代学者稳步推进的共同努力下，民居研究已被推向了学科领域的重要发展阶段。在众多研究成果累计的基础上，无论规模或是质量，前几辈学者已为未来研究的发展奠定了坚实的基础。

李先逵先生在访谈中对目前我国民居研究在世界范围内的地位做出了判断。“首先，回看民居研究，我认为中国的民居研究是超过西方的。在任职建设部教育司时，我曾带领老八校和新四校的建筑系系主任访问美国名列前十的建筑院校并进行考察对比，学其所长，维我所能。通过交流了解，现在可以不夸张地说，我们的民居研究已走在世界前列。仅就我们以前六十年及现在由中国建工出版社出版的各省区十九卷本民居丛书，可以说在建筑学、建筑史研究上都是国内及国际上绝无仅有的。”①

同时，就目前民居研究中存在哪些问题，专家们已给出了相应的解答。

陆元鼎先生言：“大量的人员在研究民居，出版了很多图书。但目前民居研究中调查较多，一方面，理论上总结不够，还需要更加系统的理论服务于村落住居环境的改善；另一方面应该兼顾实践。这些欠缺主要在于真正的民居实践和村落研究的成功案例偏少。因此，民居研究还有很大的空间需要我们去探索。通过研究传统民居，总结经验，古为今用，传承创新。”②

① 见附录：李先逵先生访谈。

② 见附录：陆元鼎先生访谈。

李先逵先生认为：“我们过去主要是在民居研究的实证上、特点分析上有建树，但提到理论层次上还相当不够。我国的民居研究目前尚处于一个奠基阶段。虽然已出版了许多著作，发表了许多文章，有许多收获。我们已在前人如梁思成、刘敦桢、刘致平等老一辈的学术基础上走出了新的一步，但从民居理论研究角度来说，如何用历史辩证法和文化哲学观等深层次理念来深化研究，还存在很大的探索空间。对于建筑史研究在这方面即理论水平的深化也存在许多不足。”①

朱良文先生针对目前研究聚力不够，综合研究少的问题提出：“民居研究从自发角度的交叉比较多，但综合研究很少。有目的、有计划地建立传统民居跨学科综合研究这个大课题需要国家层面的支持。总体而言，目前全国的民居研究缺少大团队、大项目，缺少综合研究，缺少大的突破。成果多局限在著作和论文，社会影响面还不够大。通过民居、村落做出有社会影响力的研究成果还是太少。”②

从以上先生们提及的内容可见，我国民居研究从规模和地域分布上较世界各国具有明显的优势，然而较为突出的问题在于研究成果仍普遍偏重于调查，上升为理论层次的分析成果还有待进一步拓展。对于整体性的研究，存在缺少大团队、大项目，缺少综合研究等问题。民居研究成果较多集中于著作和论文，能向社会转化的成果较少，对社会产生影响力尚且不够。

二、发展建议：民居研究的未来突破方向

针对未来民居研究该往什么方面发展，各位先生高屋建瓴地做出指引：

李先逵先生提出了以下几条建议：

“第一，继承老一辈的做法，踏踏实实调研。年轻人要抓紧时机走出去。中国地大物博，民族众多，我们老一辈虽然调研了很多地方，但仍有许多地方的民居尚未调查到。抓紧到偏远、交通不便的地方去寻找原汁原味的民居，收集珍贵的第一手资料，可能会发现一些新的民居类型案例。

第二，我们需要解决对民居特色和价值在认识上重点不突出的问题。民居研究的重心是挖掘它的特色和价值。为什么现在名城名镇名村、传统村落、历史街区及民居遗产等被破坏得很厉害？原因虽很多，但与人们对之特色价值认识宣传不够有很大关系。过去民居价值常被贬低，现在这种价值已被意识到，但我们对民居价值的认识仍偏笼统、偏肤浅，不具体化。对民居的评价上虽然经常采用“文物价值很高”“民居特色鲜明”等笼统概括，针对案例到底是什么具体的特色、具体的价值却不到位。因此，落实到具体对象的具体特色和价值上在内涵上仍需深挖，这是研究的重点。如果意识不到这点，

① 见附录：李先逵先生访谈。
② 见附录：朱良文先生访谈。

学术水平就很难提升。

第三，深入挖掘文化内涵和历史内涵。目前这方面非常缺乏资料。例如了解匠作，则需要寻找老木匠。要了解历史文化内涵，则需要挖掘更多历史文献。只有深入挖掘历史和文化内涵，同时提高自身的人文修养，才能提高民居研究的理论水平。

此外，研究民居之后还要多干实事。这可从两个方面入手，一方面是民居遗产的保护。认识民居的具体的价值和特色以保护民居遗产；另一方面则是新农村新民居的建设。思考如何帮助农民实现乡村振兴，并把传统民居建造经验和地方特征运用在新民居的建造上。更深一步，则是需要把民居的文化基因融合到当今的城市建设和新建筑创作中，走出一条具有中国特色现代建筑的城乡建设之路。要做到这一点必须走学习民居之路，如果没有民居研究的基础，没有自己的理论文化功底，我们的规划师建筑师怎么能在城市中体现中国特色呢？一个地方不管是城镇或乡村，要延续地域文脉，一定要认真深入研究当地的民居。这方面，中央新型城镇化工作会议精神和习总书记的指示包括记住乡愁等，都有明确的要求，我们民居研究者也应很好的学习贯彻执行。”①

黄汉民先生认为：“传统民居还亟待全面普查，而且不仅仅局限于建筑学专业，亟须多学科的全面介入和更深入的研究。只有认真研究、全面揭示地域传统民居的历史价值、文化价值和科学价值，才有助于提升全民族的文化素养，促进传统文化遗产的保护与利用。只有认真挖掘并总结各地域传统民居建筑独一无二的特色，才有助于增强地域文化自信，进而实现中华文化的自立与自强。使中国现代建筑在传承中华优秀文化传统的同时，创造崭新的未来。”②

魏挹澧先生则从建筑师教育的角度给出了未来发展的建议：“当今，我们应该反思建筑教育的目的到底是什么？我认为我们培养的人才，应该是既能仰望星空，又具有较深厚的中国传统文化和中国传统建筑文化素质的本土建筑师。而民居建筑文化是中国传统建筑文化的重要分支，因此，民居建筑文化应该进入建筑教育的课堂，走向建筑实践的广阔领域以及培养出世界公认的“中国建筑师”。③

业祖润先生对年轻人寄予厚望，她认为：“作为中国人，我们应该要把中国的文化研究透，才能在世界文化中找到立足之地。我鼓励年轻人，一是要走出去学习，学完之后再回来发展我们自己的文化。我们的文化也是在发展中进步。国家现在已经振兴，在世界上的影响力持续扩大，因此，我们更需要树立起中国自己的文化。希望年轻人要继续将我们的文化发扬光大，相信有了自己文化的根，将来一定会有创造性、有发展。”④

① 见附录：李先逵先生访谈。
② 见附录：黄汉民先生访谈。
③ 见附录：魏挹澧先生访谈。
④ 见附录：业祖润先生访谈。

三、观点碰撞：民居保护与更新的有关讨论

保存、保护与更新在操作上往往存在一定的矛盾，但无一例外的目的，均为达到“古为今用”。而对于“古为今用”的理解，专家们从各自角度进行了阐述。

例如，李乾朗先生诠释了“用”字的概念。李先生提出：“对‘古为今用’中的‘用’的理解可以是多元的。例如，挂于美术馆的画作，并非取走它才是“用”，用眼睛去欣赏它，亦是一种‘用’。再比如一个宅第，并非需要住在里面才能称为‘用’。它的历史见证作用，也可称为一种“用”。因而，对“用”的理解不应该狭义。古代的东西并非要功利地‘用’它”。

地球表面如同一块黑板，在其表面的书写即是人的建筑营造行为。人类在地球表面盖村庄、盖都市，即是在地球表面的一种书写。用我们的理想、用我们的需求去筑造的一个地球表面。但再隔一百年，许多建筑会被拆掉，就如同这块黑板上的内容被擦去。因此，地球表面被覆以很多文化层。如同考古的人常往地下挖，可以挖到清代、明代的物品，再往下挖是宋朝的、唐朝的物品。但世界上没有任何一个物质是永恒不变的，我们很难要求一座民居做到不腐朽。一座古老的房子能躲过战乱、天灾、火灾，人祸，经历过梁柱腐朽、老化、崩解，还能屹立不倒、留存至今，便值得我们对其产生敬意，并努力珍视它。从此观点看，如今留存的民居均是经历过历史的选择。但若将所有留存的房屋都进行保留也是不务实的。因此，需要对其进行评估。价值评估需要从多角度出发，如建筑学、美学、历史学等。当这一座房屋同时具备若干价值时，它所获得的评分很高，便需要尽力去保护及保存。如果仅有一两项价值，那么选择放弃它也是一种合理的思考。

而单德启先生提出了到底是保护“民居传统”，还是保护“传统民居”的思考。先生认为文化可以保护，但无法将居住其中的老百姓以及家庭结构保护下来，因而认为应该是“民居传统的保护”。传统民居少量要保护、大量要发展、要更新、要改造。同时，先生提出不能将经典的传统民居单体、聚落，包括历史文化街区的原真性和整体性的要求等同于文物局对文物的保护要求。单先生提出保持历史过程的原真性和动态发展的整体性观点。①

朱良文先生则认为：“传统民居具有历史价值、文化价值以及可供设计借鉴的创作价值，但传统民居不是文物（除了极少数），而是‘民之居所’，其核心价值是‘适应、合理、变通、兼融’，即环境的适应，居住的合理，发展的变通，文化的兼融。”②

以上观点的聚焦点主要体现在对“古为今用”中“用”字的理解，以及“如何用”的讨论上。无论何种观点，均是基于当下实际情况的考虑，应对于民居研究基础理论输出的过程思量。

---

① 见附录：单德启先生访谈。

② 见附录：朱良文先生访谈。

四、推进实践：强化民居理论研究对设计创新的作用

民居研究另一个作用体现在对实践的指导意义中。于实践中的民居研究工作该如何开展，各位先生分别给出了建议。

朱良文先生提出在实践中要注重给老百姓提供智力支持。朱先生提到："无论是传统民居保护维修还是村落整治，资金虽然是中心问题，但我觉得智力帮助更重要。这可从三个方面努力：第一是帮助他们提高对民居价值的认识。从我过去的体会来看，老百姓从认识不到自己房屋的价值到认识到的过程，一般需要七八年以上的时间。如若学者、研究者提供智力支持，现场给他们做出改造提升的示范，他们的认识过程就显著缩短。第二是要告诉他们保护的方法。即便他们认识到价值，想要去保护，但是用他们自己的方式去保护，可能很多东西在维修过程中就被破坏了。正确保护方法的传授，也需要借助外界智力支持。第三是如何处理保护和发展之间的矛盾。这个问题只靠纸上谈兵是谈不清楚的，只有针对具体问题的操作、视具体的条件才能做出相应的决策。此种时刻最需要有外界智力帮助他们进行实践性示范引导。且整个智力支持的过程中，遇到问题也需要及时进行调整，因而它是一个动态的过程。"

李乾朗先生则认为目前理论和实践结合的难点在于如何将有价值的民居保留下去。就此，李乾朗先生列举了一例台湾民居活化的成功案例，提出加强人与建筑物之间的互动，以及创造共同记忆对于活化工作的积极意义。同时，先生还强调了营造活动本身所具有的深刻内涵。"从营造层面来看，古代的人用脑和手去制造器物，这一过程使他们和建筑物之间产生了最近的距离。用手叠的每一块砖瓦，用刨刀去削切的每一块木头，都拉近了人与物之间的距离。现代建房已从传统建房的十几种工种简化为几种，建造更多仰赖机器，使得手工机会变得很少。传统的建造方法虽然在有些技术上已经落伍，但它们需要人的手脑协调，不致使人退化。依赖机器的操作对于人的智慧而言未必是件好事，我们应该思考这方面的利弊，并正视匠艺传承的重要性。"[①]

黄汉民先生于多年实践经验中总结到："在多年的建筑设计实践中也意识到现代建筑一定要与地域的地理、气候条件相适应。建筑的空间布局要实用，建筑的造型要考虑当地人的审美习惯，而非个人的喜好。要传承建筑的地域特色，才能避免"千城一面"。因此，每接受一个新的设计任务，我都先深入调查当地传统民居的特色和当地民众的喜好。无疑，向地域传统民居学习是现代建筑创作的一条捷径、是建筑创新的基础。"[②]

常青院士也就实践与理论之间的关系进行了解读。常院士提到："于我而言，传统建筑研究应与保护工程实践相辅相成，即使是建筑史研究最好也能具备实践基础，因

① 见附录：李乾朗先生访谈。

② 见附录：黄汉民先生访谈。

为缺乏触感经验很难真正体现传统建筑的精髓。陈从周先生曾说：'质感存真，色感呈伪'，也就是说建筑认知不应停留在形上理论和形式的模仿层面，而是要通过实践去感受建筑的本体质感及营造基质。”①

在实践方面的感悟，常院士提道：“在风土建筑理论与实践的结合方面，我的工作可以概括为三点。第一，尝试了城镇化中防止地方传统灭绝，留住风土根基的分类方法，即通过厘清地域风土建筑的地理分布，把握各地风土聚落的环境因应特征，按谱系分类保护和传承地域风土传统，以助推城镇化中的建筑本土化。第二，阐释了中西在城镇化进程中的文明阶梯差异，提出了借鉴相关国际经验，适合国情、地情的风土保护与再生系统理论，涵盖了保存、修缮、复建、再生、更新等主要方面。第三，践行了'标本式保存'和'活化式再生'的两种应用模式，其中包括'修复与完形''废墟与再现''利废与活化''变异与同构''古韵与新风''地志与聚落''仪式与节场'等保护与再生的方法论。”①

综合以上各位专家的访谈已基本了解我国民居研究的阶段定位、尚存问题以及努力方向等。在几辈学者、专家、爱好者的综合努力下，我国民居研究在调查规模上已处于国际领先地位。民居研究已发展出一支阵容庞大的研究队伍，使得我国民居建筑得到了有效的收集与记录、剖析与诠释，为我国传统建筑文化的总结和传播工作做出了积极的贡献，推进了民族文化自尊和文化自信的建立。在建筑教育上，应该向培养有中国本土特色的设计师方向努力，以抵抗国际式洪流对地域性环境和民族特征的侵袭。此外，理论研究结合实践，将民居研究理论转化为实用的可操作经验亦是非常重要的探索。

针对目前民居研究的现状，其拓展可从以下几方面持续深入：

（一）探查与完善未知领地的民居资料收集工作，建立信息化管理档案

1. 增补与发现新的民居建筑类型

目前，我国民居建筑研究资料覆盖的地域面已较为广泛，但仍无法覆盖全面。新的科技手段不断被运用于民居建筑研究领域，例如三维地图、无人机、GPS、红外设备等，调研工作的开展已可借助更多先进的技术手段运用而得以便利。前人调查成果虽已非常丰富，然而，学者们仍然相信，对于地广物博的中国而言，仍有诸多前人曾未踏足的地方，尤其是地域交通深受阻隔的偏远山村。对这类资料的收集，将进一步拓展民居类型的丰富性。同时，也应尽可能避免已有资料及调查成果的反复、重复建设。

2. 信息数据的建立及统筹

数字化管理手段已于各领域广泛运用，民居建筑作为重要的历史文化载体，对其进行有效的数字化、信息化，有助于使用现代化管理方式记录与保存有价值的历史文化信息，以及科学推进传统民居的保护与传承。信息的收集与存储有助于在未来民居遭受破

① 见附录：常青院士访谈。

坏或风格异动时，提供有效的修复资料，也利于管理部门进行变化过程的监控与管理。信息库的数据信息还可用于价值评估，实时、动态、持续的信息收录，为决策层制定发展策略提供依据等。因而，下一步目标是持续推进民居建筑信息数据库的建设。

（二）深化民居建筑理论研究，增进理论向实践的转化效果

1．深化民居建筑理论研究

目前，我国民居研究资料的数量已十分可观，为理论研究铺垫了坚实的基础。在新时期，民居研究在继续调研与资料收集的基础上，应更多地重视民居建筑理论体系的建构。理论研究的演进依托于研究方法的与时俱进。随着研究学科之间交叉互渗现象的增强，民居研究领域已客观上发展出应随时代变化的自有特色以及独特研究路径。因而，运用多种研究路径的组合和排列形成方法间的差异化，并形成多样化特色，可促成多元理论体系的形成，并不断实现方法创新、理论创新。

2．提升民居理论向设计实践的转化价值

民居建筑理论研究不仅具有揭示历史、社会、文化、生活等认知层面的意义，且具有吸收内化并转换为设计实践原则的指导价值。学习和领会民居建筑精神并进行有效转化可促使新建筑设计体现出民族情感、地域特质、文脉精神等内容。长期以来，我国民居建筑理论研究不断为设计实践提供思泉和灵感，对新建筑虽产生一定的影响，但影响力仍显微弱。应对社会各方现实力量介入，新旧矛盾重生的民居保护与更新问题，目前暂未建立起有效的双赢机制，迫使研究者或设计师需进一步研究如何将民居理论更好地运用于设计实践，提升民居理论向设计实践的转化价值。

（三）扩展宏观维度的研究设计，构件综合立体的研究系统

1．构建衔接专业技术及管理系统的中层研究系统

民居的保护与发展问题已非建筑学单一学科能够解决。过往的技术体系与管理体系以割裂式的方式在民居建筑的保护工作中各自发挥作用，未能进行有效衔接。在中观维度的系统设计上，可借鉴英国AONB的保护模式[①]，借助自上而下与自下而上两套系统的复合，一方面推动当地具有价值的乡村地区实现文化与历史价值的传承，另一方面还能满足经济社会的客观发展规律。因而，从管理视角探索，将专业技术的内容嵌合于空间管理体系中，进一步规范和优化具有历史文化价值和艺术价值的民居保护逻辑，使其既能符合社会发展的需要，又同时实现价值的传承，有必要深入推进衔接专业技术及管

① 赵紫伶，于立，陆琦．英国乡村建筑及村落环境保护研究——科茨沃尔德案例探讨［J］．建筑学报，2018（7）：113-118.

理系统的中层研究系统的构建。

2. 紧随智能科技发展，实现自动化综合管理目标

技术进步日新月异，研究发展亦同步前行。大数据进化了智能技术发展，亦将颠覆许多传统行业的运行与管理模式。借助数据化设施和智能设备，未来或能有效地管理民居资源。民居数据库中载入的信息，将记录于智能系统中，而高超的识别技术亦能动态识别处于重点保护区中的民居风貌变化，实时监测破坏或肆意改动民居风貌的行为，并及时做出反应，实现自动化综合管理。因而，民居建筑的研究，在智能设施建设和管理学等层面的学科交叉研究还有待进一步深化，存在巨大的探索空间和潜能。

附录 专家访谈

为进一步了解民居研究发展历程，了解民居建筑研究专家们涉足该研究领域的起因与过程，以及如何在该领域开展研究和探索，笔者对民居学术界做出过重要贡献的部分专家进行了访谈。笔者于2014～2018年间对民居建筑大师陆元鼎先生进行了多次访谈，并利用2018年中国民居建筑会议在广州召开的契机，对与会民居建筑大师朱良文①、单德启、魏挹澧、黄汉民、李先逵、业祖润、陈震东、李长杰等先生进行了访谈。同时，笔者有幸采访到同济大学常青院士、东南大学刘叙杰先生、台湾艺术大学李乾朗先生。

依据各专家时间，按访谈时间先后排列

访谈专家	访谈时间	访谈地点
陆元鼎	2014年12月10日 2014年12月17日 2014年12月24日 2015年1月7日 2015年1月12日 2015年3月11日 2018年6月20日	广州
朱良文	2018年8月4日	昆明
单德启	2018年12月4日	广州
李乾朗	2018年12月5日 2018年12月6日 2018年12月7日 2018年12月8日	广州
魏挹澧	2018年12月5日	广州
常　青	2018年12月7日	广州
黄汉民	2018年12月7日	广州
李先逵	2018年12月8日	广州
业祖润	2018年12月9日	顺德
陈震东	2018年12月9日	顺德
李长杰	2018年12月9日	顺德
刘叙杰	2021年5月20日	南京

节录说明：

由于笔者对各位专家的全文访谈内容不仅限于与本著作相关的内容，为了本书内容主旨更为突出，附录部分采用节录的形式，摘取了与本书最为相关的访谈记录。

此外，中国建筑工业出版社自创社以来一直高度重视民居著作的出版工作，持续支持民居建筑研究领域的发展，成为民居建筑理论成果推广的重要力量。笔者亦有幸对中国建筑工业出版社艺术设计图书中心的唐旭主任进行了访谈，对方以电子邮件的书面形式回复了访谈内容。该内容摘录于各位专家访谈的内容之后。

---

① 注：朱良文先生的首次访谈于朱先生宅中开展。

陆元鼎先生访谈节录

陆元鼎

华南理工大学建筑学院教授

笔者：（问及为何将民居建筑作为主要研究方向的缘由）

陆：我于1952年毕业后留校进入华南工学院（今华南理工大学）。当时分配我讲授的课程是建筑设计基础，主要是辅导学生的投影几何课。1953年因教学需要，我被调入建筑历史教研组。我们学校除了老教授以外，我们系里的6位青年教师，每人都要选择一个研究方向。当时我被分配到建筑历史教研组。建筑历史组那时只有龙庆忠教授和另一位1953年毕业于同济大学的赵振武老师。因为那时提倡搞建筑要搞社会主义内容、民族形式，因而要求学生掌握中国古建筑的知识，从大学二年级到四年级的每一个班的学生都需要补中国古建筑营造的课程。给学生上课时，需要把古建筑的每一个构造详细地进行讲解。

这促使我不断去了解古建筑构造的内容，并传授给学生。此外，也需要带学生进行测绘古建筑实习。我第一次在龙教授的指导下带学生去测绘实习是在1954年。第三年，即1956年，龙庆忠先生就选择了潮州作为调查测绘地点，我们在潮州古城能看到那么多古建筑，便发现民居资源非常丰富，因此觉得有研究民居的价值。

后来，我就开始了民居调查研究。1958年，我参加了在北京召开的建筑历史学术讨论会，并做了“广州郊区民居调查”的报告。会议主持者是建筑工程部建筑科学研究院汪之力院长、梁思成先生和刘敦桢先生。参会单位共有31家，有北京建设部里的代表、各个建筑院校的代表以及北京各大设计院的代表等。在这次会议上，经各位历史研究领域专家的讨论，认为“民间居住建筑”可由“民居”这一简称进行代替。刘敦桢先生在讨论中也认为“民居”一词较为合适，可用于区分现代住宅。使用“民居”来特指过去的住宅，在描述当代住宅中，即不用再称呼“新住宅”，可直接采用“住宅”。这次会议上还提出了编写“三史”的任务，即中国古代建筑史、中国近代建筑史、中国现代建筑史。建筑史编写的任务由刘敦桢先生组织分配。古代部分由刘先生自己主持，近代部分由侯幼彬先生主持，现代部分由我主持。另外，会议提出了要研究民居建筑，要求全国各地开展民居调查工作。会议指定广东一片的民居建筑由华南工学院负责，同时要求我们在详细地调查之后，每年进行工作汇报。开会以后，我几乎年年都去北京建筑科学研究院和刘敦桢先生那里进行汇报……

笔者：（问及早期民居调研过程中遇到的困难）

陆：那个时期，我利用除了教学之外一切可利用的时间进行民居调查。记得1956年我去调查时专门请了翻译，但翻译给我的内容也仅50%。因为他不学这个专业，听完无法记住。因此，不是本地人，不懂方言，去调查当地民居事实上是很困难的，如今还是这样……

笔者：（问及当时民居分册编写的背景情况）

陆：1979年3月，中国建筑学会下的建筑历史委员会恢复成立，当时选了龙庆忠先生作为副主任委员，我被选为委员。1984年4月，中宣部召开会议，提出要编100本有关中国艺术的书，以见证中华人民共和国成立以后的伟大成就。其中古代部分要出60本，分为五大类，全名叫作《中国美术全集》，包括绘画、雕塑、工艺、书法、建筑。建筑类分配下来，要出6本书，其中包括宫殿、陵墓、坛庙、宗教建筑、民居、园林。第一册是于卓云、楼庆西老师编的《宫殿建筑》，第二册是杨道明老师编的《陵墓建筑》，第三册是潘谷西老师编的《园林建筑》，第四册是孙大章、喻唯国老师编的《宗教建筑》，第五册是我和杨谷生老师编的《民居建筑》，第六册是白佐民、邵俊仪老师编的《坛庙建筑》……

笔者：（问及民居调研线路的交通情况）

陆：1984年，我到云南调研，去西双版纳坐了三天长途汽车，第一天坐汽车翻两个山头就已至中午，再翻两个山头已到晚上，一天下来要翻4个山头。到了西双版纳后去了思茅、橄榄坝、勐海等地方。当时公路还没有修，土石路上太颠，廖少强同志用手将相机抱在怀里，两个脚一直蹬着吉普车座脚，颠簸时整个人会弹起撞到车顶，用整个身体护着相机，怕被震坏。

后来我调研了北京、山西、陕西、河南、贵州、广西、新疆以及华东一带等地区，1987年递交了《民居建筑》的文稿和图片稿，1988年出版。广东地区我利用平时教学外的时间也经常去调查，在20世纪五六十年代收集资料的基础上整理和补充了很多当地民居的资料，写了《广东民居》一书，于1990年出版。

笔者：（问及早期民居研究的测绘方法）

陆：那个阶段，带学生去现场调查，因为学生数量比较多，有时会出现工具不够用的情况。所以，我们使用了两种测量方法：一种是拉皮尺精确测量，另一种是步测法。步测法就是用步距来测量。人的步距一般是均匀的，我的步距一般是45厘米，通过走路可以测出长度和距离，但一定要走两次，确保尽可能准确。一般用工具测量都需要三个人，两个人拉皮尺，一个人记录。如果是一个人去调查，步测法比较适用。

实地测还要注意一个问题，就是要把我们现在使用的公分尺转化为营造尺。一般一个清代营造尺等于32公分，但各地有各地的尺，叫门尺。过去以大门的门尺作为标准。使用丈、尺、寸，每个地方尺的长度都不同。广东不同民系里的老师傅都有他们自己的一套系统，所以同一民系之间尺度差别不大。但广东和福建则不同。我当时去潮州看到一把用竹片做的门尺，有两尺长，量一下，营造尺等于29.7厘米。因此，用公制尺测量了以后，还需要把公制尺测量的结果换算成营造尺，然后用营造尺反过来对公制尺进行复核，再把最终尺寸标注到正式图纸上……

笔者：（问及民居建筑研究会议创办的背景）

陆：20世纪80年代我一直不停地研究民居，当时看到老百姓的房子毁坏得很厉害，就希望多方面呼吁，引起政府注意，改善农村的住房条件和环境。一次偶然的机会，在北京的一次会议上，我见了曾永年先生（中国传统建筑园林研究会秘书长），我讲了我的想法，他建议我们挂靠在中国传统建筑园林研究会属下，可用民居研究部这个民间学术团体名义组织和邀请相关专家进行学术研究及交流。1988年经过筹备，在华南工学院领导和建筑系的支持下，召开了第一届中国民居学术会议……

笔者：（问及民居建筑研究现状与展望）

陆：民居在建筑历史范围内，还是一个很小的学科，但它是一个最基本、最主要的学科。过去的社会最早产生的就是住居，例如穴居、巢居等。远古人类最早的建筑形式就是居住建筑。"住"对现代人而言，仍然是一个非常重要的方面。

民居研究的发展已扩展到聚落、集群及村镇的研究。研究的范围越来越广，研究的队伍也越来越大。研究论文和著作也越来越多。我统计了一下，中华人民共和国成立以后，到2013年为止，根据《中国民居建筑年鉴》1–3辑统计，正式出版的著作有2230本，论文有5368篇。

但总体感觉，民居研究还有很大的空间需要努力。一方面，大量的人员在研究民居，相关图书出版了很多。但目前民居研究中调查较多，理论上总结不够，还需要更加系统的理论服务于村落住居环境的改善。另一方面应该兼顾实践，这一方面的欠缺主要是真正的民居实践和村落研究的成功案例偏少。因此，民居研究还有很大的空间需要我们去探索。通过研究传统民居，总结经验，古为今用，传承创新。

朱良文先生访谈节录

朱良文
昆明理工大学建筑与城市规划学院教授

笔者:（问及开始进行民居建筑研究的缘由）

朱：我从1962～1963年开始接触民居，但真正开始研究民居，应该是在1981年。1960年，我从天津大学毕业后被分配到华南工学院工作。1962年，因教学上的需要，我带着学生去进行广州西关大屋的调查。到1963年，中国建筑研究院的程敬琪、孙大章等同志来到广东地区做珠江三角洲农村民居调查，系里调派我去参加。这个调查由他们负责，我们华南工学院这边配合。当时的调查主要使用营造学社的那一套测绘方法……

后来我筹建云南工学院建筑系，带学生去丽江测绘，当地县城建局请我做一个关于丽江民居如何保护的讲座。我谈了丽江古城的特色以及如何进行保护的问题，结合古城防火和施救的现实问题，对几个街道与节点的改造提出了具体建议……这两个多小时的“报告”为我后来的文章打了基础。这次调研、测绘与讲座慢慢奠定了我后来在民居研究方面的学术方向。

因为丽江研究成果带动这一系列事情的进展，无形中促成了我不断走上民居研究道路，我越来越感到云南民居研究的重要性和必要性。因为云南少数民族众多，民居资源丰富，后来就将民族建筑研究作为我们办学的一个重要方向。

笔者:（问及我国民居建筑研究的发展情况）

朱：20世纪30年代末，中国营造学社到西南地区进行西南古建筑调查，调查也涉及民居，但并非他们的主导方向。在20世纪三四十年代，他们是建筑师里面研究中国民居的先驱。到了20世纪60年代初，为了发掘民间建筑遗产、古为今用，原建工部通知各地开展民居调查研究工作。中国建筑研究院的汪之力院长负责主持这项工作。他们调查了浙江地区的民居；孙大章先生等人就曾来广东地区调查。云南省设计院当时也积极响应，以王翠兰、陈谋德、饶维纯、顾奇伟、石孝测、曹瑞燕等为主，带领了一批年轻人，花了很大功夫在云南各地进行调查，后来出版了《云南民居》和《云南民居续篇》这两本书。20世纪80年代中国建筑工业出版社出版的几本民居著作，大多数都是60年代前期调查幸存资料的总结。

到了20世纪80年代，有关民居书籍出版渐多，同时，《建筑学报》也刊登了民居方面的文章，民居研究的影响力不断扩大。这一时期，高等院校也开始招收研究生，许多建筑院校主动将眼光投向了民居研究，并将其作为研究生选题。因为民居量大面广，容易发现资源，进入也不受到什么限制，因而，20世纪80年代开始形成民居研究热潮。到1988年，陆元鼎先生组织全国力量举办中国民居学术会议并成立民居研究会，是极为了不起的举动，可以在民居建筑研究史上大书一笔。因为，历届的会议将一大批民居研究学者团结起来，研究的队伍就越来越大了……

笔者：（问及民居建筑研究的方法）

朱：我特别欣赏人类学的研究方法。我著写的傣族建筑书籍被日本学者看到了，他们就请我去日本巡回讲傣族建筑，一共有五次研讨会。到了大阪大学，我了解到富樫颖教授从人类学角度来研究，他的研究非常细致。当他谈傣族建筑的问题，会谈到里面神柱的由来、神柱的位置以及家神的方位等。这些内容我们之前都没有重视过。他研究的每一个细小的点都可以出一篇论文。另一位是东京女子大学的乾尚彦教授，他来云南做佤族民族建筑研究。在开展研究之前，他先到云南民族学院学习了五个月的佤语，然后再来找我做他的研究合作者。我当时正好有一个国家自然科学基金课题。我带领他去到佤族村寨，然后他就在当地老百姓家住了十个月。两年后又进行回访，又住了三个月。他研究的内容也非常细致。例如，他研究板扎结构，绳子多长，板扎多少圈，扣打在左边还是右边，都调查得一清二楚。他们是利用人类学的方法，一直跟着观察，一个过程跟下来，就基本都掌握了。所以，人类学的这套方法我非常赞赏。现在的大阪民族博物馆里，保存了他们当时调查的许多影像资料，非常精彩……

笔者：（问及民居建筑的多学科交叉研究阐释）

朱：目前多学科研究虽然已有所探索。如李晓峰教授写了《乡土建筑——跨学科研究理论与方法》，刘克成教授也提出“整合学科、系统研究”的设想，大家都认可跨学科研究，但到现在为止，这个跨学科的框架建立起来还是非常困难。民居研究从自发角度的交叉比较多，但综合研究很少。有目的、有计划地建立传统民居跨学科综合研究这个大课题需要国家层面的支持。

总体而言，目前全国的民居研究缺少大团队、大项目，缺少综合研究，缺少大的突破。成果多局限在著作和论文，社会影响面还不够大。通过民居、村落做出有社会影响力的研究成果还是太少。

笔者：（问及民居建筑理论研究与实践的关系）

朱：我的研究历程就是一个从理论到实践的过程。想让老百姓建立正确的价值观念，还可以给他们看图说话。我们在好几个地方给当地人做了小册子，例如《丽江古城传统民居保护维修手册》。这个册子曾获奖，并作为范例在全国推广。

这本册子用图片把当地民居各个部分的正误做法展示出来，告诉老百姓什么做法是对的，什么是不对的，对的图片下打上勾，错的则打叉。图片下面附两行简短的文字说明，告诉他们这种做法为何不对。老百姓拿到册子一看便明白了。我们之前只注重自己做研究，而没有面向老百姓。因此，研究之后，我们还需要把这些知识传递给老百姓，而且只能采用通俗的办法。其实，这样做有时比学术研究还难，因而先要自己深入领会，再通过浅出的方式，使用通俗的语言让他们能够读懂。

因此，要给予老百姓智力支持。无论是传统民居保护维修还是村落整治，钱虽然是中心问题，但我觉得智力帮助更重要。这可以从三个方面努力：一是帮助他们提高对民居价值的认识。从我过去的体会来看，老百姓从认识不到自己房屋的价值到认识到的过程，一般需要七八年以上的时间。如若学者、研究者提供智力支持，现场给他们做出改造提升的示范，他们的认识过程就显著缩短。其二是要告诉他们保护的方法。即便他们认识到价值，想要去保护，但是用他们自己的方式去保护，可能很多东西在维修过程中就被破坏了。正确保护方法的传授，也需要借助外界智力支持。第三个就是如何处理保护和发展之间的矛盾。这个问题只靠纸上谈兵是谈不清楚的，只有针对具体问题的操作、视具体的条件才能做出相应的决策。此种时刻最需要有外界智力帮助他们进行实践性示范引导。且整个智力支持的过程中，遇到问题也需要及时进行调整，因而它是一个动态的过程。

这些经验都需要在实践中去不断摸索。我认为建筑是一个实践性很强的学科，我对民居的观点是从“民之居所”来考虑的，一切理论的最终目标是解决问题。我在“传统民居价值论”的理论研究中的观点是：传统民居具有历史价值、文化价值以及可供设计借鉴的创作价值，但传统民居不是文物（除了极少数），而是“民之居所”，其核心价值是“适应、合理、变通、兼融”，即环境的适应，居住的合理，发展的变通，文化的兼融。因此，我五十岁以后就开始比较多地从事实践探索，虽然对“传统民居价值论”的理论研究还在继续……

单德启先生访谈节录

单德启
清华大学建筑学院教授

笔者:(问及开始进行民居建筑研究的缘由)

单：最初有一个机缘是接到黄山云谷山庄设计的项目。这个项目要求在黄山风景区中设计一个具有徽州文化特征的宾馆。因为项目处于黄山风景区中，我便带着学生调查了许多徽州村落。在徽州传统村落的调查过程中，我发现徽州民居有个非常明显的特点，即徽州人多地少，村子都建在山坡上，弯弯曲曲的街巷营造出许多丰富的小空间。开门和朝向都与周边的环境有极大的关联。当时我意识到民居与环境的重要关系。于是，我申请了第一个国家自然科学基金课题《人与居住环境——传统民居研究》。课题中提出的“居住环境”既包括自然环境、生态环境，也包括人文环境。在进行这个课题的研究过程中，我调查了许多村子，发现有一个非常核心的问题，即传统民居的更新改造问题。于是在第一个课题基础上，我又申报了第二个课题《中国传统民居聚落的保护与更新》。研究过程中，我又发现了民居的保护与农业产业化问题，即农村中出现的许多现象与城市化过程有关系。因此，我又申请了第三个课题《城市化与农业化背景下传统村镇和街区的结构更新》进行研究。在整个过程中，很多问题并非是一开始便想到的，而是在不断的工作和研究过程中，慢慢发现新的问题，并在此基础上进一步解决问题的过程。前一个课题中未解决的问题会形成新一轮的思考。

笔者:(问及民居建筑保护的观点)

单：在研究过程中，我对许多概念进行思考，比如民居的“形态”“生态”“情态”，还有什么是“传统民居”？什么又是“民居传统”？到底是“民居传统”的保护，还是“传统民居”的保护？我认为保护只可能是文化上的保护，无法将里面居住的老百姓和家庭结构保护下来，所以应该是民居传统的保护。传统民居少量要保护、大量要发展、要更新、要改造。

我曾经在一个国际会议发表了一篇论文——《城市化+逆城市化=中国的现代化》。传统村镇的布局仍是农业社会时期的布局，而如今的村落要发展，需要高速公路，需要新的产业形式，因此要科学地研究民居。

经典的传统民居单体、聚落，包括历史文化街区，对于原真性和整体性的态度，不能等同于文物局对文物的保护要求。古城处于不断变化的过程中，因此“保持历史过程的原真性和动态发展的整体性”更为关键。现代的发展与发展中出现问题均属于历史发展过程中的一个片段，我们需要使用动态的保护思维。总之，无论是对于空间还是时间，我们的保护都应该有一个正确的价值取向。

李乾朗先生访谈节录

李乾朗
台湾艺术大学教授

笔者：（问及开始进行民居建筑研究的缘由）

李：大学期间，因阅读到美国学者狄瑞德（Reed Dilingham）与华昌琳的《台湾传统建筑之勘察》研究报告，我遂对民居产生了强烈的兴趣。该书出版于20世纪60年代。在此之前，台湾民居研究几乎属于空白。虽然20世纪30年代日本人曾对台湾地区的民居做过一些研究，但其目的主要是通过了解台湾人的生活来达到其政治目的。

《台湾传统建筑之勘察》是狄瑞德到台湾东海大学担任客座教授时，看到台湾的民居、寺庙等老百姓的建筑与美国的差异很大，便开始关注台湾乡土建筑的问题。他申请了亚洲基金会的经费，找来一批学生和工作人员做当地传统建筑的测绘，并著录成书。该书主要从美学及形式的角度上阐释东西方乡土建筑的差异，是台湾地区公认的第二次世界大战后比较早期的民居研究成果。此书对我产生较大影响，因为它使我意识到民居研究的测绘图与设计图生成过程的互逆。设计图是先有设计图再有房子，而测绘图是先有房子再有测绘图。因而，测绘图和设计图恰好是相反的过程……

笔者：（问及对民居保护的观点）

李：对“古为今用”中“用”的理解可以是多元的。例如，挂于美术馆的画作，并非取走它才是“用”，用眼睛去欣赏它，亦是一种“用”。再比如一个宅第，并非需要住在里面才能称为“用”。它的历史见证作用，也可称为一种“用”。因而，对“用”的理解不应该狭义。古代的东西并非要功利地“用”它。

地球表面如同一块黑板，在其表面的书写即人的建筑营造行为。人类在地球表面盖村庄、盖都市，即在地球表面的一种书写。用我们的理想、用我们的需求去筑造的一个地球表面。但再隔一百年，许多建筑会被拆掉，就如同这块黑板上的内容被擦去。因此，地球表面被覆以很多文化层。如同考古的人常往地下挖，可以挖到清代、明代的物品，再往下挖是宋朝的、唐朝的物品。但世界上没有任何一个物质是永恒不变的，我们很难要求一座民居做到不腐朽。一座古老的房子能躲过战乱、天灾、火灾，人祸，经历过梁柱腐朽、老化、崩解，还能屹立不倒、留存至今，便值得我们对其产生敬意，并努力珍视它。从此观点看，如今留存的民居均是经历过历史的选择。但若将所有留存的房屋都进行保留也是不务实的。因此，需要对其进行评估。价值评估需要从多角度出发，如建筑学、美学、历史学等。当这一座房屋同时具备若干价值时，它所获得的评分很高，便需要尽力去保护及保存。如果仅有一两项价值，那么选择放弃它也是一种合理的思考……

笔者:（问及民居建筑研究的现状与展望）

李：民居研究领域中关于民居的历史、民居的美感、民居的构造研究等，目前已经有很多成果。然而，目前比较困难的问题仍然是如何将有价值的民居保留下去……因此，对古迹的保护，技术层面的问题已不难解决，更大的问题是修复好之后该如何运营。

此外，从营造层面来看，古代的人用脑和手去制造器物，这一过程使他们和建筑物之间产生了最近的距离。用手叠的每一块砖瓦，用刨刀去削切的每一块木头，都拉近了人与物之间的距离。现代建房已从传统建房的十几种工种简化为几种，建造更多仰赖机器，使得手工机会变得很少。传统的建造方法虽然在有些技术上已经落伍，但它们需要人的手脑协调，不致使人退化。依赖机器的操作对于人的智慧而言未必是件好事，我们应该思考这方面的利弊，并正视匠艺传承的重要性……

魏挹澧先生访谈节录

魏挹澧
天津大学建筑学院教授

笔者:（问及进行民居建筑研究的缘由）

魏：我中学时就特别喜欢民间艺术，经常去北京王府井的工艺美术服务部欣赏收集民间艺术品。进而对民俗和民间建筑也情有独钟。同时，我的老师建筑学家、建筑史学家卢绳先生，融贯中西文化、中西建筑文化，并倾其一生，致力于中国传统建筑文化的教学与研究，对我的影响也很大。

开始接触民居，是从1983年我带天津大学建筑系1979级学生的毕业设计。我们选择了湘西土家族苗族自治州首府——吉首中心区保护与更新规划作为研究课题。吉首市是沿着一条河发展的带形城市，这条河叫峒河，沿河有一条超过百米长的吊脚楼民居群。前店后河的布局，外侧是河，里侧是街。长街临水一面挑出的吊脚楼悬在河壁上，其干阑插在河沿岸的石头上，是当地苗族地区很好地利用地形的典型民居之一。这样的民居建筑群，现在已很难觅见了，由于它位于中心区范围之内，经与政府沟通，中心区规划将其定为保护建筑。我要求学生把它测绘下来，没有仪器学生很为难，我给他们提出建议，平面拉皮尺测量，立面可到河的对岸，借用画素描的方法，用铅笔以及视线测量出相对比例关系，再与平面对应进行调整，最终绘制出一张完整的测绘图，这张图竟使用了2米多长的硫酸纸。同时，我还动员同学们利用课外时间画了很多民居的速写。这次湘西之行的经历，虽是我初次接触民居，但是民居所蕴含的原生态的、乡土的、纯粹的特质感染了我，我开始研究民居。记得在一次建筑学会年会上，我做了关于湘西民居的报告，陆元鼎先生看到了我的研究，邀请我参加民居会，于是，我参加了在广州举办的第一届民居会议，今年迎来了民居会议三十周年庆，很高兴这些年来结识了许多同行专家。

后来我申请完成相关的国家自然科学基金项目，其中“传统城镇保护与更新研究”这一课题，我带研究生做了“山海关东罗城保护规划”“烟台所城里古城保护规划”“山东聊城古城保护与更新规划”“凤凰古城保护规划”“保定中华路传统片区详细规划”等工程与研究。

笔者:（问及民居建筑研究的现状与展望）

魏：我想简单谈谈对建筑教育的一些看法。当今，我们应该反思建筑教育的目的到底是什么？我认为我们培养的人才，应该是既能仰望星空，又具有较深厚的中国传统文化和中国传统建筑文化素质的本土建筑师。而民居建筑文化是中国传统建筑文化的重要分支，因此，民居建筑文化应该进入建筑教育的课堂，走向建筑实践的广阔领域以及培养出世界公认的“中国建筑师”……

常青院士访谈节录

常　青
同济大学建筑与城市规划学院教授、
中国科学院院士

笔者:（问及为何将风土建筑作为主要研究方向的缘由）

常：我在20世纪80年代中后期读博时开始关注风土建筑，导师郭湖生先生当时正在从事一项关于东方建筑比较的国家自然科学基金项目研究，涉及中国、中亚、印度、东南亚、东北亚等国家和地区的古代丝路建筑关系。由于研究印度建筑及中印建筑关系一直是刘敦桢先生的夙愿，又因我硕士期间参与过新疆塔里木盆地周缘风土建筑的考察研究，因而郭先生让我负责新疆—中亚—印度这一线，也就是西域各类风土建筑的相互关系及其历史变迁。

结合论文撰写，我曾阅读了许多英文和俄文的西域建筑资料，了解了对中外建筑历史关联至关重要的这一领域的概况及问题，博士论文出版时的篇名"西域文明与华夏建筑的变迁"是厦门大学研究历史人类学专业的郑振满博士建议的。到同济大学后我还去了印度和斯里兰卡等丝路南线国家访学考察，弥补了一些境外实地调研的缺憾。从那时起，风土建筑始终是我心中占据第一的关键词，如果说已建立20多年的"常青研究室"要用一个词来概括其研究对象的话，那就是"风土建筑"。

笔者:（问及风土建筑的研究视域）

常：由于中外建筑比较的研习经历，20世纪90年代初到同济大学后，我即加入了联系导师罗小未先生的研究团队，参加了"西方现代建筑历史与理论"研究生课程教学。有一天罗先生对我谈及中国建筑史研究需要文化人类学的知识和方法，并要求我在她的课内加了一个"建筑人类学"讲座。备课中我用心阅读了一些中外相关材料，1992年发在《建筑学报》第5期上的"建筑人类学发凡"一文其实就是最初的讲课纲要。接着还在《建筑师》《同济大学学报》和《新建筑》等刊物上发表过相关文章。由此还催生了一门"建筑人类学"的研究生选修课。我后来的风土建筑研究与实践，都与建筑人类学的理论与方法多少有关。

在同济建筑系任教的过程中，我扩展了以建筑学和人类学、文化地理学相交叉的研究范围，从田野调查、文献搜证、测绘实录和口述史等方法的综合运用入手，对风土环境及其建造技艺、仪式、节场等做了一些探究，提出了建筑学与人类学相对应的五对概念范畴，即"变易性—恒常性""空间形态—组织形态""功能需求—习俗需求""物质环境—文化场景"和"视觉感受—触觉感受"等地域风土聚落及建筑的认知方法。

笔者:(问及风土建筑的概念内涵)

常：风土建筑与作为建筑类型的“民居”，以及作为乡村聚落的“乡土建筑”虽属同一范畴，但相比之下，风土建筑的内涵更为宽泛，更为关注与环境条件相适应、在地方传统风俗和技艺中生长出的建筑特质。而“风土建筑”和“官式建筑”也并非两种建筑类型，而是传统建筑遗产的两大组成部分。“官式建筑”数量很少，是按照国家规范、使用国库银两、征调役匠建造起来的上层建筑。“风土建筑”则是乡绅百姓按照当地环境气候和风俗习惯自发建造和使用的民间建筑，浑身散发着浓郁的地方风气和土气，即文化和土地的味道，且许多至今还是活态遗产。这不正是与西方建筑界所追求的“场所精神”（Genius Loci）相类似的概念么。

笔者:(问及风土建筑的谱系内涵)

常：风土区系和建筑谱系并非一一对应的关系。一个区系中可能包含若干建筑谱系及其匠作系统。风土区系划分的基础是以血缘、地缘和“语缘”为纽带的民系方言人群的聚居分布关系，而“谱系”认定首先在于影响建筑本体生成的“基质”，我们从“聚落”“宅院”“构架”“技艺”和“禁忌”等五个方面讨论风土建筑的基质构成。此外，由于语言区边界的模糊性，一个重要的问题是找出建筑谱系的中心所在……

笔者:(问及风土建筑理论研究与实践的关系)

常：于我而言，传统建筑研究应与保护工程实践相辅相成，即使是建筑史研究最好也能具备实践基础，因为缺乏触感经验很难真正体宜传统建筑的精髓。陈从周先生曾说：“质感存真，色感呈伪”，也就是说建筑认知不应停留在形上的理论和形式的模仿层面，而是要通过实践去感受建筑的本体质感及营造基质。

在风土建筑理论与实践的结合方面，我的工作可以概括为三点。第一，尝试了城镇化中防止地方传统灭绝，留住风土根基的分类方法，即通过厘清地域风土建筑的地理分布，把握各地风土聚落的环境因应特征，按谱系分类保护和传承地域风土传统，以助推城镇化中的建筑本土化。第二，阐释了中西在城镇化进程中的文明阶梯差异，提出了借鉴相关国际经验，适合国情、地情的风土保护与再生系统理论，涵盖了保存、修缮、复建、再生、更新等主要方面。第三，践行了“标本式保存”和“活化式再生”的两种应用模式，其中包括“修复与完形”“废墟与再现”“利废与活化”“变异与同构”“古韵与新风”“地志与聚落”“仪式与节场”等保护与再生的方法论。

黄汉民先生访谈节录

黄汉民
福建省建筑设计研究院顾问总建筑师、
原福建省建筑设计研究院院长

笔者:（问及开始进行民居建筑研究的缘由）

黄：1960年，我考上清华大学建筑学专业。本科毕业后到上海崇明岛解放军农场种了两年地，“接受工农兵再教育”。后又分配到邮电部下属武汉516厂当工人，1972年支援三线建设到广西邮电532厂工作。直到1979年研究生制度已恢复，我考上清华大学硕士研究生才回归本行。之所以对民居感兴趣，就是因为看到最早出版的《浙江民居》一书，浙江民居丰富的形式、优美的造型、漂亮的钢笔画深深吸引着我，使我对传统民居产生了浓厚的兴趣。后来天津大学黄为隽等先生早期出版了《福建民居》一书，拉开了福建民居研究的序幕。因此，我意识到有必要对福建的民居进行深入的调查和研究，于是定下了“福建传统民居研究”这个选题。作为福建人，尤其关注福建的民居，然而在《中国建筑史》教科书中，仅有一张福建客家土楼的图片。“文革”前建研院调查过福建民居，可惜所有资料全部丢失。后来天津大学黄为隽等先生早期出版了《福建民居》一书，拉开了福建民居研究的序幕。因此，我意识到有必要对福建的民居进行深入的调查和研究，于是定下了福建传统民居研究这个选题。随后，跑遍了福建几十个县进行调查、测绘、研究，终于完成了以《福建民居的传统特色与地方风格》为题的硕士论文，并在《建筑师》杂志发表。

1982年研究生毕业后，分配到福建省建筑设计院工作。东京艺术大学茂木计一郎教授阅读到我在《建筑师》杂志上发表的论文后，按图索骥、1986年春天带领团队来到福建考察土楼。他们的团队有教师、有研究生，不仅仅是学建筑的还有研究民俗的，有的人专门测绘、有的人负责访谈。后来，他们将这批调查和测绘成果在东京、大阪举办了展览，福建土楼引起日本各界极大的关注。

笔者:（问及当时国内土楼研究与日本民居研究的主要差别）

黄：我们当时的研究还局限于土楼民居建筑的平面布局和外观形式，而他们研究的范围更为广泛。除了测绘、还研究民居内居住着的“人”的生活，甚至把每个房间的家具都画下来，并对原住民及工匠进行访谈，了解夯土墙及土楼建造施工的种种细节。深入研究土楼与当地人生活的关系以及地方材料的运用。应该说比起我们当时的民居研究更深入、更全面。

笔者:(问及当时著写《福建土楼》时如何统计土楼的数量)

黄:福建土楼的数量更是众说纷纭,为了推动旅游,有的县说有土楼一万座,另一个县说有两万座,比数量多寡。由于大部分县从未认真做过普查,我力图尽我所能做些统计。为了统计土楼数量,我到省地理信息中心找航拍图。土楼因为形体简单、体量较大,在航拍图上较容易识别。可是,由于航拍图上无法显示县界,清楚地统计每个县的分布数量比较困难。因此,我连续花了好几天时间,在一个一个航拍方格网里查对,并将之一一对应到相应的县区,再一个一个数出来。最后大致统计出来,圆的土楼约有1341座,方楼、圆楼及变异形土楼总数2812座。这个数量不可能十分精确,但八九不离十,相对准确无疑了。

笔者:(问及关于民居建筑理论与实践关系的阐述)

黄:在多年的建筑设计实践中也意识到现代建筑一定要与地域的地理、气候条件相适应。建筑的空间布局要实用,建筑的造型要考虑当地人的审美习惯,而非个人的喜好。要传承建筑的地域特色,才能避免“千城一面”。因此,每接受一个新的设计任务,我都先深入调查当地传统民居的特色和当地民众的喜好。无疑,向地域传统民居学习是现代建筑创作的一条捷径、是建筑创新的基础。

笔者:(问及民居建筑研究的现状与展望)

黄:传统民居还亟待全面普查,而且不仅仅局限于建筑学专业,亟须多学科的全面介入和更深入的研究。只有认真研究、全面揭示地域传统民居的历史价值、文化价值和科学价值,才有助于提升全民族的文化素养,促进传统文化遗产的保护与利用。只有认真挖掘并总结各地域传统民居建筑独一无二的个性特色,才有助于增强地域文化自信,进而实现中华文明的自立与自强。使中国现代建筑在传承中华优秀传统文化的同时,创造崭新的未来。

李先逵先生访谈节录

李先逵
重庆大学建筑城规学院教授、
建设部外事司原司长、
中国民族建筑研究会原副会长

笔者:(问及开始进行民居建筑研究的缘由)

李:我于1961年入读重庆建筑工程学院。当时中国建筑史教学中就有专门的民居课程。1964年暑假我们同级两个班的同学测绘实习内容便是四川荣昌民居。之所以调查民居,最初是因为1958年我校建筑系建筑历史教研室接到调查四川藏族民居和四川(汉族)民居的任务。该任务由北京建筑工程部以梁思成先生为首的中国建筑设计研究院建筑历史研究室北京总室下达,要求各高校老师,尤其是有建筑历史教研室的大学,分别对各地进行调查,每个省分别撰写各自地区的地方建筑史。当时这是一个全国性的任务,主要是编写中国建筑史教材,也称"写三史"。

中国建筑历史研究室北京总室下分置了两个分室:南京分室和重庆分室。重庆分室由辜其一、叶启燊教授领头,负责调查四川藏族民居和四川(汉族)民居。重庆分室当时在调查四川民居的同时,也在写四川建筑史。这一时期,重庆分室的老师深入藏区调研,条件非常艰苦。这一时期的调查资料后来我在重庆建筑工程学院建筑系工作时,帮叶老师重新进行了整理、绘图,并自己筹钱、找出版社,将《四川藏族住宅》一书于1992年由四川民族出版社出版。

一九七九年,全国已恢复研究生考试。我已经工作了多年后又重新考回重庆建筑工程学院,跟随叶启燊教授从事民居研究,并将选题方向定为少数民族民居。在研究区域选择上,我选择了贵州苗族民居作为研究对象,因为贵州有许多少数民族,如布依族、侗族、苗族等,苗族量大面广,有一定代表性。后研究成果辑为《干栏式苗居建筑》一书由中国建筑工业出版社出版。

笔者:(问及进行民居调查的艰辛过程)

李:民居调查之所以辛苦,在于调查的地方必须很多,最后才能在众多的案例中选择出最精彩的案例进行研究。起初我花了近两个多月的时间对整个贵州普遍跑了一遍,之后集中到黔东南地区,前后去了三次。先设定一条路线普遍去跑,看了一些寨子如果发现不理想,就得继续跑。调查足够多才知道哪些是好案例。因此,最后筛选到书里的案例都是百里挑一的案例……

我们还常冒着一些危险去到雷公山腹地的纯苗地区。那里不能随便进出,除了交通极不方便,到乡下苗寨基本上靠走路,而且必须带着各地政府的介绍信,去找当地政府及民委，或找县长、乡长等地方干部，得到他们的帮助和支持，以保障我们的安全以及开展工作。此外，我们还要带上苗族翻译，一方面因为不懂当地的语言苗话，另一方面那时苗族核心聚居区好多人也不会汉语。

去调查民居的途中，路况是一个非常棘手的问题，经常会出现没有交通工具的现象，有时全依靠步行。例如，贵州望谟县有个布依族寨子，听说民居很原生态，非常好，但那个寨子距离我们有九十多里。公路只能通到中途的一个地方，坐完车下来还要爬五十多里山路。县民委干部带路领我们去，到达那个寨子的当晚，我们便寄宿在当地老百姓家。十月底云贵高原山区已很冷了，没有被子，没有床，就睡在火塘边的地板上。只是用草铺垫一下，然后搭一个简易席子，条件非常艰苦。第二天还要抓紧工作，上房爬梁、测量绘图等，的确很辛苦。

还记得有一次，我们到紫云县调研。从贵阳到紫云县的路途全是机耕道，盘山错岭的路，很险也很烂。那时还没有客运班车，坐的还是带板凳的货车，开到有一段路时特别惊险。司机离身不坐在驾驶台上，而是站在踏板上开车。我们问他为何要这样开，他说怕万一方向盘打不住，翻车时随时可以跳，让我们也做好准备，当他喊跳时我们就一起往靠山这边跳下去，方能保证安全。这一路真让人提心吊胆。

我分了三次去苗族地区调研。第一次去调查了三个月，当时一起去的还有叶启燊老师以及一位叫黄波的助手。助手帮我一起量尺寸，我画图并把尺寸标下来。平面、立面、剖面都要画。剖面图非常重要，我会选择一些关键榫卯节点画大样，把梁架、檩子多粗多大，一点一滴地精确测量出来。

笔者:（问及民居建筑研究的现状与展望）

李：首先，回看民居研究，我认为中国的民居研究是超过西方的。在任职建设部教育司时，我曾带领老八校和新四校的建筑系系主任访问美国名列前十的建筑院校进行考察对比，学其所长，维我所能。通过交流了解，现在可以不夸张地说，我们的民居研究已走在世界前列。仅就我们以前及现在由中国建工出版社出版的各省区十九卷本民居丛书，可以说在建筑学、建筑史研究上都是国内及国际上绝无仅有的。

但同时，我们也应该看到，我们过去主要是在民居研究的实证上、特点分析上有建树，但提到理论层次上还相当不够。我国的民居研究目前尚处于一个奠基阶段。虽然已出版了许多著作，发表许多文章，有许多收获。我们已在前人如梁思成、刘敦祯、刘致平等老一辈的学术基础上走出了新的一步，但从民居理论研究角度来说，如何用历史辩证法和文化哲学观等深层次理念来深化研究，还存在很大的探索空间。对于建筑史研究在这方面理论水平的深化也存在许多不足。因而，对于未来民居研究往什么方向发展，我提出以下几条建议：

第一，继承老一辈的做法，踏踏实实调研。年轻人要抓紧时机走出去。中国地大物博，民族众多，我们老一辈虽然调研了很多地方，但仍有许多地方的民居尚未调查到。抓紧到偏远、交通不便的地方去寻找原汁原味的民居，收集珍贵的第一手资料，可能会发现一些新的民居类型案例。

第二，我们需要解决对民居特色和价值在认识上重点不突出的问题。民居研究的重心是挖掘它的特色和价值。为什么现在名城名镇名村、传统村落、历史街区及民居遗产等被破坏得很厉害？原因虽很多，但与人们对之特色价值认识宣传不够有很大关系。过去民居价值常被贬低，现在这种价值已被意识到，但我们对民居价值的认识仍偏笼统、偏肤浅，不具体化。对民居的评价上虽然经常采用"文物价值很高""民居特色鲜明"等笼统概括，针对案例到底是什么具体的特色、具体的价值却不到位。因此，落实到具体对象的具体特色和价值上，在内涵上仍需深挖，这是研究的重点。如果意识不到这点，学术水平就很难提升。

第三，深入挖掘文化内涵和历史内涵。目前这方面非常缺乏资料。例如，要了解匠作，则需要寻找老木匠；要了解历史文化内涵，则需要挖掘更多历史文献。只有深入挖掘历史和文化内涵，同时提高自身的人文修养，才能提高民居研究的理论水平。

此外，研究民居之后还要多干实事。可以从两个方面入手，一方面是民居遗产的保护，认识民居的具体价值和特色以保护民居遗产；另一方面是新农村新民居的建设，思考如何帮助农民实现乡村振兴，并把传统民居建造经验和地方特征运用在新民居的建造上。更进一步，则是需要把民居的文化基因融合到当今的城市建设和新建筑创作中，走出一条具有中国特色现代建筑的城乡建设之路。要做到这一点必须走学习民居之路，如果没有民居研究的基础，没有自己的理论文化功底，我们的规划师、建筑师怎么能在城市中体现中国特色呢？一个地方不管是城镇还是乡村，都要延续地域文脉，一定要认真、深入研究当地的民居。这方面，中央新型城镇化工作会议精神，以及"记住乡愁"等，都有明确的要求，我们民居研究者也应该很好地学习贯彻执行。

业祖润先生访谈节录

业祖润
北京建筑大学建筑与城市规划学院教授

笔者:（问及开始进行民居建筑研究的缘由）

业：我于1976年调到天津大学建筑设计研究院工作，在天津大学建筑设计研究院的主攻方向是住宅建筑。1984年，我调到北京建筑工程学院工作。1986年，何重义老师让我和他一起带毕业设计。他选的课题地域是楠溪江，当时有两个方向可以做。一个是苍坡村、芙蓉村的村落保护规划，另一个是楠溪江风景区规划。我参与的是村落保护规划的课题，因此我带着学生去考察苍坡村和芙蓉村，这算是我迈入古村落研究的第一步。

后来我负责了爨底下村落的保护规划。

爨底下是深山峡谷中一个融于自然的村落，其布局非常有特色。它的布局构思是：无论在院子、家中，还是路上都能欣赏到福山的景观，借以寓意“福到人家”。因而，这个村落十分有特色。而当时村里正准备修筑柏油马路，我便赶紧联合我们学校的教授一起写了一封倡议书给当时的市委书记，希望当地的环境不要被破坏。后来我们被批准来做这项研究。正好我那时有一个国家自然科学基金课题《中国传统民居聚落环境空间结构理论与实践研究》的项目，有一点经费，我就带着同事、同学们去到爨底下做研究。当时条件非常艰苦。一个村落就只有两个路灯，晚上出来都需要结伴出行，但老师、同学们都能努力去克服各种困难。

笔者:（问及民居建筑研究的现状与展望）

业：作为中国人，我们应该要把中国的文化研究透，才能在世界文化中找到立足之地。我鼓励年轻人，一是要走出去学习，学完之后再回来发展我们自己的文化。我们的文化也是在发展中进步。国家现在已经振兴，在世界上的影响力持续扩大，因此，我们更需要树立起中国自己的文化。希望年轻人要继续将我们的文化发扬光大，相信有了自己文化的根，将来一定会有创造性、有发展。

陈震东先生访谈节录

陈震东
新疆维吾尔自治区规划设计研究院顾问、
新疆维吾尔自治区建设厅原厅长

笔者：（问及开始进行民居建筑研究的缘由）

陈：1984年，我调到伊犁州去当建设局局长。由于工作原因，经常去不同的地方，接触到老百姓的各式房屋就越来越多，我便开始测绘。此时的兴趣也就越来越浓厚了。随着调查和体验的越加深入，我开始研究并写了一些文章和论著发表，如《伊犁民居概说》《哈萨克民居概说》《访阿里麻里古城遐想》《建筑在西部的断想》等。正值此时，陆元鼎先生看到了我发表的文章，便带领全家从广东来到新疆伊犁找我，可不巧的是我当时去了奎屯，他们又赶到奎屯。见面时，我们一见如故，志趣相投，相聊甚欢。从此，我就跟随陆先生一起加入民居研究的行列，并参加了民居研究学术会议，至今一起走过了三十年。

李长杰先生访谈节录

李长杰
桂林市规划局原局长、
桂林市规划设计研究院原院长

笔者：（问及著写《桂北民间建筑》的情形）

李：我还去调查了湘、黔、贵三省交界处的部分地域的民居建筑，虽然这本书（《桂北民间建筑》）只写了桂北地区的民居建筑，但我对周边地区的民居都进行了调查研究，主要是为了丰富自身的知识。

我当时选了几个人，协助我一起做民居、村寨公共建筑和村寨总平面的测绘工作。因为村庄里的民居分布是零零散散、高高低低的。如果没有准确的高程，没有具体的房屋位置，做村寨空间分析、村寨视线分析的结果就会不科学、不准确。对于垂直高程和相互位置关系的测绘我定了一个原则，即用独立坐标来表达它们相互之间的位置关系，用独立高程表示高差关系。我不采用全国统一坐标，也不采用统一高程。而是以每个村寨设独立坐标，以每个村寨河流水面高度设为零点高程，测出所有房屋的位置和高程。因为所有的房子都比水面高，取水面为零点高程，便于分析出寨子的高度。因此，我们测得的所有建筑相对位置和高程数据都是精准的，村寨图上都标有准确的测绘数据。

笔者：（问及当时测绘的方法使用）

李：我们在测绘工作中都非常敬业。如在测风雨桥时，用绳子绑在身上，从桥上吊下去，精确地测出风雨桥每一根木桥梁的长度、头径、尾径，桥上立柱，屋面横梁，屋面坡度，重檐，出檐，平面，立面，剖面等，都做了精准测绘。其他公共建筑，都按此方法进行测绘。建筑的研究、分析过程、画图等都以测绘数据作依据。《桂北民间建筑》出版时，去掉了坐标、高程、长度、直径等数据。虽在书上看不到这些数据，但这些数据我们都有保留，都可以查到。

笔者：（问及当时资料整理和出版的过程）

李：民居建筑和村寨其他公共建筑的平面、立面、剖面，空间的长、宽、高、立柱，窗户，屋面横梁，屋面坡度，重檐，出檐，建筑细部等都做了非常细致、准确的测绘。因此，按比例用钢笔绘制才能画出它的“原真性”和“建筑风格”。

为了更好地记录桂北民居建筑形象，我们拍了几麻袋照片。但在书中全用照片肯定不行，因此就根据照片一张一张地把每个镜头都画下来，一共画了一千多张。但民居研究都是利用工作之余的业余时间来做的。这一千多张图，前后共花了六年多的时间。手稿的图幅大概是50～70厘米长，30～50厘米宽。拿到中国建筑工业出版社时，这些图都进行了缩印。

笔者:（问及桂北民居研究成果的推行情况）

李:《桂北民间建筑》出版后，我赠送了一些书给曾经支持过我们工作的乡长、县长、县委书记，以及县人大、县政协、县建委、县文物部门等。他们拿到书后非常惊讶！他们从未想过山里的这些破旧房屋还能登上书籍的版面。进而意识到，这些民居建筑看来还有些价值。当时我顺势做了他们的工作，要求他们要好好保护村寨民居，不能随意拆除，要把这些遗产好好保留下来。在我的努力劝说下，他们的领导和群众的“民居意识”都得到了改变。因此，要拿群众看得见、摸得着的成果，如《桂北民间建筑》这样的书来劝说他们，才容易产生好的作用，如果仅仅是口头上的劝说很难起到效果。民居研究工作，要能指导实践和指导传承，才能真正对社会产生好的作用。

刘叙杰先生访谈节录

刘叙杰
东南大学建筑学院教授、
中国建筑学会建筑史学会原副会长

笔者：（问及早期建筑史授课经历与学会工作情况）

刘：1957年我毕业于东南大学，毕业后我留校在东南大学工作。最初分配在工业教研组。担任工业建筑原理讲课，工业建筑设计辅导。后转到建筑技术教研组。1962年加入建筑历史教研组，即担任中国古代建筑史讲课，并带领同学外出，前往北京、山东、山西各地对著名古建筑进行参观实习。直到1980年转入建筑研究室为止。我培养了中国建筑史硕士研究生七名，代培四名。我先后担任了中国建筑学会建筑史学会及中国文物学会传统建筑园林委员会的副会长，以后一直工作到2011年换届。

笔者：（问及早期民居调查开展的原因）

刘：民居是建筑起源的认识，在中华人民共和国成立前的中国似乎无人知晓或言及。1949年以后，对社会的各方面都进行改革，建筑业也是如此。封建社会长期遗留下来的木、砖、石建材及其结构形制与建筑形象，在当前阶段较难适应世界工业革命带来各类新型建筑（如摩天大楼、火车站、影剧院、民众大型公共活动场所……）新的实用与外观需求，只能采用仿造的方式。新中国的建筑必须有自己的风貌。通过对众多类型建筑的调查研究，发现其根源来自民居。

笔者：（问及中国建筑研究室选择民居作为研究主体的原因）

刘：前面已提到民居是建筑之源。它的历史最为悠久，现存数量最众多，形制和变化最丰富。也就是说它的含金量超过一切其他建筑，所以当时的有识之士看到这些优势，就毅然建立了专门为此而进行研究的科研单位——中国建筑研究室，从无到有，仅仅5年，就创造出喜人的成果。而且还在不久后掀起了全国研究中国传统民居的热潮。这可是过去从未出现过的现象——全民奋起掀起了关注和研究中华传统文化的高潮。

中国建筑研究室的实际工作人员只有十几位，却是这场浩大战役中的先锋队。虽然仅是初战，但取得巨大胜利。当他们刚自上海来到南京时，对未来的工作和需要的技能茫然不知，只是后来通过有计划和高水平的专业学习，并在各地逐步深化的测绘及调研实践中，提高了自己的认识和操作水平。他们不但在民居调研中有了新突破（如福建、广东的客家民居，浙江东阳的卢氏大宅，安徽南部的大量明代住宅），而且还在其他古建筑方面得到了巨大的收获。如浙江宁波保国寺大殿（北宋）、福建福州华林寺大殿（北宋）、福建泰宁甘露庵（南宋）。该室的综合实力与国内许多地区的专业研究机构比较，并不占优势，但却能得到如此众多且重大的收获，实在是一个奇迹。

刘先生在研究中的另一项工作，就是培养一名赴印度探究其古建筑文化的研究生。他的此项计划早已酝酿多年，事先收集资料并准备了讲稿。这位研究生名为吕国刚，是与叶菊华同班并同调来研究室的。刘先生除单独给他讲授印度古代建筑史的课，还为他在南京大学外语系安排了专修英语的培训，正当一切都在顺利进行时，中印因边境问题出现摩擦，此次印度之行只能遗憾终止。这也是刘先生在他主持各项工作中唯一未能达到最后目标的特例。

中国建筑研究室从成立到撤销，为期不过12年。从事科研工作的不过十余人，但在几个科研项目中都取得了很好的成绩，特别是苏州古典园林方面。苏州古典园林是刘先生经过缜密考虑后确定的研究目标，首先，这一领域在当时尚未有深入的研究和突破；其次，它是刘先生过去长期踏访和关注的对象；最后，研究室人员在调查苏州民居时，对各类型园林已有接触，所以并非无的放矢。研究工作开始后，第一个难题就是对各园的实地测绘。

笔者：（问及研究室调研过程中的测绘问题）

刘：园林测绘的难点在于不规则形状的景物极多，例如假山、水池、溪涧、峯石、道路、花木等。要准确测出其所在位置、本身平面与立面形象，极为不易，后来运用网格、经纬仪、相机等综合手段，才将此难题解决。以后又对花木的干、枝、叶、花、果在不同季节时的变化，以及日、月、风、雨、雪等对园内景观产生的各种声、影形象（如雨打芭蕉、月映池水……），进行不同状况下的摄影及文字记录，以取得园中景物的多种变化效应。困难工作还在于成书前的制图。最难的是大园（如拙政园）的总平面与总剖面，其内容极为复杂且众多，又要如实表现，因此绘制出的墨线图长达3米以上，而成书时要缩小至其五分之一或缩至更小。画此类图的是建筑系毕业来研究室的两位女生叶菊华、金启英。她们虽然心灵手巧，绘图技术极佳，但刘先生要求极严，如不合格则重新绘制。而这种图每张至少需要一个月。然而，为了保证良好的质量，绘图人依然重新动笔，终于功成圆满。此外，在整个研究过程中，先后拍摄照片也在两万张以上。但最后成书中只选择了655张，可称精益求精。

唐旭主任访谈[①]

笔者：请您从出版机构的角度谈谈民居研究领域这些年的出版成果。

唐：近年来中国建筑工业出版社与中国民居委员会联合出版了一系列优质图书，如：《中国传统民居与文化》（第一辑至第五辑）《视野与方法——第21届中国民居建筑学术年会论文集》；《民居建筑文化传承与创新——第二十三届中国民居建筑学术年会论文集》；《中国民居建筑年鉴》（第一辑至第四辑）；“十一五”国家重点图书《中国民居建筑丛书》（19册）；“十二五”国家重点图书、音像、电子出版物出版规划重大出版工程规划，国家出版基金资助项目成果，第四届中国出版政府奖图书奖提名奖获奖图书《中国古建筑丛书》（35册）；《岭南建筑丛书》（第一辑至第三辑）；《桂北民间建筑》《中国民居营建技术丛书》（5册）；《中国传统民居系列图册》（10册）；《中国民居建筑艺术》；《中国古民居之旅》；《福建土堡》等。这些图书均为国内外民居学术研究的优秀成果，凸显了独创性及理论性，具有较高的理论深度和学术水平，并为新时期传统民居建筑文化的可持续发展提供了积极的借鉴意义和有益的参考价值，得到了民居学术界和读者大众的广泛关注与普遍认可。

笔者：中国建筑工业出版社一直给予民居研究成果出版以极大的支持，请您谈谈背后的原因。

唐：中国建筑工业出版社作为建设领域的专业科技出版社，自1954年成立以来，一直肩负着弘扬和传承建筑文化、传播建设科技的社会责任和历史使命。多年来，中国建筑工业出版社始终非常重视中国传统民居建筑资料的收集整理和出版发行等工作，向广大专业读者及大众推出了众多优秀的中国传统民居建筑精品图书。

在历史语境和时代语境下，作为出版人，如何正确处理传统与现代的关系，并做到不断创新，是机遇也是挑战；立足当下，放眼未来，做好传统民居建筑的挖掘、整理、保护工作，向世界传播中国的优秀民居建筑文化，是使命也是责任。

① 经由受访人电子稿回复。

笔者：请您谈谈目前民居出版物的倾向性。

唐：中国建筑工业出版社与中国民居委员会专家学者共同策划的《中国传统聚落保护研究丛书》，入选“十三五”国家重点图书、音像、电子出版物出版规划重大出版工程。该套丛书以省（区）为编写单位，以传统聚落为主要调研和编写对象，从聚落的形成与发展、人文地理、空间格局、类型特点、功能构成、群体组合、聚落风貌等方面对传统聚落进行详尽的梳理与介绍，再现我国历史发展中人民的智慧成果，为中国传统文化的传承与发展提供更全面、翔实的研究资料。

唐旭女士

中国建筑工业出版社艺术设计图书中心主任

访谈时间地点：2019年2月27日　　北京

参考文献

专著

[1] 刘致平．中国居住建筑简史——城市、住宅、园林[M]．北京：中国建筑工业出版社，1990．

[2] 王其明．北京四合院[M]．北京：中国书店出版社，1999．

[3] 孙大章．中国民居研究[M]．北京：中国建筑工业出版社，2004．

[4] 吴良镛．北京旧城与菊儿胡同[M]．北京：中国建筑工业出版社，1994．

[5] 楼庆西．郭洞村[M]．北京：清华大学出版社，2007．

[6] 陈志华，楼庆西，李秋香．新叶村[M]．石家庄：河北教育出版社，2003．

[7] 陈志华，李秋香．中国乡土建筑初探[M]．北京：清华大学出版社，2012．

[8] 陆翔，王其明．北京四合院[M]．北京：中国建筑工业出版社，1996．

[9] 单德启，等．中国民居[M]．北京：五洲传播出版社，2003．

[10] 罗德胤．中国古戏台建筑[M]．南京：东南大学出版社，2009．

[11] 罗德胤．蔚县古堡[M]．北京：清华大学出版社，2007．

[12] 魏挹澧，方咸孚，王齐凯，等．湘西城镇与风土建筑[M]天津：天津大学出版社，1995．

[13] 荆其敏．中国传统民居百题[M]．天津：天津科学技术出版社，1985．

[14] 业祖润，等．北京古山村：川底下[M]．北京：中国建筑工业出版社，1999．

[15] 业祖润．北京民居[M]．北京：中国建筑工业出版社，2009．

[16] 王其钧．中国民居三十讲[M]．北京：中国建筑工业出版社，2005．

[17] 陆元鼎，杨谷生．中国美术全集建筑艺术篇：民居建筑[M]：北京：中国建筑工业出版社，1988．

[18] 陆元鼎，魏彦钧．广东民居[M]．北京：中国建筑工业出版社，1990．

[19] 陆元鼎，杨谷生．中国民居建筑[M]．广州：华南理工大学出版，2003．

[20] 龙炳颐．中国传统民居建筑[M]．香港：香港区域市政局，1991．

[21] 陈志华，楼庆西，李秋香．诸葛村[M]．石家庄：河北教育出版社，2003．

[22] 李允鉌．华夏意匠：中国古典建筑设计原理分析[M]．天津：天津大学出版社，2005．

[23] 李乾朗．金门民居建筑[M]．台北：雄狮图书公司，1978．

[24] 李乾朗．台湾建筑史[M]．台北：雄狮图书公司，1979．

[25] 李乾朗，阎亚宁，徐裕健．台湾民居[M]．北京：中国建筑工业出版社，2009．
[26] 徐明福．台湾传统民居及其地方性史料之研究[M]．台北：胡氏图书公司，1990．
[27] 李乾朗，徐裕健，阎亚宁，等．台闽地区传统工匠之调查研究[M]．台中：东海大学建筑研究中心，1993．
[28] 刘敦桢．中国住宅概说[M]．北京：建筑工程出版社，1957．
[29] 张仲一，曹见宾，傅高杰，杜修均．徽州明代住宅[M]．北京：建筑工程出版社，1957．
[30] 新疆土木建筑学会，严大椿．新疆民居[M]．北京：中国建筑工业出版社，1995．
[31] 陆元鼎．中国民居建筑年鉴（1988-2008）[M]．北京：中国建筑工业出版社，2008．
[32] 段进，季松，王海宁．城镇空间解析：太湖流域古镇空间结构与形态[M]．北京：中国建筑工业出版社，2002．
[33] 同济大学建筑工程系建筑研究室．苏州旧住宅参考图录[M]．上海：同济大学教材科，1958．
[34] 陈从周．苏州旧住宅[M]．上海：生活·读书·新知三联书店，2003．
[35] 常青．西域文明与华夏建筑的变迁[M]．长沙：湖南教育出版社，1992．
[36] 李浈．中国传统建筑木作工具[M]．上海：同济大学出版社，2004．
[37] 李浈．中国传统建筑形制与工艺[M]．上海：同济大学出版社，2010．
[38] 王仲奋．东方住宅明珠——浙江东阳民居[M]．天津：天津大学出版社，2008．
[39] 王仲奋．婺州民居营建技术[M]．北京：中国建筑工业出版社，2014．
[40] 洪铁城．东阳明清住宅[M]．上海：同济大学出版社，2000．
[41] 丁俊清，杨新平．浙江民居[M]．北京：中国建筑工业出版社，2009．
[42] 黄汉民．福建圆楼成因考（油印本）[M]．福州：福建省建筑设计院，1988．
[43] 黄汉民．福建民居[M]．台北：台湾汉声杂志社，1994．
[44] 黄汉民．客家土楼民居[M]．福州：福建教育出版社，1997．
[45] 黄汉民，马日杰，金柏苓，等．中国传统民居——福建土楼[M]．北京：中国建筑工业出版社，2007．
[46] 高鉁明，王乃香，陈瑜．福建民居[M]．北京：中国建筑工业出版社，1987．
[47] 黄为隽，尚廓，南舜熏，等．粤闽民宅[M]．天津：天津科学技术出版社，1992.
[48] 戴志坚．闽海民系民居建筑与文化研究[M]．北京：中国建筑工业出版社，2003．
[49] 戴志坚．闽台民居建筑的渊源与形态[M]．北京：人民出版社，2013．
[50] 戴志坚．福建民居[M]．北京：中国建筑工业出版社，2009．
[51] 叶启燊．四川藏族住宅[M]．成都．四川民族出版社，1992．
[52] 李先逵．干栏式苗居建筑[M]．北京：中国建筑工业出版社，2005．
[53] 李先逵．四川民居[M]．北京：中国建筑工业出版社，2009．
[54] 李长杰．桂北民间建筑[M]．北京：中国建筑工业出版社，1990．
[55] 朱良文．丽江纳西族民居[M]．昆明：云南科技出版社，1988．
[56] 朱良文．传统民居价值与传承[M]．北京：中国建筑工业出版社，2011．
[57] 朱良文．丽江古城传统民居保护维修手册[M]．昆明：云南科学技术出版社，2006．

[58] 杨大禹，朱良文．云南民居[M]．北京：中国建筑工业出版社，2009．
[59] 蒋高宸．云南民族住屋文化[M]．昆明：云南大学出版社，1997．
[60] 杨大禹．云南古建筑[M]．北京：中国建筑工业出版社，2015．
[61] 云南省设计院．云南民居[M]．北京：中国建筑工业出版社，1986．
[62] 云南省设计院．云南民居续篇[M]．北京：中国建筑工业出版社，1993．
[63] 罗德启，等．贵州侗族干阑建筑[M]．贵阳：贵州人民出版社，1994．
[64] 罗德启．贵州民居[M]．北京：中国建筑工业出版社，2008．
[65] 王军．西北民居[M]．北京：中国建筑工业出版社，2009．
[66] 侯继尧，任致远，周培南，等．窑洞民居[M]．北京：中国建筑工业出版社，1989．
[67] 侯继尧，王军．中国窑洞[M]．郑州：河南科学技术出版社，1999．
[68] 周若祁，张光．韩城村寨与党家村民居[M]．西安：陕西科学技术出版社，1999．
[69] 黄浩．江西民居[M]．北京：中国建筑工业出版社，2008．
[70] 陆元鼎．中国民居建筑年鉴（2008-2010）[M]．北京：中国建筑工业出版社，2010．
[71] 李晓峰，谭刚毅．两湖民居[M]．北京：中国建筑工业出版社，2009．
[72] 谭刚毅．两宋时期的中国民居与居住形态[M]．南京：东南大学出版社，2008．
[73] 柳肃．湘西民居[M]．北京：中国建筑工业出版社，2008．
[74] 刘敦桢．中国古代建筑史[M]．北京：中国建筑工业出版社，1980．
[75] 姚赯，蔡晴．江西古建筑[M]．北京：中国建筑工业出版社，2015．
[76] 陆元鼎．中国民居建筑年鉴（2010-2013）[M]．北京：中国建筑工业出版社，2014．
[77] 陆元鼎．中国民居建筑年鉴（2014-2018）[M]．北京：中国建筑工业出版社，2018．
[78] 张十庆．当代中国建筑史家十书：张十庆东亚建筑技术史文集[M]．沈阳：辽宁美术出版社，2013．
[79] 汪之力．中国传统民居建筑[M]．济南：山东科学技术出版社，1994．
[80] 中国建筑技术发展中心建筑历史研究室．浙江民居[M]．北京：中国建筑工业出版社，1984．
[81] 陈志华．乡土建筑廿三年[A]//中国建筑史论汇刊（第五辑）[M]．北京：中国建筑工业出版社，2012．
[82] 田正平．中国教育史研究（近代分册）[M]．上海：华东师范出版社，2009．
[83]（加）许美德．中国大学1895-1995—个文化冲突的世纪[M]．许洁英，主译．北京：教育科学出版社，2000．
[84] 张驭寰．吉林民居[M]．北京：中国建筑工业出版社，1985．
[85] 高鈐明，王乃香，陈瑜．福建民居[M]．北京：中国建筑工业出版社，1987．
[86] 徐民苏，詹永伟，梁支夏，等．苏州民居[M]．北京：中国建筑工业出版社，1991．
[87] 张壁田，刘振亚．陕西民居[M]．北京：中国建筑工业出版社，1993．
[88] 上海市房产管理局，沈华．上海里弄民居[M]．北京：中国建筑工业出版社，1993．
[89] 何重义．湘西民居[M]．北京：中国建筑工业出版社，1995．
[90] 中国建筑学会窑洞及生土建筑调研组，天津大学建筑系．中国生土建筑[M]．天津：天津科学技术出版社，1985．

[91] 荆其敏．覆土建筑[M]．天津：天津科学技术出版社，1988．
[92] 陆元鼎，陆琦，谭刚毅．中国民居建筑年鉴（2010-2013）[M]．北京：中国建筑工业出版社，2014．
[93] 中国建筑工业出版社．不为繁华易匠心——中国民居建筑大师[M]．北京：中国建筑工业出版社，2018．
[94] 吴良镛．广义建筑学[M]．北京：清华大学出版社，2011．
[95] 东南大学建筑历史与理论研究室．中国建筑研究室口述史（1953-1965）[M]．南京：东南大学出版社，2013．
[96] 刘敦桢．刘敦桢全集：第四卷[M]．北京：中国建筑工业出版社，2007．
[97] 刘敦桢．中国住宅概说[M]．天津：百花文艺出版社，2004．
[98]（宋）李诫，撰；邹其昌，点校．营造法式[M]．北京：人民出版社，2006．
[99] 赖德霖．中国近代思想史与建筑史学史[M]．北京：中国建筑工业出版社，2016．
[100] 侯幼彬．中国建筑美学[M]．哈尔滨：黑龙江科学技术出版社，1997．
[101] 徐苏斌．日本对中国城市与建筑的研究[M]．北京：中国水利水电出版社，1999．
[102] 张之恒．中国考古通论[M]南京：南京大学出版社，1995．
[103] 中国社会科学院考古研究所，任式楠，吴耀利，等．中国考古学·新时期时代卷[M]．北京：中国社会科学出版社，2010．
[104] 梁思成．清式营造则例[M]北京：中国建筑工业出版社，1981．
[105] 林洙．中国营造学社史略[M]．天津：百花文艺出版社，2008．
[106] 陆琦．广东民居[M]．北京：中国建筑工业出版社，2008．
[107] 傅熹年．当代中国建筑史家十书．傅熹年中国建筑史论选集[M]．沈阳：辽宁美术出版社，2013．
[108] 王贵祥．当代中国建筑史家十书[M]．沈阳：辽宁美术出版社，2013．
[109] 王冬．族群、社群与乡村聚落营造——以云南少数民族村落为例[M]．北京：中国建筑工业出版社，2013．
[110] 陈志华，李秋香．诸葛村[M]．北京：清华大学出版社，2010．
[111] 郭谦．湘赣民系民居建筑与文化研究[M]．北京：中国建筑工业出版社，2005．
[112] 王振复．建筑美学[M]．昆明．云南人民出版社，1987．
[113] 王世仁．理性与浪漫的交织：中国建筑美学论文集[M]．北京：中国建筑工业出版社，1987．
[114] 汪正章．建筑美学[M]．北京：人民出版社，1991．
[115] 余东升．中西建筑美学比较[M]．武汉：华中理工大学出版社，1992．
[116] 孙祥斌，孙汝建，陈丛耕．建筑美学[M]．上海：学林出版社，1997．
[117] 许祖华．建筑美学原理及应用[M]．南宁：广西科学技术出版社，1997．
[118] 金学智．中国园林美学[M]．北京：中国建筑工业出版社，2000．
[119] 唐孝祥．近代岭南建筑美学研究[M]．北京：中国建筑工业出版社，2003．
[120] 沈福煦．建筑美学[M]．北京：中国建筑工业出版社，2007．
[121] 刘叙杰．中国古代建筑史 第一卷[M]．北京：中国建筑工业出版社，2009．
[122] 冯·贝塔朗菲．一般系统论[M]．林康义，魏宏森，等，译．北京：清华大学出版社，1987．

[123] 蒋逸民．社会科学方法论[M]．重庆：重庆大学出版社，2011．
[124] 刘先觉．现代建筑理论[M]．第6版．北京：中国建筑工业出版社，2004．
[125]（美）查尔斯·詹克斯，卡尔·克罗普夫．当代建筑的理论和宣言[M]．北京：中国建筑工业出版社，2005．
[126] 李晓峰．乡土建筑——跨学科研究理论与方法[M]．北京：中国建筑工业出版社，2005．
[127] 李孝聪．中国区域历史地理[M]．北京：北京大学出版社，2004．
[128] 司徒尚纪．广东文化地理[M]．广州：广东人民出版社，1993．
[129] 余英．中国东南系建筑区系类型研究[M]．北京：中国建筑工业出版社，2001．
[130] 潘安．客家民系与客家聚居建筑[M]．北京：中国建筑工业出版社，1998．
[131]（日）藤井明．聚落探访[M]．宁晶，译．北京：中国建筑工业出版社，2003．
[132] 王建国．现代城市设计理论和方法[M]．第2版．南京：东南大学出版社，2001．
[133] 沈克宁．建筑类型学与城市形态学[M]．北京：中国建筑工业出版社，2010．
[134] 程大锦．建筑：形式、空间和秩序[M]．刘丛红，译．天津：天津大学出版社，2008．
[135] 中华人民共和国住房和城乡建设部．中国传统民居类型全集（上、中、下册）[M]．北京：中国建筑工业出版社，2014．
[136] 张玉坤，李严，谭立峰，等．中国长城志：边镇·堡寨·关隘[M]．南京：江苏凤凰科学技术出版社，2016．
[137] 汤国华．岭南湿热气候与传统建筑[M]．北京：中国建筑工业出版社，2005．
[138] 程建军．开平碉楼——中西合璧的侨乡文化景观[M]．北京：中国建筑工业出版社，2007．
[139] 薛林平，王季卿．山西传统戏场建筑[M]．北京：中国建筑工业出版社，2005．
[140]（日）村上周三．CFD与建筑环境设计[M]．朱清宇，等，译．北京：中国建筑工业出版社，2007．
[141] 本书编写组．古村落信息采集操作手册[M]．广州：华南理工大学出版社，2015．
[142] 郭黛姮．南宋建筑史[M]．上海：上海古籍出版社，2014．
[143] 东南大学建筑历史与理论研究所．中国建筑研究室口述史（1953-1965）[M]．南京：东南大学出版社，2013．
[144] 黄汉民．福建传统民居[M]．厦门：厦门鹭江出版社，1994．
[145] 陈震东．新疆民居[M]．北京：中国建筑工业出版社，2009．
[146] 木雅·典吉建才．西藏民居[M]．北京：中国建筑工业出版社，2009．
[147] 陈志华．北窗杂记三集[M]．北京：清华大学出版社，2013．
[148] 阮仪三．护城纪实[M]．北京：中国建筑工业出版社，2003．
[149] 辞海编辑委员会．辞海[M]．第6版彩图本．上海：上海辞书出版社，2009．
[150] 中华人民共和国住房和城乡建设部．中国传统建筑解析与传承（广东卷）[M]．北京：中国建筑工业出版社，2016．
[151] 潘曦．建筑与文化人类学[M]．北京：中国建材工业出版社，2020．
[152] 赵逵．川盐古道——文化线路视野中的聚落与建筑[M]．南京：东南大学出版社，2008．
[153] 侯幼彬．寻觅建筑之道[M]．北京：中国建筑工业出版社，2018．
[154] 陆元鼎．南方民系民居的形成发展与特征[M]．广州：华南理工大学出版社，2019．

[155] 毛刚．生态视野·西南高海拔山区聚落与建筑[M]．南京：东南大学出版社，2003．

[156] 苏秉琦．中国文明起源新探[M]．上海：生活·读书·新知三联书店，1999．

学术期刊

[1] 陈薇．中国建筑史研究领域中的前导性突破——近年来中国建筑史研究评述[J]．华中建筑，1989（4）：32-38.

[2] 陈薇．天籁疑难辨、历史谁可分——90年代中国建筑史研究谈[J]．建筑师，1996（4）：79-82.

[3] 陈薇．走向“合”——2004-2014年中国建筑历史研究动向[J]．建筑学报，2014（Z1）：100-107.

[4] 陈薇．“中国建筑研究室”（1953-1965）住宅研究的历史意义和影响[J]．建筑学报，2015（4）：30-34.

[5] 王竹，徐丹华，王丹，等．客家围村式村落的动态式有机更新——以广东英德楼仔村为例[J]．南方建筑，2017（1）：10-15.

[6] 刘加平．古今建筑环境设计观的比较[J]．建筑学报，1996（5）：57-59.

[7] 刘加平，张继良．黄土高原新窑居[J]．建设科技，2004（19）：30-31.

[8] 刘加平．关于民居建筑的演变和发展[J]．时代建筑，2006（4）：82-83.

[9] 刘加平，谭良斌，闫增峰，等．西部生土民居建筑的再生设计研究——以云南永仁彝族扶贫搬迁示范房为例[J]．建筑与文化，2007（6）：42-44.

[10] 刘克成，肖莉．乡镇形态结构演变的动力学原理[J]．西安冶金建筑学院学报，1994（增2）：5-23.

[11] 陆元鼎．中国民居研究五十年[J]．建筑学报，2007（11）：66-69.

[12] 陆元鼎．民居建筑学科的形成与今后发展[J]．南方建筑，2011（6）：4-6.

[13] 单德启．乡土民居和“野性思维”——关于《中国民居》学术研究的思考[J]．建筑学报，1995（3）：19-21.

[14] 戴志坚．闽海系民居研究的进程与展望[J]．重庆建筑大学学报（社科版），2001（2）：22-26.

[15] 唐孝祥，陈吟．中国民居建筑研究的深层拓展与现代意义——第十六届中国民居学术会议综述[J]．新建筑，2009（2）：138-139.

[16] 魏峰，郭焕宇．唐孝祥．传统民居研究的新动向——第二十届中国民居学术会议综述[J]．南方建筑，2015（2）：4-7.

[17] 陆元鼎．从传统民居建筑形成的规律探索民居研究的方法[J]．建筑师，2005（3）：5-7.

[18] 蔡凌．建筑—村落—建筑文化区——中国传统民居研究的层次与架构探讨[J]．新建筑，2005（4）：4-6.

[19] 周立军．民居研究[J]．城市建筑，2011（10）：11.

[20] 陈震东．伊犁民居概说[J]．新疆维吾尔自治区科协刊用，1990.

[21] 余英．关于民居研究方法论的思考[J]．新建筑，2000（2）：7-8.

[22] 刘森林．中国传统民间住宅建筑研究——思路、方法、视角与途径[J]．上海大学学报（社会科学版），2008（4）：107-111.

[23] 蒋高宸．多维视野中的传统民居研究——云南民族住屋文化·序[J]．华中建筑，1996（2）：22-23.

[24] 蒋高宸．广义建筑学视野中的云南民居研究及其系统框架[J]．华中建筑，1994（2）：66-67.
[25] 卢健松，姜敏．自发性建造的内涵与特征：自组织理论视野下当代民居研究范畴再界定[J]．建筑师，2012（5）：23-27.
[26] 姜梅．民居研究方法：从结构主义、类型学到现象学[J]．华中建筑，2007（3）：4-7.
[27] 作者不详．汪之力院长在建筑历史学术讨论会上的总结发言[J]．建筑学报，1958（11）：4-6.
[28] 常青．序言：探索我国风土建筑的地域谱系及保护与再生之路[J]．南方建筑，2014（5）：4-6.
[29] 常青．风土观与建筑本土化 风土建筑谱系研究纲要[J]．时代建筑，2013（3）：10-15.
[30] 林徽因，梁思成．晋汾古建筑预查纪略[J]．中国营造学社汇刊，1935，5（3）.
[31] 龙庆忠．穴居杂考[J]．中国营造学社汇刊，1934，5（1）.
[32] 刘致平．云南一颗印[J]．中国营造学社汇刊，1944，7（1）.
[33] 郭黛姮．中国营造学社的历史贡献[J]．建筑学报，2010（1）：78-80.
[34] 梁思成．正定调查纪略[J]．营造学社汇刊，1933，4（2）：2.
[35] 狄雅静，王其亨．营造学社测绘技术思想评析[J]．建筑师，2017（4）：62-67.
[36] 陆元鼎．广东潮州民居丈竿法[J]．华南工学院学报（自然科学版），1987（3）：107-116.
[37] 杨鸿勋．中国早期建筑的发展[J]．建筑历史与理论（第一辑），1980（6）：112-135.
[38] 杨鸿勋．略论建筑考古学[J]．时代建筑，1996（9）：31-32.
[39] 徐怡涛．文物建筑形制年代学研究原理与单体建筑断代方法[J]．中国建筑史论汇刊，2009（10）：487-494.
[40] 高介华．亟需创立建筑文化学——中国建筑文化学纲要导论[J]．华中建筑，1993（7）：4-12.
[41] 顾孟潮．中国民居建筑文化研究的新视野——读《四川民居》所想到的[J]．重庆建筑，2011（9）：54-55.
[42] 吴良镛．建筑文化与地区建筑学[J]．华中建筑，1997（6）：13-17.
[43] 朱昌廉．民居的防寒隔热与太阳能利用[J]．重庆建筑工程学院学报，1980（7）：180-182.
[44] 张胜仪．新疆维吾尔族传统民居概说[J]．长安大学学报（建筑与环境科学版），1990（12）：114-121.
[45] 黄薇．建筑形态与气候设计[J]．建筑学报，1993（3）：10-14.
[46] 肖旻．广府地区古建筑形制研究导论[J]．南方建筑，2011（2）：64-67.
[47] 王其钧．宗法、禁忌、习俗对民居形制的影响[J]．建筑学报，1996（10）：57-60.
[48] 苗东升．复杂性科学与后现代主义[J]．民主与科学，2003（6）：29-32.
[49] 陈云松．大数据中的百年社会学——基于百万书籍的文化影响力研究[J]．社会学研究，2015（1）：23-48.
[50] 容观．关于田野调查工作——文化人类学方法论研究之七[J]．广西民族学院学报（哲学社会科学版），1999（10）：39-43.
[51] 常青．建筑学的人类学视野[J]．建筑师，2008（12）：95-101.
[52] 王文卿，陈烨．中国传统民居的人文背景区划探讨[J]．建筑学报，1994（7）：42-47.
[53] 王文卿，周立军．中国传统民居构筑形态的自然区划[J]．建筑学报，1992（4）：12-16.

[54] 张玉瑜．福建民居木构架稳定支撑体系与区系研究[J]．建筑史，2003（7）：26-36.

[55] 常青．我国风土建筑的谱系构成及传承前景概观——基于体系化的标本保存与整体再生目标[J]．建筑学报，2016（10）：1-9.

[56] 韩冬青．设计城市——从形态理解到形态设计[J]．建筑师，2013（8）：60-65.

[57] 韩冬青．类型与乡土建筑环境——谈皖南村落的环境理解[J]．建筑学报，1993（8）：52-55.

[58] 陆元鼎．南方地区传统建筑的通风与防热[J]．建筑学报，1978（5）：36-41.

[59] 汤国华．广州西关小屋的热、光、声环境[J]．南方建筑，1996（3）：54-57.

[60] 陈启高，唐鸣放，王公禄，等．详论中国传统健康建筑[J]．重庆建筑大学学报，1996（11）：1-11.

[61] 林波荣，谭刚，王鹏，等．皖南民居夏季热环境实测分析[J]．清华大学学报（自然科学版），2002（8）：1071-1074.

[62] 陈飞．民居建筑风环境研究——以上海步高里及周庄张厅为例[J]．建筑学报，2009（S1）：30-34.

[63] 王季卿．中国传统戏场建筑考略之一——历史沿革[J]．同济大学学报（自然科学版），2002（1）：27-34.

[64] 王季卿．中国传统戏场建筑考略之二——建筑特点[J]．同济大学学报（自然科学版），2002（2）：177-182.

[65] 王季卿．中国传统戏场声学问题初[J]．探声学技术，2002（5）：74-79，87.

[66] 丁允，柏文峰．傣族干栏民居声环境现状分析[J]．低温建筑技术，2014（3）：35-37.

[67] 毛琳箐，康健，金虹．贵州苗、汉族传统聚落空间声学特征研究[J]．建筑学报，2013（S2）：130-134.

[68] 孟庆林，王频，李琼．城市热环境评价方法[J]中国园林，2014（12）：13-16.

[69] 罗涛，燕达，赵建平，等．天然光光环境模拟软件的对比研究[J]．建筑科学，2011（10）：1-6，12.

[70] 江帆．福建两类传统民居夏季室内外建筑气候的微机仿真分析[J]．暖通空调，1994（8）：45-48.

[71] 林波荣，王鹏，赵彬，等．传统四合院民居风环境的数值模拟研究[J]．建筑学报，2002（5）：47-48.

[72] 宋凌，林波荣，朱颖心．安徽传统民居夏季室内热环境模拟[J]．清华大学学报（自然科学版），2003（6）：826-828，843.

[73] 赵敬源，黄曼．用Phoenics软件模拟庭院温度场[J]．长安大学学报（建筑与环境科学版），2004（6）：11-14.

[74] 孙雁，李欣蔚．典型渝东南土家族聚落夏季风环境及吊脚楼夏季热环境模拟研究[J]．西部人居环境学刊，2016（2）：96-101.

[75] 李想，孙建刚，崔利富．藏族民居墙体抗震性能及加固研究[J]．低温建筑技术，2015（11）：62-64，79.

[76] 刘伟兵，崔利富，孙建刚，等．藏族民居石砌体基本力学性能试验与数值仿真[J]．大连民族学院学报，2015（3）：252-256.

[77] 回呈宇，肖泽南．传统村落民居的火灾蔓延危险性分析[J]．建筑科学，2016（9）：125-130.

[78] 林峰，颜永年，卢清萍，等．基于图形数据的图形参数化方法[J]．计算机辅助设计与图形学学报，1993（7）：184-190.

[79] 高岩．参数化设计出现的背景——KPF资深合伙人拉尔斯·赫塞尔格伦访谈[J]．世界建筑，2008（5）：22-27.

[80] 曾令泰．“互联网+”背景下中国传统村落保护与发展路径探析[J]．小城镇建设，2018（3）：11-15.

[81] 潘莹，施瑛．湘赣民系、广府民系传统聚落形态比较研究[J]．南方建筑，2008（5）：28-31.

[82] 施瑛，潘莹．江南水乡和岭南水乡传统聚落形态比较[J]．南方建筑，2011（3）：70-78.

[83] 王路．纳西文化景观的再诠释——丽江玉湖小学及社区中心设计[J]．世界建筑，2004（11）：86-89.

[84] 李哲，柳肃．湘西侗族传统民居现代适应性技术体系研究[J]．建筑学报，2010（3）：100-103.

[85] 单军，吴艳．地域式应答与民族性传承：滇西北不同地区藏族民居调研与思考[J]．建筑学报，2010（8）：6-9.

[86] 张芳远，卜毅，杜万香．朝鲜族住宅的平面布置[J]．建筑学报，1963（1）：15-16.

[87] 徐尚志，冯良檀，潘充启，等．雪山草地的藏族民居[J]．建筑学报，1963（7）：6-11.

[88] 云南省建筑工程设计处少数民族建筑调查组．云南边境上的傣族民居[J]．建筑学报，1963（11）：19-23.

[89] 韩嘉桐，袁必堃．新疆维吾尔族传统建筑的特色[J]．建筑学报，1963（1）：17-22.

[90] 崔树稼．青海东部民居——庄窠[J]．建筑学报，1963（1）：12-14.

[91] 孙以泰．广西僮族麻栏建筑简介[J]．建筑学报，1963（1）：9-11.

[92] 唐孝祥．传统民居建筑审美的三个维度[J]．南方建筑，2009（6）：82-85.

[93] 潘莹，卓晓岚．广府传统聚落与潮汕传统聚落形态比较研究[J]．南方建筑，2014（3）：79-85.

[94] 彭长歆．“铺廊”与骑楼：从张之洞广州长堤计划看岭南骑楼的官方原型[J]．华南理工大学学报（社会科学版），2006（6）：66-69.

[95] 罗德胤．中国传统村落谱系建立刍议[J]．世界建筑，2014(6)：104-107.

[96] 佚名．中国建筑学会在云南大理召开中国传统民居建筑幻灯汇映会[J]．建筑学报，1985（2）：80.

[97] 王文卿．“乡土气息”与“人情味”[J]．建筑学报，1986（7）：55-59.

[98] 李先逵．巴蜀建筑文化简论[J]．四川建筑，1994（1）：12-16.

[99] 邵俊仪．别具一格的四川藏旅民居[J]．重庆建筑工程学院学报，1980（2）：159-170.

[100] 王建国．古常熟城规划设计初探[J]．城市规划，1988（5）：50-53，45.

[101] 陆元鼎．中国民居研究十年回顾[J]．小城镇建设，2000（8）：63-66.

[102] 董卫．一座传统村落的前世今生——新技术、保护概念与乐清南阁村保护规划的关联性[J]．建筑师，2005（3）：94-99.

[103] 谭立峰，刘文斌．明辽东海防军事聚落与长城军事聚落比较研究[J]．城市规划，2015，39（8）：87-91.

[104] 关瑞明，吴子良，方维．福州传统民居中福寿砖的特征及其应用[J]．建筑技艺，2018（12）：100-101.

[105] 郑力鹏．中国古代建筑防风的经验与措施（二）[J]．古建园林技术，1991（4）：14-20.

[106] 张良皋．土家吊脚楼与楚建筑——论楚建筑的源与流[J]．湖北民族学院学报（社会科学版），1990（1）：98-105.

学位论文

[1] 黄汉民．福建民居的传统特色与地方风格[D]．北京：清华大学，1982.
[2] 张玉坤．聚落．住宅——居住空间论[D]．天津：天津大学，1996.
[3] 张兴国．川东南丘陵地区传统场镇研究[D]．重庆：重庆大学，1984.
[4] 潘安．客家聚居建筑研究[D]．广州：华南理工大学，1994.
[5] 余英．中国东南系建筑区系类型研究[D]．广州：华南理工大学，1997.
[6] 戴志坚．闽海系民居建筑与文化研究[D]．广州：华南理工大学，2000.
[7] 郭谦．湘赣民系民居建筑与文化研究[D]．广州：华南理工大学，2002.
[8] 刘定坤．越海民系民居建筑与文化研究[D]．广州：华南理工大学，2000.
[9] 王健．广府民系民居建筑与文化研究[D]．广州：华南理工大学，2002.
[10] 钱锋．现代建筑教育在中国（1920s-1980s）[D]．上海：同济大学，2005.
[11] 温玉清．二十世纪中国建筑史学研究的历史、观念与方法[D]．天津：天津大学，2006.
[12] 李婧．中国建筑遗产测绘史研究[D]．天津：天津大学，2015.
[13] 潘曦．纳西族乡土建筑建造范式研究[D]．北京：清华大学，2014.
[14] 宾慧中．中国白族传统合院民居营建技艺研究[D]．上海：同济大学，2006.
[15] 杨立峰．匠作·匠场·手风[D]．上海：同济大学，2005.
[16] 石红超．浙江传统建筑大木工艺研究[D]．南京：东南大学，2016.
[17] 张昕．山西风土建筑彩画研究[D]．上海：同济大学，2007.
[18] 李树宜．台湾建筑彩绘传统匠作文化研究[D]．广州：华南理工大学，2018.
[19] 朱雪梅．粤北传统村落形态及建筑特色研究[D]．广州：华南理工大学，2013.
[20] 冯江．明清广州府的开垦——聚族而居与宗族祠堂的衍变研究[D]．广州：华南理工大学，2010.
[21] 张玉瑜．实践中的营造智慧——福建传统大木匠师技艺抢救性研究[D]．南京：东南大学，2004.
[22] 刘沛林．中国传统聚落中国传统聚落景观基因图谱的构建与应用研究[D]．北京：北京大学，2011.
[23] 汪丽君．广义建筑类型学研究——对当代西方建筑形态的类型学思考与解析[D]．天津：天津大学，2002.
[24] 张涛．国内典型传统民居外围护结构的气候适应性研究[D]．西安：西安建筑科技大学，2013.
[25] 彭然．湖北传统戏场建筑研究[D]．广州：华南理工大学，2010.
[26] 曾志辉．广府传统民居通风方法及其现代建筑应用[D]．广州：华南理工大学，2010.
[27] 张乾．聚落空间特征与气候适应性的关联研究——以鄂东南地区为例[D]．武汉：华中科技大学，2012.
[28] 解明镜．湘北农村住宅自然通风设计研究[D]．长沙：湖南大学，2009.
[29] 张继良．传统民居建筑热过程研究[D]．西安：西安建筑科技大学，2006.

[30] 饶永．徽州古建聚落民居室内物理环境改善技术研究[D]．南京：东南大学，2017．

[31] 林晨．自然通风条件下传统民居室内外风环境研究[D]．西安：西安建筑科技大学，2006．

[32] 闫增峰．生土建筑室内热湿环境研究[D]．西安：西安建筑科技大学，2003．

[33] 童磊．村落空间肌理的参数化解析与重构及其规划应用研究[D]．杭州：浙江大学，2016．

[34] 杨申茂．明长城宣府镇军事聚落体系研究[D]．天津：天津大学，2013．

[35] 张昊雁．清代长城北侧城镇研究——以漠南地区为例[D]．天津：天津大学，2015．

[36] 尹泽凯．明代海防聚落体系研究[D]．天津：天津大学，2015．

[37] 冯志丰．基于文化地理学的广州地区传统村落与民居研究[D]．华南理工大学，2014．

[38] 曾艳．广东传统聚落及其民居类型文化地理研究[D]．广州：华南理工大学，2016．

[39] 王维仁．澎湖合院住宅形式及其空间结构转化[D]．台北：台湾大学，1987．

[40] 卢健松．自发性建造视野下建筑的地域性[D]．北京：清华大学，2009．

[41] 李哲．建筑领域低空信息采集技术基础性研究[D]．天津：天津大学，2008．

会议论文

[1] 梁雪．传统民居群落的结构特点及其运用[C] //中国传统民居与文化（第二辑）．北京：中国建筑工业出版社，1992：167-175.

[2] 许卓权．潮安古巷区象埔寨新民居设计方案[C] //中国传统民居与文化（第四辑）．北京：中国建筑工业出版社，1996：154-160.

[3] 陈薇．历史在我们周围——21世纪中国建筑史研究谈[C] //当代中国建筑史家十书．陈薇建筑史论选集．沈阳：辽宁美术出版社，2015：348-358.

[4] 黄善言．湘西典型民居剖析[C] //中国传统民居与文化．北京：中国建筑工业出版社，1992：148-151.

[5] 万幼楠．赣南客家民居素描——兼谈闽粤赣边客家民居的源流关系及其成因[C] //中国传统民居与文化（第四辑）．北京：中国建筑工业出版社，1996：122-128.

[6] 陈志华．乡土建筑廿三年[C] //中国建筑史论汇刊（第五辑）．北京：中国建筑工业出版社，2012：355-360.

[7] 傅熹年．对历史建筑研究工作的认识[C] //中国建筑设计研究院成立五十周年纪念丛书：论文篇．北京：清华大学出版社，2002：320-325.

[8] 朱光亚．中国古代建筑区划与谱系研究[C] //陆元鼎，潘安．中国传统民居营造与技术．广州：华南理工大学出版社，2002：5-9.

[9] 单德启，赵之枫．中国民居学术研究二十年回顾与展望[C] //建筑史论文集，1999：201-207，299-300.

[10] 龙彬．西南地区传统民居研究近二十年之状况[C] //中国民族建筑论文集．2001：230-235.

[11] 张十庆．古代营建技术中的“样”“造”“作”[C] //建筑史论文集，2002：37-41.

[12] 朱光亚．中国古代木结构谱系再研究[C] //全球视野下的中国建筑遗产——第四届中国建筑史学国际研讨会论文集（《营造》第四辑），2007（6）：365-370.

[13] 李兴发．一颗印的环境[C] //中国传统民居与文化（第二辑）．北京：中国建筑工业出版社，1992：176-186.

[14] 川本重雄．从年代记走向历史著述——日本宫殿、住宅史研究的状况和课题[C] //王贵祥，贺从容．中国建筑史论汇刊（第十二辑）．北京：清华大学出版社，2015：63-79.

[15] 李先逵．西南地区干栏式民居形态特征与文脉机制[C] //中国传统民居与文化（第二辑）．北京：中国建筑工业出版社，1992：37-49.

[16] 范霄鹏．民居建筑的三重建构脉络——西藏高原乡土聚落的生境[C] //中国民族建筑研究论文汇编．北京：中国民族建筑研究会，2008：98-104.

[17] 卢圆华，孙全文．"主 · 匠兴造论"的历史与社会现实之关系[C] //中国文物学会．世界民族建筑国际会议论文集．中国文物学会：中国文物学会，1997：33-36.

[18] 金瓯卜．对传统民居建筑研究的回顾和建议[C] //中国文物学会．世界民族建筑国际会议论文集．中国文物学会：中国文物学会，1997：21-25.

[19] 陆元鼎．中国民居研究的回顾与展望[C] //中国传统民居与文化（第七辑）——中国民居第七届学术会议论文集．中国建筑学会建筑史学分会民居专业学术委员会、中国文物学会传统建筑园林研究会传统民居学术委员会：中国文物学会传统建筑园林委员会，1996：9-14.

[20] 黄浩，赵永忠．传统民居中天井的退化与消失[C] //中国传统民居与文化（第七辑）——中国民居第七届学术会议论文集．中国建筑学会建筑史学分会民居专业学术委员会、中国文物学会传统建筑园林研究会传统民居学术委员会：中国文物学会传统建筑园林委员会，1996：27-34.

报刊

[1] 蔡亚兰．古村落保护开发数字化处理新模式[N]．经济参考报，2017-11-10（008版）．

外文文献

[1] Aldo Rossi. The Architecture of the City[M]. Cambridge: MIT Press, 1982.

[2] Darren Robinson. Computer Modelling for Sustainable Urban Design[M]. Newyork: Earthscan Publications, 2011.

[3] Patrik Schumacher. Parametricism: A New Global Style for Architecture and Urban Design[J]. Architecturak Design, 2009(4): 14-23.

[4] Marco Sala, Antonella Trombadore, Laura Fantacci. The Intangible Resources of Vernacular Architecture for the Development of a Green and Circular Economy[J]. Sustainable Vernacular Architecture, 2019(3): 229-256.

[5] 柳田国男．民家史について（2）[J]．建筑雑志（日），1948（4）：2-7.

[6] 藤田元春．民家杂考[J]．人文地理（日），1950（2）：27-31.

[7] 藤田元春．日本民家の変迁[J]．日本歴史（日），1949（9）：44-52.

[8] 太田博太郎．「民家史研究の成果」（意匠 · 歴史部会）（昭和30年度春季大会特集）[J]．建筑雑志（日），1955（7）：48-50.

[9] 大河直躬．現在の民家研究の方向（日本の民家（特集））[J]．建筑雑志（日），1966（1）：1-4.

[10] 野村孝文．南西諸島の民家の研究[D]．东京：东京大学，1959．

[11] 关野克，伊藤郑尔．奈良民家抽出調査概要報告[R]．日本建築学会研究報告（日），1950（10）．

[12] 关野克，伊藤郑尔，小林文治．奈良市民家抽出調査方法の実際-木造住宅耐用状態の調査研究[R]．日本建築学会研究報告（日），1950（5）．

[13] 关野克．家屋年龄による民家群の考察：福島縣中村町を例とし[R]．日本建築学会研究報告（日），1949（10）：134-137.

[14] Paul Oliver. Built to Meet Needs: Cultural Issues in Vernacular Architecture[M]. London, Amsterdam: Architecture, 2006.

[15] Greg Lynn. Folds Bodies & Blobs: Collected Essays[M]. Bruxelles: La Lettre Volée, 1998.

政府网站

中华人民共和国教育部．2017年全国教育事业发展统计公报[EB/OL]，2017-06. [2018-07-19] http://www.moe.gov.cn/jyb_sjzl/sjzl_fztjgb/201807/t20180719_343508.html.

图片来源：除文中特别注明外，其他由笔者自绘或自摄。

后记

时隔数载，著作从酝酿、构思到基本成形，此过程受到多位前辈给予的全力支持与帮助，在该书付梓之际，特以致谢！

著作写作过程中，深得诸位资深前辈的支持与帮助。但同时，笔者也倍感惭愧，限于眼界及精力，此书尚存诸多不足之处，有待读者批评指正。

晚辈对于诸位先生敬以最诚挚的感激，然此感激之情无法以言语表之，只能以纪实之方式来反映一二。首先，感谢陆元鼎先生与魏彦钧先生夫妇孜孜不倦的教导，二老从未介意过我的频繁打扰，常于家中馈赠指导。在访谈过程中，陆先生所流露出对民居建筑事业的热爱之情深深打动了晚辈，其爱国之情，民族建筑、匹夫有责之感自然而然地展露于陆先生所表达的民居建筑研究动机和目标之间，而其坚韧、不求个人荣誉，只为学科发展及研究领域突破的学术奉献精神，极大地感染了晚辈，也成为这一选题逐渐确立以及探索前行的基本动力和精神鼓舞。

在对其他资深前辈访谈的过程中，诸位专家对民居建筑所表达出的热爱之情也同样令我动容，深感老一辈学者历经各种艰难、克服诸多不利条件，甚至不顾个人安危，为民居建筑事业的辉煌而全力竭使个人力量。同时，前辈专家亦努力创造条件于学术研究上给予晚辈以支持与帮助。感谢同济大学常青院士，清华大学单德启先生，东南大学刘叙杰先生，昆明理工大学朱良文先生，重庆大学建筑学院教授、住建部外事司原司长李先逵先生，天津大学魏挹澧先生，北京建筑大学业祖润先生，台湾艺术大学李乾朗先生，福建省建筑设计研究院原院长黄汉民先生，新疆维吾尔自治区建设厅原厅长陈震东先生，桂林市规划局原局长李长杰先生等接受访谈并不吝赐教。

陆元鼎、业祖润与魏挹澧先生对后辈民居研究者们寄予了极大的期望；李先逵先生谈及民居研究时激情昂扬，对民居研究未来的发展进行规划及建议；单德启、朱良文先生对保护及更新之间的细致理解做出诠释；刘叙杰先生回忆刘敦桢先生带领下的中国建筑研究室在民居研究方面的缘由、细节及贡献等，充实了民居研究的史料。黄汉民、李长杰、陈震东等先生以曾经主持设计及管理工作为依托，为民居建筑研究积极转化为社会的保护效应等相关内容做出阐释；李乾朗、常青等先生独到的研究方法及见解诠释提供给吾辈以全新的观察与思考视野。

与诸位先生交谈的场景仍历历在目。各位专家均德高望重，和蔼可亲。访谈中朱良文先生表示："你的访谈问题同时也促进了我的思考"，使晚辈备受鼓励。李乾朗先生、吴淑英老师不顾舟车疲劳，在汽车行进过程中，仍不忘见缝插针地给予指导。常青院士于百忙之中在学术研究上仍不吝给予晚辈以慷慨的支持。

此外，还要感谢各位专家采访后续的一些帮助。由于访谈过后，一些信息需要得到校核，或一些信息得到事后增补，各位先生和专家均亲自审稿、修订。同时，还要感谢中国建筑工业出版社给本书提供的帮助与支持，同时感谢唐旭主任接受访谈。感谢以上各位资深前辈的帮助与关照。

特别感谢华南理工大学陆琦教授的不吝赐教以及悉心指导，同时感谢肖大威教授、程建军教授、郭谦教授、唐孝祥教授、王国光教授、彭长歆教授、刘宇波教授、潘莹教授，以及广东省建筑设计研究院原院长、教授级高级工程师何锦超先生，英国卡迪夫大学于立教授等提出的宝贵修改意见。

感谢张玉坤教授、李哲教授为本书提供的明长城数据库图片；感谢李树宜、冯志丰等学者为本书提供他们论文的相关信息及原始图片等内容作为本书的研究案例。

感谢广州市图书馆倾情提供研究写作室，为本书的顺利写作和查阅文献提供了优越的环境和便利的设施条件。

最后，我要郑重地感谢我的家人，是你们的理解及无私的付出，给予我精神上无限的支持，使我能克服各种困难，保证该书撰写工作的完成。